Chemie heute

Einführungsphase

Nordrhein-Westfalen

Schroedel

Chemie heute Einführungsphase Nordrhein-Westfalen

Herausgegeben von
Oberstudiendirektor Wolfgang Asselborn, Saarlouis
Akademischer Direktor Manfred Jäckel, Hannover
Oberstudiendirektor Dr. Karl T. Risch, Heidelberg

Bearbeitet von
Studiendirektor Horst Schmidt, Niederkassel
Oberstudienrat Dr. Rolf Schulte-Coerne, Gelsenkirchen
Studiendirektor Robert Stephani, Kaiserslautern
Studienrat Michael Walory, Münster

Druck A ^{5} / Jahr 2010
Alle Drucke der Serie A sind im Unterricht parallel verwendbar.

Redaktion: Dr. Yvonne Ritzka
Fotos: Hans Tegen
Einbandgestaltung:
Janssen Kahlert Design & Kommunikation GmbH
Grafik: Birgitt Biermann-Schickling, Brigitte Karnath, Peter Langner, Karin Mall, Dr. Winfried Zemann
Satz: Druckhaus „Thomas Müntzer“, Bad Langensalza
Druck und Bindung:
Westermann Druck GmbH, Zwickau

ISBN 978-3-507-**10643**-7

Hinweise zum Aufbau des Chemiebuchs

Die Hauptkapitel beginnen mit Einstiegsseiten, auf denen die wichtigsten Grundlagen für die Erarbeitung des Kapitels aufgeführt sind; zentrale Fragen verdeutlichen die neue Thematik. Innerhalb der Hauptkapitel werden die einzelnen Themen auf einer Seite oder einer in sich abgeschlossenen Doppelseite behandelt. Die Unterkapitel werden durch Kernaussagen abgeschlossen, die kurz und prägnant die behandelten Inhalte zusammenfassen. An jede Kernaussage schließen sich Aufgaben an, die sich in der Abfolge in ihrem Schwierigkeitsgrad steigern und dazu dienen, sich mit den neuen Inhalten aktiv auseinander zusetzen und einen Bezug zwischen chemischem Fachwissen und gewohnter Lebenswelt herzustellen.

Im Rechenbeispiel werden typische Aufgaben in nachvollziehbaren Schritten vorgerechnet. **Rechenbeispiel**

Exkurse vermitteln einen Eindruck von den vielfältigen Bezügen der Chemie zu Alltag und Technik. **Exkurs**

Systematische Übersichten stellen Zusammenhänge leicht überschaubar dar und erleichtern so das Erlernen neuer Inhalte. **Übersicht**

Hier werden theoretische Grundlagen beschrieben, die helfen, komplexe Inhalte besser zu verstehen. **Theorie**

Auf diesen Seiten werden Zusatzinformationen, Bilder und Aufgaben zum behandelten Thema angeboten. **Chemie-Recherche**

Im Praktikum üben Schülerinnen und Schüler das experimentelle Arbeiten in der Chemie. **Praktikum**

Projektaufträge werden in Gruppen bearbeitet. Jede Gruppe stellt am Ende ihre Ergebnisse vor. **Projekt**

Diese Aufgabenseite dient zur Wiederholung und Vertiefung und zur Vorbereitung auf Prüfungen. **Training**

Am Ende jeden Kapitels werden die neuen Inhalte in kurzer und übersichtlicher Form dargestellt. **Basiswissen**

Sofern nicht anders angegeben beziehen sich alle Angaben im Buch auf 20 °C und 1000 hPa.

Inhalt

ÜBERSICHT

Sicheres Experimentieren

Gefahrensymbole. Von vielen Stoffen, die im Chemieunterricht verwendet werden, gehen Gefahren aus. Die Gefahrensymbole geben Hinweise auf diese Gefahren.

Stoffe, die beim Verschlucken oder Einatmen oder bei Aufnahme durch die Haut schwere Gesundheitsschäden oder gar den Tod bewirken können.

T: Giftig
T+: Sehr giftig

Stoffe, die beim Verschlucken oder Einatmen oder bei Aufnahme durch die Haut beschränkte Gesundheitsschäden hervorrufen können.

Xn: Gesundheitsschädlich

Stoffe, die das Hautgewebe an der betroffenen Stelle innerhalb weniger Minuten vollständig zerstören können.

C: Ätzend

Stoffe, die auf der Haut nach mehrstündiger Einwirkung deutliche Entzündungen hervorrufen können.

Xi: Reizend

Stoffe, die brennbare Materialien entzünden können oder mit diesen explosive Gemische ergeben.

O: Brandfördernd

Stoffe, die schon durch kurzzeitige Einwirkung einer Zündquelle entzündet werden können oder sich an der Luft von alleine entzünden.

F: Leichtentzündlich
F+: Hochentzündlich

Stoffe, die explodieren können.

E: Explosionsgefährlich

Stoffe, die selbst oder in Form ihrer Umwandlungsprodukte geeignet sind, sofort oder später Gefahren für die Umwelt herbeizuführen.

N: Umweltgefährlich

Sicherheitshinweise. Wegen der besonderen Gefahren sind im Chemieunterricht besondere Sicherheitshinweise zu beachten:

1. Schülerinnen und Schüler dürfen Geräte und Chemikalien nicht ohne Genehmigung berühren. Die Anlagen für elektrische Energie, Gas und Wasser dürfen nur nach Aufforderung eingeschaltet werden.
2. In Experimentierräumen darf weder gegessen noch getrunken werden.
3. Versuchsvorschriften und Hinweise müssen genau befolgt werden. Die Geräte müssen in sicherem Abstand von der Tischkante standfest aufgebaut werden. Der Versuch darf erst dann durchgeführt werden, wenn dazu aufgefordert wurde.
4. Werden Schutzbrillen oder Schutzhandschuhe ausgehändigt, so müssen sie beim Experimentieren getragen werden.
5. Geschmacks- und Geruchsproben dürfen nur dann vorgenommen werden, wenn die Lehrerin oder der Lehrer dazu auffordert. Chemikalien sollen nicht mit den Händen berührt werden.
6. Pipettieren mit dem Mund ist verboten.
7. Chemikalien dürfen nicht in Gefäße umgefüllt werden, die nicht eindeutig und dauerhaft beschriftet sind. Auf keinen Fall dürfen Gefäße benutzt werden, die üblicherweise zur Aufnahme von Speisen und Getränken bestimmt sind.
8. Die Haare so zu tragen, dass sie nicht in die Brennerflamme geraten können.
9. Der Arbeitsplatz muss stets sauber gehalten werden. Nach Beendigung des Versuchs sind die Geräte zu reinigen.
10. Chemikalienreste müssen vorschriftsmäßig entsorgt werden.

Sicherheitsleiste. Die im Buch beschriebenen Praktikumsversuche sind mit einer Sicherheitsleiste versehen, die mit Hilfe von neun Symbolkästchen Hinweise zu den Gefahren und zur Entsorgung gibt.

Die vier zuerst angegebenen Symbole enthalten die Gefahrensymbole der verwendeten Stoffe. Die Kästchen 5, 6 und 7 geben Hinweise auf Sicherheitsvorkehrungen beim Experimentieren: Das Symbol „Abzug" bedeutet, dass der Versuch unter dem Abzug durchgeführt werden muss. Man erkennt außerdem, ob Schutzbrillen zu tragen sind. Die letzten zwei Kästchen beschreiben die korrekte Entsorgung.
Die genaue Zuordnung der Symbole zu bestimmten Stoffen lässt sich der Stoffliste im Anhang entnehmen.

Entsorgung von Chemikalienresten

Wir wissen alle, dass man Chemikalienreste nicht ohne weiteres in den Abfluss oder den Abfalleimer geben darf. Gefährliche Stoffe müssen vielmehr ordnungsgemäß entsorgt werden. Das gilt besonders für Stoffe, die bei chemischen Experimenten anfallen. Um möglichst wenig Sorgen mit solchen Stoffen zu haben, sollte man folgende Regeln beachten:

Gefährliche Abfälle vermeiden. Zu den wichtigsten Regeln für einen verantwortungsbewussten Umgang mit Stoffen gehört es, *die Entstehung von unnötigen Abfällen oder unnötig großen Mengen an Abfällen zu vermeiden.* Die Anwendung dieser Regel setzt eine sorgfältige Planung der experimentellen Arbeit im Hinblick auf Art und Menge der verwendeten Stoffe voraus.

Gefährliche Abfälle umwandeln. Nicht vermeidbare gefährliche Abfallstoffe sollen in weniger gefährliche Stoffe umgewandelt werden: Säuren und Basen werden neutralisiert. Lösliche Stoffe können zu schwer löslichen umgesetzt werden.
Es ist zweckmäßig, Säuren und Laugen in einem gemeinsamen Behälter zu sammeln. Sie brauchen dann nicht portionsweise neutralisiert zu werden. Dies entspricht der ersten Regel, denn auf diese Weise bleiben die Abfallmengen klein.

Gefährliche Abfälle sammeln. Abfälle, die nicht an Ort und Stelle in ungefährliche Produkte umgewandelt werden können, sind zu sammeln. Von Zeit zu Zeit werden die Abfallbehälter dann durch ein *Entsorgungsunternehmen* abgeholt. Durch das Sammeln in getrennten Behältern wird zum einen die endgültige Beseitigung erleichtert und zum anderen eine Wiederaufbereitung ermöglicht.
Der Fachhandel bietet für das Sammeln gefährlicher Abfälle geeignete Behälter an; es können auch entsprechend beschriftete leere Chemikalienflaschen verwendet werden.

Entsorgungskonzept. Abfallchemikalien müssen nach Stoffklassen getrennt gesammelt werden, damit die ordnungsgemäße endgültige Entsorgung vereinfacht wird. Der folgende Sortiervorschlag ist einfach und übersichtlich und er garantiert eine angemessene endgültige Entsorgung:

Behälter 1 (B1):	Säuren und Laugen
Behälter 2 (B2):	giftige anorganische Stoffe
Behälter 3 (B3):	halogenfreie organische Stoffe
Behälter 4 (B4):	halogenhaltige organische Stoffe

B1 Im **Behälter 1** werden saure und alkalische Lösungen gesammelt. Der Inhalt von Behälter 1 sollte neutralisiert werden, bevor der Behälter ganz gefüllt ist. Der neutralisierte Inhalt kann dann in den Ausguss geschüttet werden. Deshalb dürfen giftige Verbindungen wie saure oder alkalische Chromat-Lösungen *nicht* in diese Behälter gegeben werden.

B2 Im **Behälter 2** werden giftige anorganische Stoffe wie Schwermetallsalze und Chromate gesammelt.

Die endgültige Entsorgung erfolgt hier durch ein Entsorgungsunternehmen.

B3 Im **Behälter 3** werden wasserunlösliche und wasserlösliche halogenfreie organische Stoffe gesammelt. Das gemeinsame Sammeln wasserunlöslicher und wasserlöslicher Stoffe erspart ein weiteres Sammelgefäß und vereinfacht damit das Entsorgungskonzept. Damit sich kein zu großes Volumen an leicht entzündlichen Flüssigkeiten ansammelt, ist durchaus zu erwägen, *geringe Mengen* nicht giftiger wasserlöslicher organischer Abfälle wie Ethanol oder Aceton in den Ausguss zu geben.

Behälter 3 muss von einem Entsorgungsunternehmen ordnungsgemäß entsorgt werden.

B4 In den **Behälter 4** gehören alle Halogenkohlenwasserstoffe, alle sonstigen halogenhaltigen organischen Stoffe sowie die Abfälle aus Halogenierungsreaktionen organischer Stoffe.

Behälter 4 muss von einem Entsorgungsunternehmen ordnungsgemäß entsorgt werden.

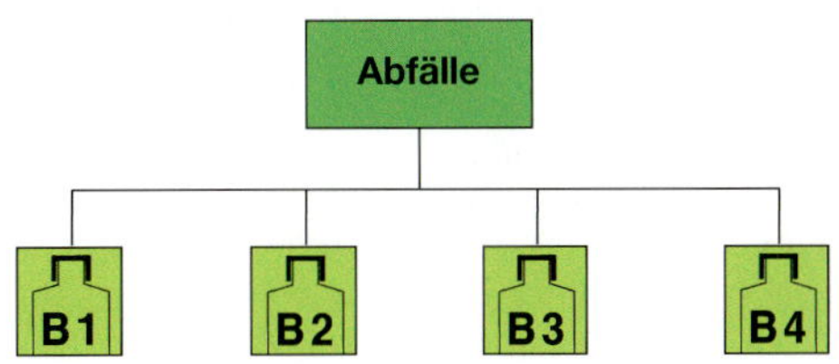

Säuren und Laugen	giftige anorganische Stoffe	halogenfreie organische Stoffe	halogenhaltige organische Stoffe
Beispiele:			
Salzsäure	Chromate	Benzin	Chlorpropan
Natronlauge	Bleisalze	Toluol	Trichlorethan

Rückblick in die Sekundarstufe I

1 Stoffe

1.1 Teilchenmodell

- Stoffe bestehen aus kleinsten Teilchen. Dabei können Stoffe in den Aggregatzuständen fest, flüssig oder gasförmig auftreten.
- Der Raum zwischen den Teilchen ist absolut leer.
- Die kleinsten Teilchen verschiedener Stoffe unterscheiden sich in ihrer Größe.
- Zwischen den Teilchen wirken Anziehungskräfte.
- Die Teilchen sind ständig in Bewegung. Mit steigender Temperatur bewegen sich die Teilchen heftiger.
- In Feststoffen haben die kleinsten Teilchen eine bestimmte Anordnung; sie sind dabei dicht gepackt und schwingen um ihre Plätze.
- In Flüssigkeiten bewegen sich die Teilchen ungeordnet, berühren sich aber gegenseitig.
- Bei Gasen sind die Anziehungskräfte überwunden. Die Teilchen bewegen sich sehr schnell und stoßen wie Billardkugeln zusammen. Die Abstände zwischen den Teilchen sind sehr groß.

1.2 Einteilung von Stoffen

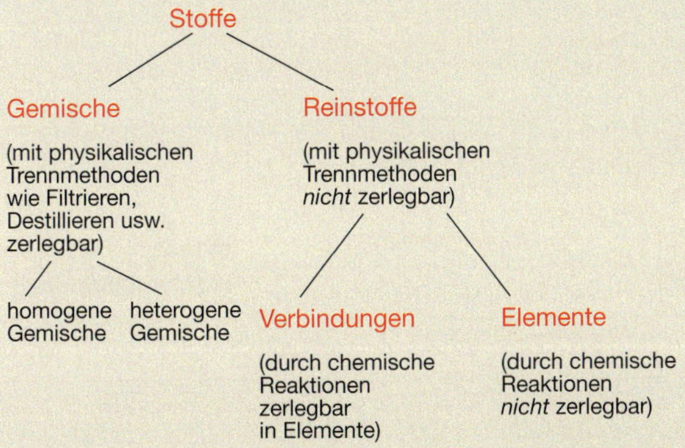

1.3 Element – Verbindung – Formel

- Bei vielen nichtmetallischen Elementen und bei Verbindungen der Nichtmetalle untereinander liegen **Moleküle** vor. Moleküle sind Teilchen, die aus zwei oder mehreren Atomen bestehen.
  Molekülformeln geben die Art und die genaue Anzahl der Atome in einem Molekül an.
  Beispiele: I_2, S_8, H_2O_2, CO_2.
- In Metallen bilden die **Atome** ein *Metallgitter*, in dem sich Elektronen ähnlich einem Gas um die Atomrümpfe bewegen. Die Formel der Metalle entspricht dem Elementsymbol.
  Beispiele: Fe, Au, Ag.
- Metall/Nichtmetall-Verbindungen (salzartige Verbindungen) bestehen nicht aus Molekülen, sondern aus **Ionen.** Die Ionen bilden ein *Ionengitter.*
  Man gibt das Anzahlverhältnis der Ionen durch **Verhältnisformeln** an.
  Beispiele: NaBr, $MgCl_2$, Al_2S_3.

2 Chemische Reaktionen

2.1 Kennzeichen chemischer Reaktionen

- *Stoffumwandlung:* Bei chemischen Reaktionen entstehen neue Stoffe.
- *Energieumsatz:* Chemische Reaktionen verlaufen exotherm oder endotherm.
- *Massenerhaltung:* Die Masse der Endstoffe ist gleich der Masse der Ausgangsstoffe.
- *konstante Massenverhältnisse:* Ausgangsstoffe reagieren miteinander in einem bestimmten Massenverhältnis. Die Produkte enthalten die Elemente in einem konstanten Atomanzahlverhältnis.

2.2 Reaktionsgleichung

- Eine *Reaktionsgleichung* ist eine Kurzbeschreibung einer chemischen Reaktion mit Elementsymbolen und Formeln. Die vor den Formeln stehenden Faktoren beschreiben das Verhältnis der Teilchenzahlen:
  $2\,Cu(s) + I_2(g) \longrightarrow 2\,CuI(s)$; exotherm
- Die *Zustandsformen* der Stoffe werden in Klammern gesetzt:
  s (engl. *solid*): fest;
  l (engl. *liquid*): flüssig;
  g (engl. *gaseous*): gasförmig;
  aq (engl. *aqueous*): in Wasser gelöst.
- Außerdem wird angegeben, ob die Reaktion *exotherm* oder *endotherm* ist.

2.3 Reaktionsbedingungen

- Der Verlauf chemischer Reaktionen wird von verschiedenen Faktoren beeinflusst.
- Eine *Temperaturerhöhung* macht viele Reaktionen erst möglich; chemische Reaktionen verlaufen bei höherer Temperatur schneller.
- Eine Erhöhung der *Konzentration* der Reaktionspartner beschleunigt die Reaktion.
- Eine Reaktion läuft bei größerem *Zerteilungsgrad* der Reaktionspartner schneller ab.

2.4 Energiediagramm einer exothermen Reaktion

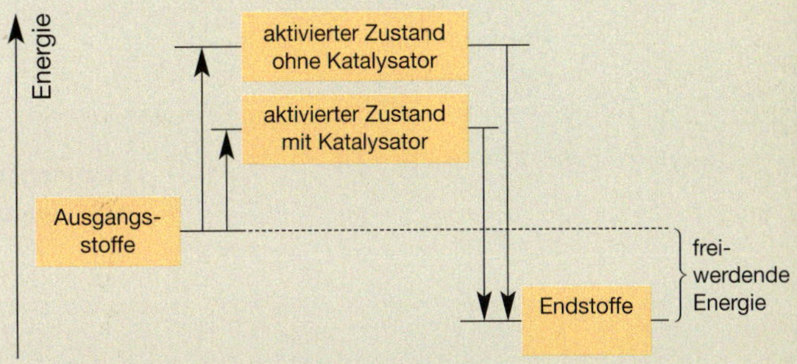

Für viele chemische Reaktionen benötigt man *Aktivierungsenergie*, um die Reaktion zu starten. *Katalysatoren* erniedrigen die Aktivierungsenergie. Sie liegen nach der Reaktion wieder unverändert vor.

3 Stoffmengen und Teilchenzahlen

3.1 Volumenverhältnisse bei Gasreaktionen

Gase reagieren stets in ganzzahligen Volumenverhältnissen miteinander.

Beispiel: Synthese von Wasserdampf

$2\,H_2(g) + O_2(g) \longrightarrow 2\,H_2O(g)$

$V(H_2) : V(O_2) : V(H_2O) = 2 : 1 : 2$

3.2 AVOGADROsches Gesetz

Gasförmige Stoffe enthalten bei gleichem Volumen, gleichem Druck und gleicher Temperatur gleich viele Teilchen.

3.3 Stoffmenge und Mol

- Das Mol ist die Einheit der Stoffmenge n. Eine Stoffportion hat die Stoffmenge $n = 1$ mol, wenn sie $6 \cdot 10^{23}$ Teilchen (Atome oder Moleküle) enthält.
- Mit der AVOGADRO-Konstanten N_A lassen sich Stoffmenge n und Teilchenanzahl N ineinander umrechnen:

$$N_A = \frac{N}{n} = 6 \cdot 10^{23}\ \text{mol}^{-1}$$

3.4 Molare Masse

- Die molare Masse ist der Quotient aus der Masse und der Stoffmenge einer Stoffportion:

$$M = \frac{m}{n};\quad \text{Einheit: } g \cdot mol^{-1}$$

- Die molare Masse eines Elementes stimmt in ihrem Zahlenwert mit der Atommasse überein. Nur die Einheiten sind verschieden. Die molare Masse einer Verbindung erhält man durch Addition der molaren Massen der Elemente.

3.5 Molares Volumen

- Das molare Volumen ist der Quotient aus dem Volumen und der Stoffmenge einer Stoffportion:

$$V_m = \frac{V}{n};\quad \text{Einheit: } l \cdot mol^{-1}$$

- Das molare Volumen der Gase nimmt bei konstantem Druck mit steigender Temperatur zu. Bei Raumtemperatur und normalem Druck hat das molare Volumen den Wert:

$$V_m(\text{Gase, 20 °C, 1013 hPa}) = 24\ l \cdot mol^{-1}$$

3.6 Stöchiometrisches Rechnen

Auf der Grundlage chemischer Gleichungen lassen sich die Stoffmenge n, die Masse m und das Volumen V der an einer Reaktion beteiligten Stoffe berechnen. Dabei kann das folgende Schema verwendet werden:

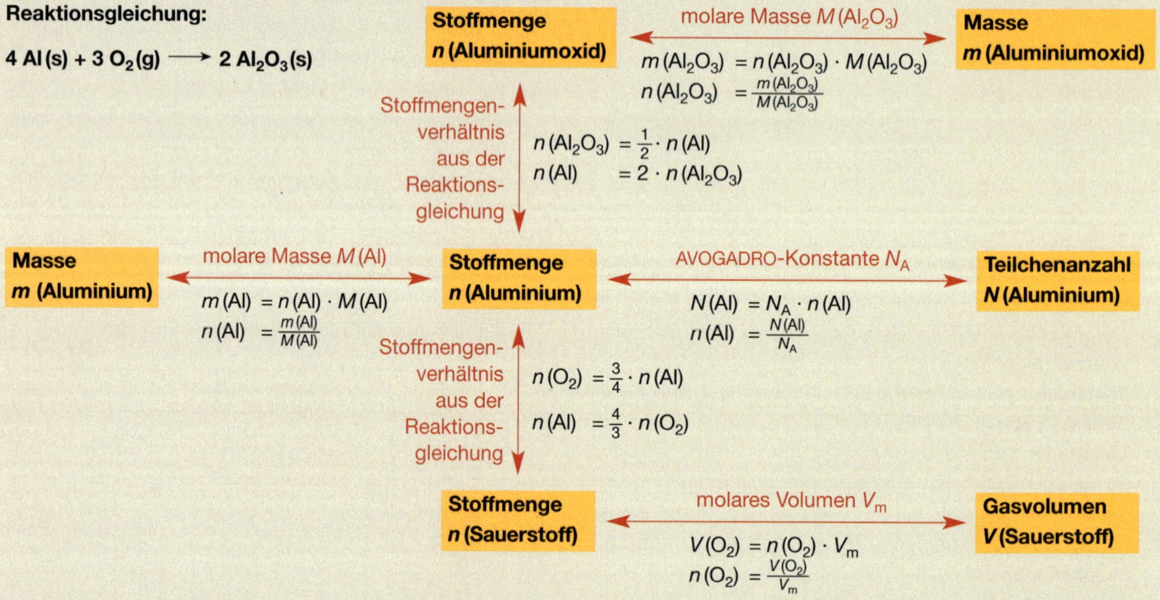

4 Atome

4.1 DALTONS Atommodell (1808)

- Jedes Element besteht aus kleinsten, nicht weiter teilbaren Teilchen, den Atomen.
- Die Atome eines Elements haben alle die gleiche Größe und die gleiche Masse. Die Atome unterschiedlicher Elemente unterscheiden sich in ihrer Masse. Damit gibt es genauso viele Atomarten, wie es Elemente gibt.
- Atome sind unzerstörbar. Sie können durch chemische Vorgänge weder vernichtet noch erzeugt werden.
- Bei chemischen Reaktionen werden die Atome der Ausgangsstoffe neu angeordnet und in bestimmten Anzahlverhältnissen miteinander verknüpft.

Aus heutiger Sicht muss DALTONs Atommodell modifiziert werden:

- Atome sind teilbar; sie sind aus Elementarteilchen (Protonen, Neutronen, Elektronen) aufgebaut.
- Durch Kernreaktionen (z. B. Radioaktiver Zerfall) können Atome verschiedener Elemente ineinander umgewandelt werden.
- Atome eines Elements können sich in ihrer Masse unterscheiden (Isotope).

4.2 Atommasse

- Die Masse von Atomen wird in der *atomaren Masseneinheit* 1 u angegeben.
- Für die Umrechnung in die Masseneinheit 1 Gramm gilt: $1\ \mathrm{g} \approx 6 \cdot 10^{23}\ \mathrm{u}$.

4.3 Atombau

- Atome bestehen aus Atomkern und Atomhülle (Kern/Hülle-Modell).
- Der **Atomkern** ist positiv geladen und enthält fast die gesamte Masse des Atoms.
- Er besteht aus **Nukleonen:** *Protonen* und *Neutronen.*
- Die **Ordnungszahl** der Elemente stimmt mit der Protonenzahl *(Kernladungszahl)* überein.
- **Isotope** sind Atome eines Elements, die sich in der Neutronenzahl unterscheiden.
- Symbolschreibweise für Elemente:

  Atommasse in u ⟶ 19,00
  Elementsymbol ⟶ F
  Ordnungszahl ⟶ 9

- Die **Atomhülle** (Elektronenhülle) wird durch negativ geladene *Elektronen* gebildet. Die Atomhülle ist in *Energiestufen* gegliedert (Energiestufenmodell). Die Energiestufen können räumlich als *Schalen* veranschaulicht werden (Schalenmodell).
- Die Elektronenschalen werden von innen nach außen mit **K, L, M, N, O, P** und **Q** bezeichnet.
- Die K-Schale nimmt maximal 2 Elektronen auf, die L-Schale 8 Elektronen und die M-Schale 18 Elektronen.
- Die Elektronen der äußeren Schale heißen **Außenelektronen** oder **Valenzelektronen;** sie bestimmen das chemische Verhalten der Elemente.

4.4 Periodensystem

Das Periodensystem enthält alle wichtigen Informationen zum Atombau eines Elements:

Periodennummer: Zahl der Elektronenschalen
Gruppennummer: Zahl der Außenelektronen
Ordnungszahl: Zahl der Protonen = Zahl der Elektronen
Massenzahl – Ordnungszahl = Neutronenzahl
Beispiel: Argon

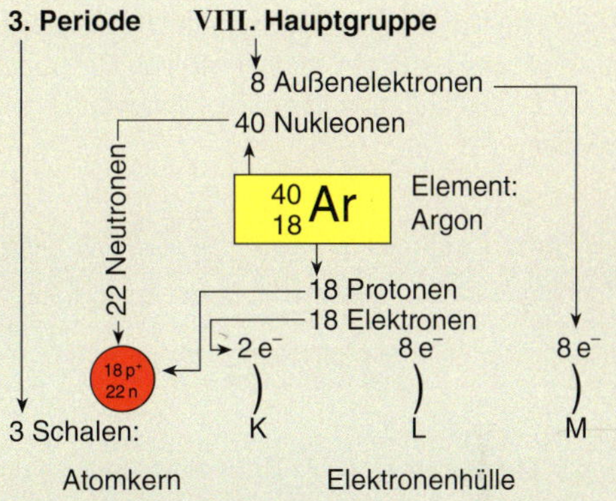

4.5 Ordnungsprinzip des Periodensystems

- Elemente einer **Gruppe** stehen untereinander. Insgesamt gibt es acht Gruppen. Sie werden mit den römischen Zahlen I (Alkalimetalle) bis VIII (Edelgase) gekennzeichnet.
- Elemente einer **Periode** stehen nebeneinander. Sie werden mit den Zahlen 1 bis 7 bezeichnet.
- Der Platz eines jeden Elements ist durch seine Gruppe und seine Periode eindeutig festgelegt.
- Metalle stehen im Periodensystem links und unten, Nichtmetalle stehen rechts und oben.
- Mit Hilfe des Periodensystems lässt sich vorhersagen, ob bei der Reaktion ein Salz oder eine Molekülverbindung entsteht:

  Metall + Nichtmetall ⟶ Salz
  Nichtmetall + Nichtmetall ⟶ Molekülverbindung

	I	II	III	IV	V	VI	VII	VIII
1	1,008 $_{1}$H							4,003 $_{2}$He
2	6,94 $_{3}$Li	9,01 $_{4}$Be	10,81 $_{5}$B	12,01 $_{6}$C	14,00 $_{7}$N	16,00 $_{8}$O	19,00 $_{9}$F	20,18 $_{10}$Ne
3	22,99 $_{11}$Na	24,31 $_{12}$Mg	26,98 $_{13}$Al	28,09 $_{14}$Si	30,97 $_{15}$P	32,07 $_{16}$S	35,45 $_{17}$Cl	39,94 $_{18}$Ar
4	39,10 $_{19}$K	40,08 $_{20}$Ca	69,72 $_{31}$Ga	72,61 $_{32}$Ge	74,92 $_{33}$As	78,96 $_{34}$Se	79,90 $_{35}$Br	83,80 $_{36}$Kr
5	85,47 $_{37}$Rb	87,62 $_{38}$Sr	114,8 $_{49}$In	118,71 $_{50}$Sn	121,75 $_{51}$Sb	127,60 $_{52}$Te	126,90 $_{53}$I	131,2 $_{54}$Xe
6	132,91 $_{55}$Cs	137,33 $_{56}$Ba	204,38 $_{81}$Tl	207,2 $_{82}$Pb	208,98 $_{83}$Bi	$_{84}$Po	$_{85}$At	$_{86}$Rn
7	$_{87}$Fr	$_{88}$Ra						

Metalle   Nichtmetalle

5 Ionen

5.1 Aufbau und Bildung von Ionen

- **Ionen** sind elektrisch geladene Teilchen. Metalle bilden *positiv* geladene *Kationen*, Nichtmetalle (außer Wasserstoff) bilden *negativ* geladene *Anionen*.
  Ionen sind die Bausteine der **Salze.** Sie werden in Kristallen durch *Ionenbindung* zusammengehalten.
- Ionen der Hauptgruppen-Elemente haben wie Edelgas-Atome eine vollbesetzte Außenschale **(Edelgaskonfiguration).**
- Die Bildung von *Ionen* erfolgt nach der **Edelgasregel:** Die Atome geben Elektronen ab oder nehmen Elektronen auf, bis sie die Konfiguration des nächststehenden Edelgases erreichen.

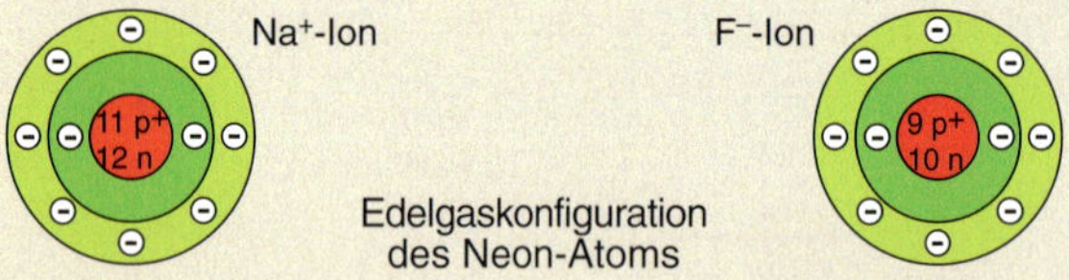

  Bei den Elementen der I. bis III. Hauptgruppe stimmt daher die Ladungszahl der *Kationen* mit der Gruppennummer überein. Für die Elemente der V. bis VII. Hauptgruppe erhält man die Ladungszahl der *Anionen*, indem man die jeweilige Gruppennummer von der Zahl *acht* abzieht.
- Die Bildung von Ionen kann in der **Elektronenschreibweise** dargestellt werden.
  Beispiel:
  •Mg• $\dashrightarrow$ $Mg^{2+} + 2\,e^-$
- Bei der Reaktion der Elemente der I. bis III. Hauptgruppe mit Elementen der V. bis VIII. Hauptgruppe bildet sich durch **Elektronenübergang** eine Ionenverbindung. Das Anzahlverhältnis der Ionen und die Verhältnisformel ergeben sich nach dem Prinzip der *Elektroneutralität*.

5.2 Ionenverbindungen

Salze und salzartige Stoffe sind Ionenverbindungen. Die Bindungsverhältnisse im Ionengitter bestimmen die Eigenschaften von Ionenverbindungen:
Salze und salzartige Stoffe
- sind hart und spröde; die Kristalle zerbrechen meist in Bruchstücke mit gleicher Kristallform
- besitzen meistens eine hohe Schmelztemperatur und eine hohe Siedetemperatur
- sind oft gut in Wasser löslich
- leiten in Wasser gelöst oder als Schmelze den elektrischen Strom
- sind als kristalline Feststoffe elektrische Nichtleiter (Isolatoren).

5.3 Ionengitter

- In den Kristallen salzartiger Stoffe bilden die Ionen eine möglichst dichte Packung, wobei die verschiedenartig geladenen Ionen abwechselnd bestimmte Plätze besetzen. Sie bilden ein räumliches *Ionengitter*.
  Die *Verhältnisformel* des Stoffes und das *Radienverhältnis* seiner Ionen bestimmen den jeweiligen *Gittertyp* mit seiner charakteristischen Anordnung der Ionen.
- Die Anzahl der Ionen, die ein entgegengesetzt geladenes Ion unmittelbar umgeben, bezeichnet man als *Koordinationszahl*.
- Den Aufbau von Ionenverbindungen stellt man in unterschiedlichen Modellen dar.
  Sollen lediglich die Positionen der Ionen im Kristall gezeigt werden, so verwendet man ein *Raumgittermodell*.
  Das *Kugelpackungsmodell* gibt die Radienverhältnisse der Ionen wieder und zeigt, wie die Ionen den Raum ausfüllen.

Beispiel: NaCl-Gitter

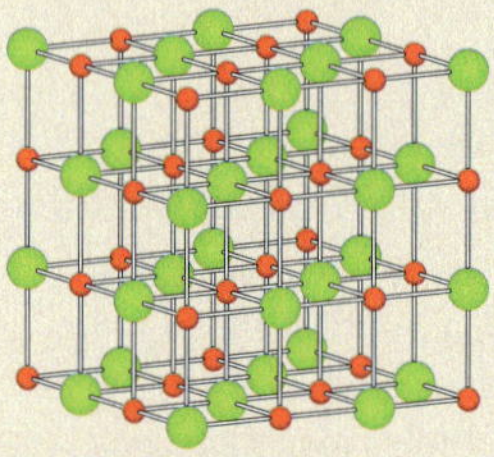

Raumgittermodell

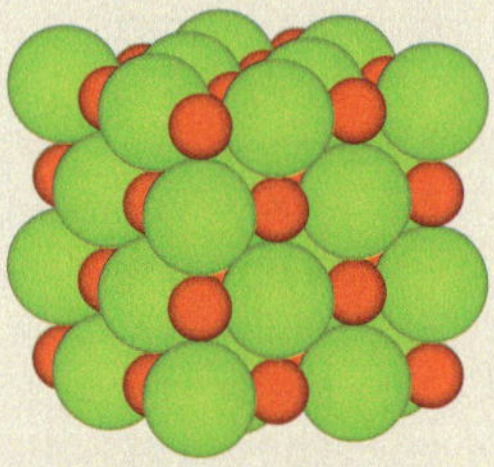

Kugelpackungsmodell

5.4 Elektrolyse

- Verbindungen, die aus Ionen bestehen, leiten in wässriger Lösung und als Schmelze den elektrischen Strom. Dabei erfolgt der Transport von elektrischer Ladung aufgrund einer *Ionenwanderung*.
  Die positiv geladenen Kationen wandern zum Minuspol (Kathode), die negativ geladenen Anionen wandern zum Pluspol (Anode).
- An den Elektroden scheiden sich Stoffe ab. Die Kationen nehmen am Minuspol Elektronen auf, die Anionen geben am Pluspol Elektronen ab.
  Eine *Elektrolyse* ist also eine durch elektrische Energie erzwungen chemische Reaktion.

Beispiel: Elektrolyse von Zinkbromid-Lösung

Minuspol (Kathode): $Zn^{2+}(aq) + 2\,e^- \dashrightarrow Zn(s)$
Pluspol (Anode): $2\,Br^-(aq) \dashrightarrow Br_2(aq) + 2\,e^-$

Gesamtreaktion: $Zn^{2+}(aq) + 2\,Br^-(aq) \longrightarrow Zn(s) + Br_2(aq)$; endotherm

6 Moleküle

6.1 Elektronenpaarbindung und Oktettregel

- *Moleküle* bestehen aus Nichtmetall-Atomen, die durch *gemeinsame, bindende Elektronenpaare* miteinander verbunden sind. Diese Art der Bindung heißt *Elektronenpaarbindung.*
- Nichtmetall-Atome gehen Elektronenpaarbindungen ein, wenn ihre Außenschale nicht voll mit Elektronen besetzt ist.
- Edelgas-Atome gehen praktisch keine Bindungen ein; ihre Außenschalen sind voll besetzt (Helium: zwei Elektronen, alle anderen Edelgasatome: acht Elektronen). Dies bezeichnet man als **Edelgaskonfiguration.**
- Durch Elektronenpaarbindungen erreichen Nichtmetall-Atome in Molekülen eine Edelgaskonfiguration. Die bindenden Elektronenpaare zählen zu jedem Bindungspartner.
- Wasserstoff-Atome haben in Verbindungen zwei Elektronen (wie das nachfolgende Edelgas Helium). Die anderen Nichtmetall-Atome haben in Verbindungen acht Elektronen **(Oktettregel).**

6.2 LEWIS-Formel

- In den LEWIS-Formeln für Moleküle werden *bindende* und *nicht bindende* Elektronenpaare durch Striche gekennzeichnet; einzelne Elektronen werden als Punkt dargestellt.
- Die **Oktettregel** ist erfüllt, wenn die Atome von vier Elektronenpaaren umgeben sind (Wasserstoff-Atome: 1 Elektronenpaar).
- Neben *Einfachbindungen* sind auch *Mehrfachbindungen* zwischen den Atomen möglich.
  Beispiel:

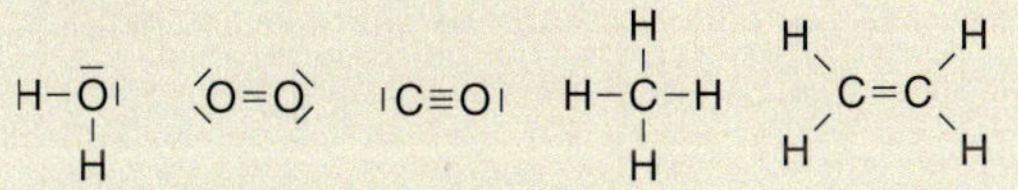

- Für Ionenverbindungen gibt es **keine** LEWIS-Formeln!

6.3 Elektronenpaarabstoßungs-Modell

- Mit dem Elektronenpaarabstoßungs-Modell lässt sich die räumliche Struktur von Molekülen aus der LEWIS-Formel herleiten.
- Nach der Oktettregel sind die Atome im Molekül von vier Elektronenpaaren umgeben, die sich gegenseitig abstoßen. Vielfach ergibt sich eine *Tetraeder-Geometrie.*

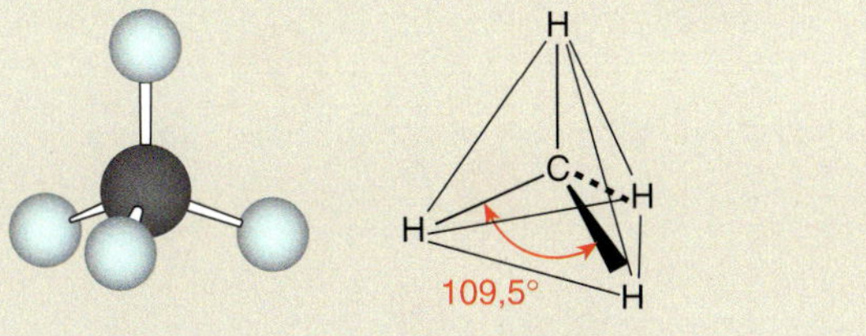

- *Mehrfachbindungen* werden in der Art der Abstoßung der Elektronenpaare wie Einfachbindungen behandelt.

6.4 VAN-DER-WAALS-Bindung

- Zwischen Molekülen wirken schwache Anziehungskräfte, die VAN-DER-WAALS-Bindungen.
- Diese zwischenmolekularen Bindungen nehmen mit der Molekülgröße zu:
  Fluor (F_2) und Chlor (Cl_2) sind bei 25 °C gasförmig, Brom (Br_2) ist dagegen bei dieser Temperatur flüssig, Iod (I_2) sogar fest.

6.5 Elektronegativität und polare Bindung

- Atome verschiedener Elemente ziehen das gemeinsame Elektronenpaar einer Bindung unterschiedlich stark an. Sie unterscheiden sich in ihrer **Elektronegativität.**
- Das elektronegativere Atom weist einen kleinen Überschuss an negativer Ladung (δ–) auf, das andere einen kleinen Überschuss an positiver Ladung (δ+). Solche Bindungen sind *polar.*
- Elektronenpaarbindungen zwischen gleichartigen Atomen sind *unpolar.*
- In **Dipol-Molekülen** ist die elektrische Ladung nicht symmetrisch verteilt:

Dipol-Molekül:

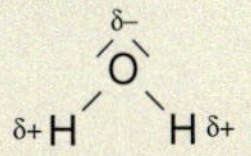

kein Dipol-Molekül:

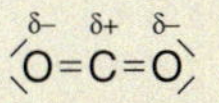

6.6 Wasserstoffbrückenbindung

- Zwischen Wasser-Molekülen liegen Bindungen vor. Sie bestehen aus O–H···O-Brücken.

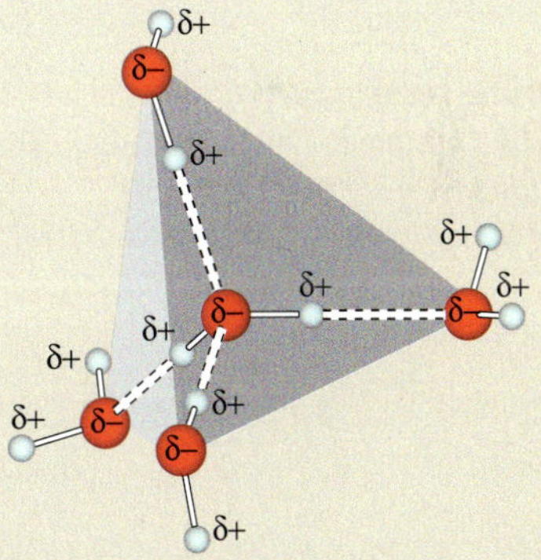

- Wasserstoffbrückenbindungen sind *zwischenmolekulare* Bindungen. Sie bilden sich nicht nur im Wasser aus.
- Voraussetzung für eine Wasserstoffbrückenbindung ist eine polare Elektronenpaarbindung zu einem H-Atom und ein freies Elektronenpaare an einem stark elektronegativen O-Atom, N-Atom oder F-Atom.
- Bei einer Wasserstoffbrückenbindung bildet sich zwischen dem positiv polarisierten H-Atom des einen Moleküls und dem freien Elektronenpaar am stark elektronegativen Atom eines anderen Moleküls eine Bindung aus.
- Wasserstoffbrückenbindungen sind stärker als VAN-DER-WAALS-Binungen, jedoch schwächer als Elektronenpaarbindungen.

7 Säuren, Laugen, Salze

7.1 Saure Lösungen

- **Saure Lösungen** sind wässrige Lösungen, die hydratisierte *Wasserstoff-Ionen* ($H^+(aq)$) enthalten.
- **Säuren** sind Verbindungen, die beim Lösen in Wasser Wasserstoff-Ionen (Protonen) abspalten.
- **Säurerest-Ionen** sind negativ geladene Ionen, die durch Abspaltung eines oder mehrerer Wasserstoff-Ionen aus Säure-Molekülen entstehen.
- **Bildung saurer Lösungen:**

$$\text{Halogenwasserstoff} \xrightarrow{\text{Wasser}} \underbrace{\text{Halogenid-Ion + Wasserstoff-Ion}}_{\text{saure Lösung}}$$

$$\text{Nichtmetalloxid + Wasser} \longrightarrow \underbrace{\text{Säurerest-Ion + Wasserstoff-Ion}}_{\text{saure Lösung}}$$

Nichtmetalloxid		Saure Lösung		Säurerest-Ion	
Name	**Formel**	**Name**	**Formel**	**Name**	**Formel**
Kohlenstoffdioxid	$CO_2(g)$	Kohlensäure	$H_2CO_3(aq)$	Hydrogencarbonat-Ion Carbonat-Ion	HCO_3^- CO_3^{2-}
Schwefeldioxid	$SO_2(g)$	Schweflige Säure	$H_2SO_3(aq)$	Hydrogensulfit-Ion Sulfit-Ion	HSO_3^- SO_3^{2-}
Schwefeltrioxid	$SO_3(s)$	Schwefelsäure	$H_2SO_4(aq)$	Hydrogensulfat-Ion Sulfat-Ion	HSO_4^- SO_4^{2-}
Phosphoroxid	$P_4O_{10}(s)$	Phosphorsäure	$H_3PO_4(aq)$	Dihydrogenphosphat-Ion Hydrogenphosphat-Ion Phosphat-Ion	$H_2PO_4^-$ HPO_4^{2-} PO_4^{3-}
Stickstoffdioxid	$NO_2(g)$	Salpetrige Säure	$HNO_2(aq)$	Nitrit-Ion	NO_2^-
		Salpetersäure	$HNO_3(aq)$	Nitrat-Ion	NO_3^-
–		Salzsäure	$HCl(aq)$	Chlorid-Ion	Cl^-
–		Bromwasserstoffsäure	$HBr(aq)$	Bromid-Ion	Br^-

7.2 Alkalische Lösungen

- **Alkalische Lösungen** sind wässrige Lösungen, die *Hydroxid-Ionen* ($OH^-(aq)$) enthalten.
- **Hydroxide** sind Ionenverbindungen aus positiv geladenen Metall-Ionen und negativ geladenen Hydroxid-Ionen (OH^-).
- **Bildung alkalischer Lösungen:**

$$\text{Metallhydroxid} \xrightarrow{\text{Wasser}} \underbrace{\text{Metall-Ionen + Hydroxid-Ionen}}_{\text{alkalische Lösung}}$$

$$\text{Metalloxid + Wasser} \longrightarrow \underbrace{\text{Metall-Ionen + Hydroxid-Ionen}}_{\text{alkalische Lösung}}$$

$$\text{Alkalimetall/Erdalkalimetall + Wasser} \longrightarrow \underbrace{\text{Metall-Ionen + Hydroxid-Ionen}}_{\text{alkalische Lösung}} \text{ + Wasserstoff}$$

7.3 Säure/Base-Definition nach BRÖNSTED

- **BRÖNSTED-Säuren** sind Teilchen, die Protonen abgeben (Protonendonatoren).
- **BRÖNSTED-Basen** sind Teilchen, die Protonen aufnehmen (Protonenakzeptoren).
- **Säure/Basen-Reaktionen** sind Protonenübertragungsreaktionen.

7.4 Neutralisation

Die Reaktion zwischen **Wasserstoff-Ionen** ($H^+(aq)$) und **Hydroxid-Ionen** ($OH^-(aq)$) bezeichnet man als Neutralisation. Sie läuft ab, wenn man eine saure und eine alkalische Lösung zusammengibt:

$H^+(aq) + OH^-(aq) \longrightarrow H_2O(l)$; exotherm

Gleichzeitig bildet sich eine Salzlösung.

Beispiel:

$HCl(aq) + KOH(aq) \longrightarrow H_2O(l) + K^+(aq) + Cl^-(aq)$; exotherm

Die bei der Reaktion frei werdende Wärme bezeichnet man als *Neutralisationswärme*.

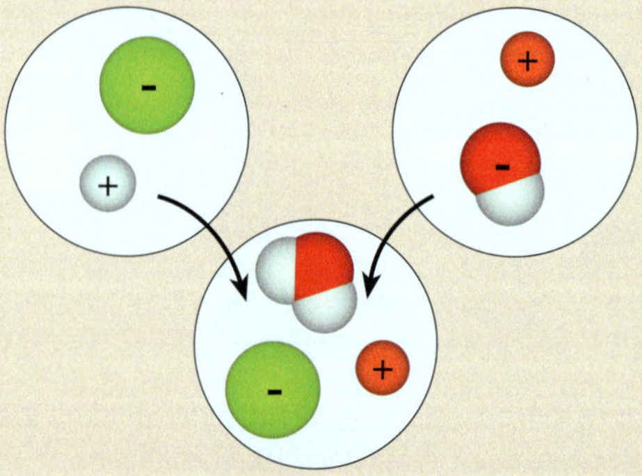

7.5 Salze

- Salze sind Verbindungen aus *Kationen* (positiv geladenen Metall-Ionen) und *Anionen* (negativ geladenen Säurerest-Ionen).
- **Bildung von Salzen:**

  Metall + Nichtmetall ⟶ Salz
  Beispiel:
  $2\ K(s) + Br_2(l) \longrightarrow 2\ KBr(s)$; exotherm

  Metall + saure Lösung ⟶ Salzlösung + Wasserstoff
  Beispiel:
  $Zn(s) + 2\ HNO_3(aq) \longrightarrow Zn(NO_3)_2(aq) + H_2(g)$; exotherm

  Metalloxid + saure Lösung ⟶ Salzlösung + Wasser
  Beispiel:
  $CaO(s) + 2\ HCl(aq) \longrightarrow CaCl_2(aq) + H_2O(l)$; exotherm

  Metallhydroxid + saure Lösung ⟶ Salzlösung + Wasser
  Beispiel:
  $2\ KOH(s) + H_2SO_4(aq) \longrightarrow K_2SO_4(aq) + 2\ H_2O(l)$; exotherm

7.6 pH-Wert

- Der **pH-Wert** gibt an, wie stark sauer oder alkalisch eine Lösung ist. Er ist ein Maß für die Konzentration an Wasserstoff-Ionen oder Hydroxid-Ionen.
- Die **pH-Skala** reicht von pH = 0 bis pH = 14:

  pH < 7: saure Lösung
  pH = 7: neutrale Lösung
  pH > 7: alkalische Lösung

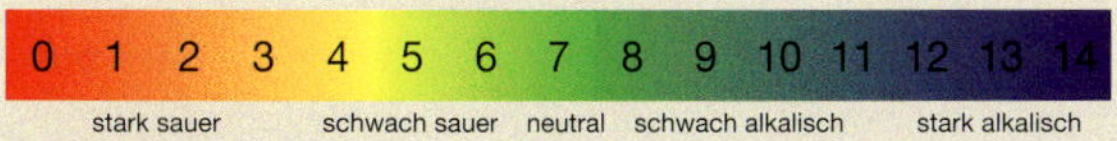

7.7 Indikatoren

Mit *Indikatoren* lassen sich saure, neutrale und alkalische Lösungen unterscheiden, da sie bei verschiedenen pH-Werten unterschiedliche Farben haben:

Indikator	saure Lösung	alkalische Lösung
Phenolphthalein	farblos	rotviolett
Bromthymolblau	gelb	blau
Universalindikator	rot	blau

7.8 Löslichkeit und Gehaltsangaben

Wasser ist ein gutes Lösemittel; aber nicht alle Stoffe lösen sich in Wasser gleich gut. Die *Löslichkeit* gibt an, welche Mengen eines Stoffes sich maximal in 100 g eines Lösungsmittels lösen.

- **Löslichkeit *L*:**

  $L = \frac{m(\text{gelöster Stoff})}{m(\text{Wasser})}$; Einheit: $\frac{g}{100\ g}$

Der Gehalt eines Stoffes in einer Lösung kann auf unterschiedliche Weise angegeben werden. Meist benutzt man die Größen *Massenkonzentration*, *Massenanteil* oder *Stoffmengenkonzentration.*

- **Massenkonzentration *β*:**

  $\beta = \frac{m(\text{gelöster Stoff})}{V(\text{Lösung})}$; Einheit: $mg \cdot l^{-1}$ oder $g \cdot l^{-1}$

- **Massenanteil *w*:**

  $w = \frac{m(\text{gelöster Stoff})}{m(\text{gelöster Stoff}) + m(\text{Wasser})} \cdot 100\ \%$; Einheit: %

- **Stoffmengenkonzentration *c*:**

  $c = \frac{n(\text{gelöster Stoff})}{V(\text{Lösung})}$; Einheit: $mol \cdot l^{-1}$

7.9 Titration

Die Titration ist eine Methode zur Ermittlung der *Stoffmengenkonzentration.* Dabei tropft man eine Maßlösung genau bekannter Konzentration zu einem bestimmten Volumen an Probelösung, bis die Farbe eines Indikators umschlägt. Aus dem Volumen der verbrauchten Maßlösung kann die Stoffmengenkonzentration der unbekannten Lösung ermittelt werden.

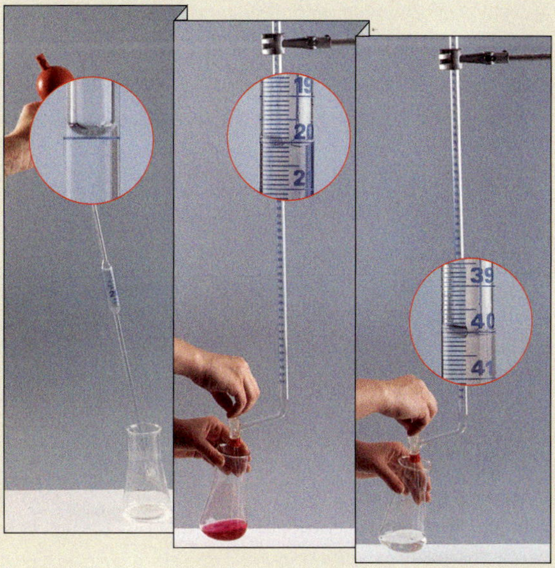

8 Elementfamilien und ihre Reaktionen

8.1 Alkalimetalle (I. Hauptgruppe)

Die Alkalimetalle sind reaktionsfreudige Leichtmetalle mit niedrigen Schmelztemperaturen und geringer Härte. Sie reagieren zu Ionenverbindungen mit einfach positiv geladenen Alkalimetall-Ionen. Die Reaktionsfähigkeit nimmt vom Lithium zum Caesium zu.
Die Alkalimetalle und ihre Verbindungen geben charakteristische Flammenfärbungen.

- **Reaktion mit Wasser:**
  Alkalimetalle reagieren heftig mit Wasser. Dabei bilden sich Alkalimetallhydroxide und Wasserstoff-Gas.
  Beispiel:
  $2\,Na(s) + 2\,H_2O(l) \longrightarrow$
  $2\,Na^+(aq) + 2\,OH^-(aq) + H_2(g)$; exotherm

- **Alkalimetallhydroxide** lösen sich sehr gut in Wasser.
  Beispiel:
  $NaOH(s) \xrightarrow{\text{Wasser}} Na^+(aq) + OH^-(aq)$; exotherm
  Natriumhydroxid — Natronlauge

8.2 Erdalkalimetalle (II. Hauptgruppe)

Die Erdalkalimetalle ähneln den Alkalimetallen. Auch sie geben charakteristische Flammenfärbungen. Die Reaktionsfähigkeit der Erdalkalimetalle gegenüber Wasser ist aber deutlich geringer als bei den Alkalimetallen. Die Erdalkalimetall-Ionen sind zweifach positiv geladen.
Beispiel:
$Ca(s) + 2\,H_2O(l) \longrightarrow$
$Ca^{2+}(aq) + 2\,OH^-(aq) + H_2(g)$; exotherm

8.3 Halogene (VII. Hauptgruppe)

Halogene sind reaktionsfreudige Nichtmetalle. Die Reaktionsfähigkeit nimmt vom Fluor zum Iod ab.
Als Element bestehen die Halogene aus zweiatomigen Molekülen: Fluor (F_2), Chlor (Cl_2), Brom (Br_2) und Iod (I_2).

- **Reaktion mit Wasserstoff:**
  Halogene reagieren mit Wasserstoff zu Halogenwasserstoffen.
  Beispiel:
  $Cl_2(g) + H_2(g) \longrightarrow 2\,HCl(g)$; exotherm

- **Reaktion mit Metallen:**
  Halogene reagieren mit Metallen zu Metallhalogeniden. Die Halogene kommen in diesen Verbindungen als einfach negativ geladene Ionen vor.
  Beispiel:
  $2\,Na(s) + Cl_2(g) \longrightarrow 2\,NaCl(s)$; exotherm

8.4 Edelgase (VIII. Hauptgruppe)

Edelgase kommen nur als einzelne, unverbundene Atome vor. Sie sind so gut wie gar nicht reaktiv und gehen praktisch keine Verbindungen ein.

9 Oxidation, Reduktion, Redoxreaktion

9.1 Sauerstoffübertragungsreaktion

Viele chemische Reaktionen laufen unter Beteiligung von Sauerstoff ab. Sauerstoff kann aufgenommen, abgegeben oder von einem Reaktionspartner auf einen anderen übertragen werden.

- **Oxidation** ist die Aufnahme von Sauerstoff:
  $2\,Mg(s) + O_2(g) \longrightarrow 2\,MgO(s)$; exotherm

- **Reduktion** ist die Abgabe von Sauerstoff:
  $2\,HgO(s) \longrightarrow 2\,Hg(l) + O_2(g)$; endotherm

- **Redoxreaktionen** sind Sauerstoffübertragungsreaktionen: *Oxidationsmittel* übertragen Sauerstoff auf andere Stoffe, sie werden selbst reduziert. *Reduktionsmittel* entziehen einem Stoff Sauerstoff; sie werden selbst oxidiert.
  Oxidation (Mg → MgO)
  $Mg(s) + CuO(s) \longrightarrow MgO(s) + Cu(s)$; exotherm
  Reduktion (CuO → Cu)

- **Redoxreihe der Metalle**

K Na Mg Al Zn Cr Fe Ni Sn Pb ... Cu Ag Hg Pt Au
unedel — **edel**

Je weiter rechts die Metalle in der Redoxreihe stehen, desto edler sind sie. Ihre Oxide sind gute Oxidationsmittel, denn sie geben leicht Sauerstoff ab.
Je weiter links die Metalle in der Redoxreihe stehen, desto unedler sind sie und desto größer ist ihre Reduktionswirkung.

9.2 Elektronenübertragungsreaktion

Mit der Entdeckung, dass bei chemischen Reaktionen Elektronen übertragen werden, hat man die Begriffe Oxidation, Reduktion und Redoxreaktion neu definiert.
- **Oxidation** ist die Abgabe von Elektronen.
- **Reduktion** ist die Aufnahme von Elektronen.
- **Redoxreaktionen** sind Elektronenübertragungsreaktionen.

Elektronenabgabe: $Mg \dashrightarrow Mg^{2+} + 2\,e^-$
Elektronenaufnahme: $Cu^{2+} + 2\,e^- \dashrightarrow Cu$

Elektronenübertragung: $Mg + Cu^{2+} \longrightarrow Mg^{2+} + Cu$

- Unedle Metalle geben leicht Elektronen ab, sie wirken als *Elektronendonatoren.* Metall-Ionen edler Metalle nehmen leicht Elektronen auf, sie sind *Elektronenakzeptoren.* Jedes Metall-Ion löst das unedlere Metall auf; jedes Metall fällt das edlere Metall aus seiner Salzlösung aus. Die *Redoxreihe* der Metalle wird deshalb auch als **Fällungsreihe** bezeichnet.
- Teilchen, die Elektronen aufnehmen, bezeichnet man als *Oxidationsmittel.* Teilchen, die Elektronen abgeben, bezeichnet man als *Reduktionsmittel.*

10 Nachweisreaktionen

10.1 Wasser (H_2O)
- Man gibt einige Tropfen der zu untersuchenden Flüssigkeit zu wasserfreiem Kupfersulfat.
  Beobachtung: Das weiße Salz wird blau.
  Reaktionsgleichung:
  $CuSO_4(s) + 5\ H_2O(l) \longrightarrow CuSO_4 \cdot 5\ H_2O(s)$

10.2 Sauerstoff (O_2)
- Man hält einen glimmenden Holzspan in das Gas (Glimmspanprobe).
  Beobachtung: Der Holzspan flammt auf.

10.3 Wasserstoff (H_2)
- Man fängt eine Gasprobe in einem Reagenzglas auf und entzündet sie (Knallgasprobe).
  Beobachtung: Wenn die Probe ruhig abbrennt, enthält sie reinen Wasserstoff. Enthält sie noch Sauerstoff oder Luft, verbrennt sie mit einem pfeifenden Geräusch.

10.4 Kohlenstoffdioxid (CO_2)
- Kohlenstoffdioxid wird in Kalkwasser geleitet.
  Beobachtung: Es bildet sich ein weißes Calciumcarbonat.
  Reaktionsgleichung:
  $Ca^{2+}(aq) + CO_2(g) + 2\ OH^-(aq) \longrightarrow CaCO_3(s) + H_2O(l)$

10.5 Alkalimetalle, Erdalkalimetalle
- Nachweis durch Flammenfärbung oder mit einem Spektroskop.
  Beobachtungen:
  Lithium: rote Flamme, orange Linie
  Natrium: gelbe Flamme, gelbe Linie
  Kalium: blassviolette Flamme, violette Linie
  Calcium: ziegelrote Flamme, gelbe und orange Linien

10.6 Ammonium-Ionen (NH_4^+)
- An der Unterseite eines Uhrglases wird ein angefeuchtetes Stück Indikatorpapier befestigt.
- In einem kleinen Becherglas gibt man zu der Probe ein Natriumhydroxid-Plätzchen und etwas Wasser.
- Das Becherglas wird mit dem Uhrglas bedeckt.
  Beobachtung: Der gebildete Ammoniak färbt das Indikatorpapier blau.
  Reaktionsgleichung:
  $NH_4^+(aq) + OH^-(aq) \longrightarrow NH_3(g) + H_2O(l)$

10.7 Sulfat-Ionen (SO_4^{2-})
- Die Lösung wird mit verdünnter Salzsäure angesäuert.
- Verdünnte Bariumchlorid-Lösung wird zugegeben.
  Beobachtung: Es bildet sich ein feinkristalliner, weißer Niederschlag von Bariumsulfat.
  Reaktionsgleichung:
  $Ba^{2+}(aq) + SO_4^{2-}(aq) \longrightarrow BaSO_4(s)$

10.8 Chlorid-Ionen (Cl^-), Bromid-Ionen (Br^-), Iodid-Ionen (I^-)
- Die Lösung wird mit verdünnter Salpetersäure angesäuert.
- Verdünnte Silbernitrat-Lösung wird zugegeben.
  Beobachtung: Es bilden sich Niederschläge von Silberchlorid (weiß), Silberbromid (gelblich), Silberiodid (gelb).
  Reaktionsgleichungen:
  $Ag^+(aq) + Cl^-(aq) \longrightarrow AgCl(s)$
  $Ag^+(aq) + Br^-(aq) \longrightarrow AgBr(s)$
  $Ag^+(aq) + I^-(aq) \longrightarrow AgI(s)$
  Silberchlorid und Silberbromid lösen sich in verdünnter Ammoniak-Lösung.

10.9 Carbonat-Ionen (CO_3^{2-})
- Die Lösung wird in einem Reagenzglas mit verdünnter Salzsäure angesäuert.
- Das frei werdende Kohlenstoffdioxid-Gas wird in Kalkwasser geleitet.
  Beobachtung: Es bildet sich ein weißer Niederschlag von Calciumcarbonat.
  Reaktionsgleichungen:
  $CO_3^{2-}(aq) + 2\ H^+(aq) \longrightarrow H_2O(l) + CO_2(g)$
  $Ca^{2+}(aq) + CO_2(g) + 2\ OH^-(aq) \longrightarrow CaCO_3(s) + H_2O(l)$

10.10 Phosphat-Ionen (PO_4^{3-})
- Die Lösung wird mit Phosphatreagenz (salpetersaure Lösung von Ammoniummolybdat und Ammoniumnitrat) erhitzt.
  Beobachtung: Es bildet sich ein gelber Niederschlag (Ammoniummolybdatophosphat).

10.11 Nitrat-Ionen (NO_3^-)
- Ein Nitrat-Teststäbchen wird kurz in die Lösung getaucht.
  Beobachtung: Das Teststäbchen färbt sich je nach Konzentration der Nitrat-Ionen unterschiedlich intensiv violett.

10.12 BEILSTEIN-Probe – Nachweis organischer Halogenverbindungen
- Man glüht einen Kupferdraht in der nicht leuchtenden Brennerflamme aus und taucht in dann in die Probe.
- Der Kupferdraht mit Probe wird erneut in die Brennerflamme gehalten.
  Beobachtung: Die Brennerflamme färbt sich grün.

10.13 Iod/Stärke-Nachweis
- Man gibt eine Lösung von Iod zu Stärke-Lösung (oder eine Stärke-Lösung zu einer Lösung von Iod).
  Beobachtung: Die Lösung färbt sich blau.

1 Vom Naturstoff zum Produkt

Viele Pflanzen enthalten chemische Stoffe, die man auch industriell verwenden möchte. Oft reichen aber die in der Natur vorkommenden Mengen für eine großtechnische Nutzung nicht aus oder die Eigenschaften der Stoffe müssen noch verbessert werden. Es ist daher eine wichtige Aufgabe der Chemie, solche Stoffe synthetisch herzustellen. Fast immer reicht für die Herstellung solcher Verbindungen ein Reaktionsschritt nicht aus und so wurden vielstufige Synthesen entwickelt, um das gewünschte Produkt zu erhalten.

Bei kompliziert gebauten Verbindungen ist eine industrielle Produktion aber häufig so aufwändig und somit auch teuer, dass diese Verbindungen auch heute noch aus der belebten Natur gewonnen und dann weiterverarbeitet werden. Ein Beispiel ist das Herzmedikament Digitalis. Der Ausgangsstoff wird aus der Fingerhut-Pflanze isoliert und dann zu maßgeschneiderten Medikamenten weiterverarbeitet. Hierfür wird Fingerhut landwirtschaftlich angebaut.

Grundlagen
- Aufbau einfacher organischer Stoffe
- Elektronenpaarbindung
- räumlicher Bau von Molekülen
- Elektronegativität und Ladungsverteilung
- VAN-DER-WAALS-Bindungen
- Wasserstoffbrückenbindungen

zentrale Fragen
- Wie kann man organische Stoffe aus der Natur gewinnen?
- Welche Wechselwirkungen zwischen Teilchen bestimmen die Löslichkeit von Stoffen?
- Wie kann man organische Stoffe klassifizieren und benennen?
- Wie lassen sich Alkohole stufenweise oxidieren?
- Wie kann man aus Alkoholen Ester herstellen?

1.1 Naturstoffe

Moschushirsch und Formel von Moschusketon

Unter der Bezeichnung Naturstoffe fasst man alle organischen Verbindungen zusammen, die von Lebewesen synthetisiert werden. Solche Stoffe werden seit je her vom Menschen nicht nur als Nahrungsmittel sondern auch als Duftstoffe, Heilmittel oder Farbstoffe genutzt. So ist beispielsweise Moschus, das Drüsensekret des Moschushirsches, seit Jahrhunderten ein begehrter und teurer Grundstoff für die Herstellung von Parfüms. Pflanzliche Naturstoffe wie das aus der Tollkirsche gewonnene Atropin oder der Farbstoff der Roten Beete dienen als Heilmittel in der Medizin oder als Farbstoff für Lebensmittel.

Auf der Suche nach neuen medizinischen Wirkstoffen schlagen Wissenschaftler in letzter Zeit neue Wege ein: Sie erforschen bislang unbekannte Arten in tropischen Regenwäldern in der Hoffnung, auf diese Weise neuartige Naturstoffe zu finden. Daneben sucht man in alten Schriften, Kräuterbüchern und überlieferten Rezepten von Naturvölkern nach Hinweisen auf bisher nicht bekannte Wirkstoffe.

Tollkirsche und Formel von Atropin

Synthese von Naturstoffen. Lange Zeit ließen sich Naturstoffe nur aus ihren natürlichen Quellen gewinnen. Erst mit der Entwicklung der modernen Chemie war der Weg für ihre synthetische Produktion geebnet. So konnte beispielsweise 1888 Moschusketon, eine wichtige Komponente des Moschusduftes, erstmals im Labor hergestellt werden. Dadurch wurden Parfüms mit synthetischem Moschusduft für jedermann erschwinglich. Auch in anderen Bereichen verdrängten die synthetischen Produkte ihre natürlichen Vorbilder: Farbstoffe, Antibiotika und Aromastoffe werden heute weitgehend synthetisch hergestellt.

Rote Bete und Formel von Betanin

Biotechnologie. Durch die Entwicklung der Biotechnologie rücken Naturstoffe heute immer stärker ins Blickfeld: Mithilfe von gentechnisch veränderten Mikroorganismen werden unter anderem Medikamente und Zusätze für die Lebensmittel- und Waschmittelproduktion in großem Maßstab in Bioreaktoren hergestellt. Coli-Bakterien produzieren Insulin für die Behandlung der Zuckerkrankheit, bestimmte Schimmelpilze bilden Cyclosporin, das die Immunabwehr bei Organtransplantationen hemmt. Die biotechnologisch hergestellte Aminosäure Lysin wird als Futtermittelzusatz verwendet. Eine vollsynthetische Herstellung dieser Naturstoffe wäre vielfach zu aufwändig und zu teuer. Die Biotechnologie bietet damit einen zukunftsträchtigen Weg um biologische Produktionsprozesse technisch nutzbar zu machen.

Naturstoffe und von ihnen abgeleitete synthetische Produkte finden vielfältige Verwendung als Duftstoffe, Medikamente und Farbstoffe.

1. Definieren Sie den Begriff Naturstoff.
2. Recherchieren Sie im Internet, welche Naturstoffe heute als Lebensmittelfarbstoffe verwendet werden.
3. In den Medien findet sich häufig die Aussage, Medikamente aus Naturstoffen seien besser als synthetische Produkte, da sie natürlichen Ursprungs sind. Nehmen Sie Stellung zu dieser Aussage.

1.2 Isolierung von Naturstoffen

Interessante Naturstoffe wie Aromastoffe oder Duftstoffe, findet man in Blüten, Blättern oder Früchten verschiedener Pflanzen. Eine wichtige Aufgabe in der Naturstoffchemie ist es, diese Naturstoffe aus dem Pflanzenmaterial zu gewinnen.

Destillationsverfahren. Eine Trennung durch eine normale Destillation ist nur selten möglich, da sich viele Naturstoffe zersetzen, wenn man sie stark erhitzt. Man erhielte dann nur ein übel riechendes teerartiges Gemisch.
Eine schonende Destillation ist jedoch bei vermindertem Druck möglich, weil die Siedetemperaturen der Stoffe dann viel niedriger liegen. Bei einer solchen **Vakuumdestillation** siedet *Menthol* bereits bei etwa 100 °C; unter normalem Druck erst bei 216 °C. Im Labor verwendet man meist eine Wasserstrahlpumpe um den Unterdruck zu erzeugen.
Als ein weiteres Destillationsverfahren wird die **Wasserdampfdestillation** seit langem zur Gewinnung von Parfümölen eingesetzt: Man leitet Wasserdampf durch eine siedende Mischung aus Pflanzenteilen und Wasser. Bei 100 °C destillieren die Parfümöle mit dem Wasserdampf über. Da sie kaum in Wasser löslich sind, können sie mit einem Scheidetrichter aus dem Destillat abgetrennt werden.

Extraktion. Ein anderes Verfahren zur Gewinnung von Naturstoffen ist die Extraktion, bei der man die gewünschten Stoffe mit einem geeigneten Lösemittel aus dem Pflanzenmaterial herauslöst. Die Rückstände können abfiltriert werden. Das Lösemittel sollte eine möglichst niedrige Siedetemperatur haben, damit es sich leicht abtrennen lässt. Die Ausbeute steigt, wenn man den Extraktionsvorgang mehrfach wiederholt. Für eine vollständige Extraktion mit einer geringen Menge an Lösemittel wurde durch FRANZ VON SOXHLET um 1880 eine Apparatur entwickelt, die den Arbeitsaufwand erheblich reduziert.
Verwendet man als Lösemittel Kohlenstoffdioxid, das unter hohem Druck verflüssigt wurde, kann man die Extraktion schonend bei niedriger Temperatur durchführen. Nach diesem Verfahren wird beispielsweise Koffein aus Kaffeebohnen gewonnen und zugleich entkoffeinierter Kaffee hergestellt.

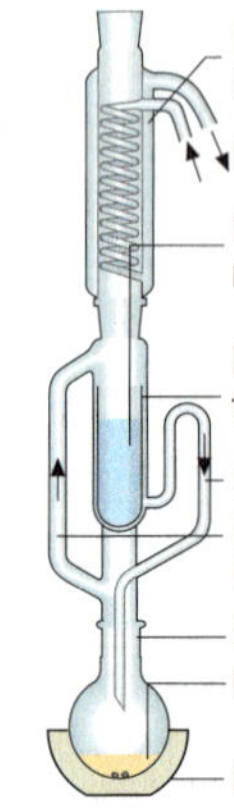

Enfleurage. Besonders empfindliche Duftstoffe wurden früher durch die Enfleurage gewonnen. Dazu werden Blüten auf einem Wachsbett verteilt. Die Blüten geben ihre Duftstoffe an das Wachs ab. Nach einem mehrmaligen Austausch der Blüten löst man das Wachs in warmem Alkohol. Beim Abkühlen scheidet sich das Wachs als Feststoff ab, die Lösung enthält den Großteil der Duftstoffe.

Viele Naturstoffe sind temperaturempfindliche Verbindungen. Sie können durch Vakuumdestillation, Wasserdampfdestillation oder Extraktion schonend isoliert werden.

1. Beschreiben Sie den Arbeitsablauf für eine mehrfache Extraktion. Welche Vereinfachung bringt die SOXHLET-Apparatur?
2. Skizzieren Sie eine Apparatur zur Wasserdampfdestillation.

THEORIE

Verdunsten und Sieden

Auch bei Temperaturen unterhalb der Siedetemperatur nimmt das Volumen einer offen stehenden Flüssigkeit langsam ab, da Moleküle von der Flüssigkeit in den Gasraum übergehen: Die Flüssigkeit verdunstet. Vergrößert man die Oberfläche, so verdunstet die Flüssigkeit schneller, da mehr Teilchen die Flüssigkeit verlassen können.

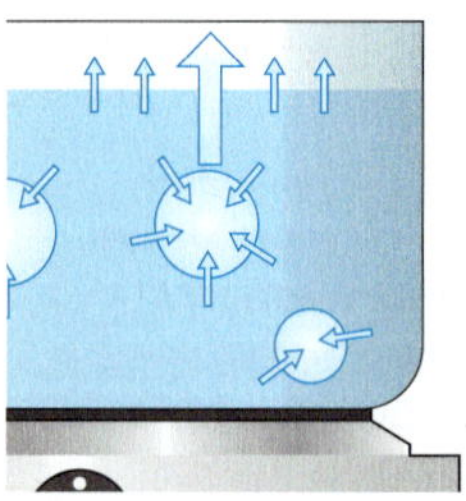

Erwärmt man die Flüssigkeit, so nimmt die Verdunstungsgeschwindigkeit zunächst nur allmählich zu. Erst beim Erreichen der Siedetemperatur gehen plötzlich wesentlich mehr Teilchen in den Gasraum über: Der Dampfdruck der Flüssigkeit ist jetzt so groß wie der Außendruck. Dadurch können sich in der Flüssigkeit Dampfblasen bilden. Die Dampfblasen vergrößern die Oberfläche, an der Moleküle die Flüssigkeit verlassen können. Die Flüssigkeit siedet.

Bei der Vakuumdestillation ist der Außendruck erniedrigt und so können die Dampfblasen schon bei niedrigerer Temperatur entstehen und die Flüssigkeit siedet somit eher als unter normalem Druck. Die Siedetemperatur sinkt jeweils um etwa 15 °C, wenn man den Druck in der Apparatur halbiert.

„Das Parfum“ – Duftstoffe als Literaturthema

EXKURS

Historische Geräte zur Gewinnung von Duftstoffen aus Pflanzen

Enfleurage – Duftstoffe werden von Blüten auf eine Fettschicht übertragen

In dem Roman „Das Parfum“ schildert Patrick Süskind das Leben eines Menschen, der auf der Suche nach dem perfekten Parfüm zum Mörder wird. Das Buch gibt einen guten Einblick in die Arbeit eines Parfumeurs aus dem 18. Jahrhundert. In den zitierten Abschnitten werden zwei Verfahren zur Gewinnung von Aromastoffen geschildert.

»Gelegentlich ... regte sich Baldinis Alchimistenader, und er holte seinen großen Alambic hervor, einen kupfernen Destillierbottich mit oben aufgesetztem Kondensiertopf – einen so genannten Maurenkopfalambic ... Und während Grenouille das Destilliergut zerkleinerte, heizte Baldini in hektischer Eile – denn rasche Verarbeitung war das A und O des Geschäfts – eine gemauerte Feuerstelle ein, auf die er den kupfernen Kessel, mit einem guten Bodensatz Wasser gefüllt, postierte. Er warf die Pflanzenteile hinein, stopfte den doppelwandigen Maurenkopf auf den Stutzen und schloss zwei Schläuchlein für zu- und abfließendes Wasser daran an. Diese raffinierte Wasserkühlungskonstruktion, so erklärte er, sei erst nachträglich von ihm eingebaut worden ... Dann blies er das Feuer an.
Allmählich begann es, im Kessel zu brodeln. Und nach einer Weile, erst zaghaft tröpfchenweise, dann in fadendünnem Rinnsal, floss Destillat aus der dritten Röhre des Maurenkopfs in eine Florentinerflasche, die Baldini untergestellt hatte. ... Nach und nach ... schied sich die Brühe in zwei verschiedene Flüssigkeiten: unten stand das Blüten- oder Kräuterwasser, obenauf schwamm eine dicke Schicht von Öl. Goss man nun vorsichtig durch den unteren Schnabelhals der Florentinerflasche das nur zart duftende Blütenwasser ab, so blieb das reine Öl zurück, die Essenz, das starke riechende Prinzip der Pflanze.«

»Diese edelsten aller Blüten ließen sich ihre Seele nicht einfach entreißen, man musste sie ihnen regelrecht abschmeicheln. In einem besonderen Beduftungsraum wurden sie auf mit kühlem Fett bestrichene Platten gestreut oder locker in ölgetränkte Tücher gehüllt und mussten sich langsam zu Tode schlafen. Erst nach drei oder vier Tagen waren sie verwelkt und hatten ihren Duft an das benachbarte Fett und Öl abgeatmet. Dann zupfte man sie vorsichtig ab und streute frische Blüten aus. Der Vorgang wurde wohl zehn, zwanzig Mal wiederholt, und bis sich die Pomade satt gesogen hatte und das duftende Öl aus den Tüchern abgepresst werden konnte, war es September geworden.«
»Und dann wurde die Pomade wieder aus dem Keller geholt, in verschlossenen Töpfen aufs Vorsichtigste erwärmt, mit feinstem Weingeist versetzt und vermittels eines eingebauten Rührwerks, welches Grenouille bediente, gründlich durchgemischt und ausgewaschen. Zurück in den Keller verbracht, kühlte diese Mischung rasch aus, der Alkohol schied sich vom erstarrenden Fett der Pomade und konnte in eine Flasche abgelassen werden. Er stellte nun quasi ein Parfum dar, allerdings von enormer Intensität, während die zurückbleibende Pomade den größten Teil ihres Duftes verloren hatte. ... Nach gründlicher Filtrage durch Gazetücher, in denen auch die kleinsten Klümpchen Fett zurück gehalten wurden, füllte Druot den parfümierten Alkohol in einen kleinen Alambic und destillierte ihn über dezentestem Feuer langsam ab.«

Das Parfum, Patrick Süskind, Diogenes Taschenbuch, 1994, S. 123f., 228, 224.

1. **a)** Welches Verfahren zur Gewinnung von Duftstoffen wird im linken Abschnitt beschrieben?
   b) Fertigen Sie einen Entwurf für die genannte Apparatur an.
2. Welches heute verwendete Laborgerät entspricht der Florentiner Flasche?
3. Listen Sie die Arbeitsschritte bei der Enfleurage auf.

PRAKTIKUM Isolierung von Naturstoffen

V1: Vakuumdestillation von Sternanisöl

Materialien: Ölbad mit Heizplatte, Rundkolben mit Schliff (100 ml), durchbohrter Stopfen, Winkelrohr, Kühler, dickwandiges Reagenzglas mit Ansatz, Thermometer, Wasserstrahlpumpe, Manometer, Gewürzmühle, Waage; Sternanis.

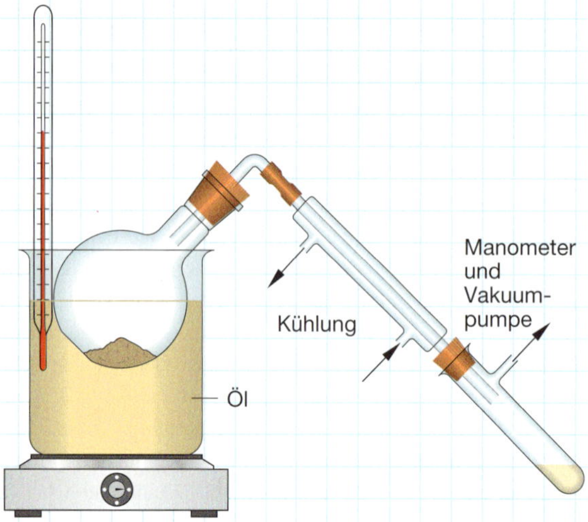

Durchführung:

1. Zerkleinern Sie 30 g Sternanis in der Mühle und geben Sie das Pulver in den Rundkolben.
2. Wiegen Sie das leere Reagenzglas mit Ansatz.
3. Bauen Sie die Apparatur auf.
4. Erhitzen Sie das Ölbad auf 160 °C und destillieren Sie, bis kein Destillat mehr in das Reagenzglas tropft.
5. Wiegen Sie das Reagenzglas mit dem Destillat.

Hinweis: Die etherischen Öle des Sternanis sieden bei etwa 120 °C, wenn der Druck 20 hPa beträgt.

Aufgaben:

a) Beschreiben Sie den Geruch des Destillats.
b) Berechnen Sie den Massenanteil der etherischen Öle im Sternanis.
c) Welche Siedetemperatur ist nach der Tabelle bei einem Druck von 40 hPa für die etherischen Öle des Sternanis zu erwarten?

V2: Wasserdampfdestillation von Nelkenöl

Materialien: 2 Gasbrenner, 2 Erlenmeyerkolben (300 ml), einfach durchbohrter Stopfen, doppelt durchbohrter Stopfen, 4 Winkelrohre, 4 Schlauchstücke, Eisbad, Gewürzmühle, Messzylinder (100 ml), Pipettierhilfe, Waage; Gewürznelken.

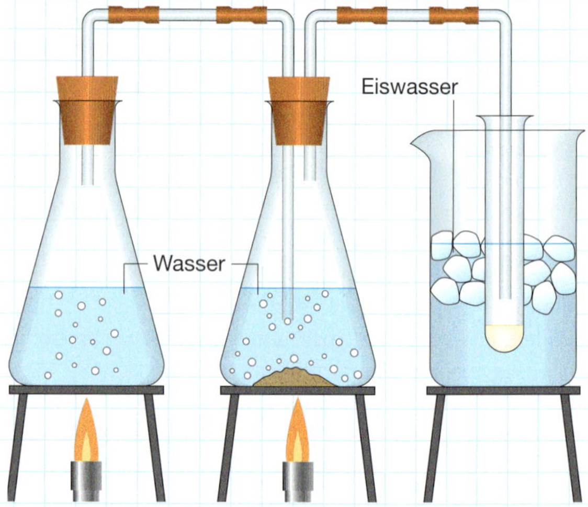

Durchführung:

1. Zerkleinern Sie 20 g Gewürznelken in der Mühle.
2. Geben Sie je 100 ml Wasser in die Erlenmeyerkolben, setzen Sie einem der Kolben das Nelkenpulver zu und bauen Sie die Apparatur auf.
3. Erhitzen Sie die Flüssigkeiten in beiden Erlenmeyerkolben zum lebhaften Sieden und destillieren Sie, bis das Destillat nicht mehr trübe erscheint.
4. Nehmen Sie das abgekühlte Destillat mit der Vollpipette auf und lassen Sie dann den Wasseranteil vorsichtig austropfen. Wiegen Sie das verbleibende Duftstoffgemisch.

Aufgaben:

a) Beschreiben Sie den Geruch des Destillats.
b) Berechnen Sie den Massenanteil der erhaltenen Duftstoffe in den Gewürznelken.

p in hPa	ϑ_b in °C	p in hPa	ϑ_b in °C
10	9	160	61
20	22	320	77
40	34	640	95
80	47	1013	100

Druckabhängigkeit der Siedetemperatur von Wasser

V3: Extraktion von Zitronenöl

Materialien: Schliffkolben (100 ml), Messzylinder (50 ml), Heizhaube, SOXHLET-Extraktor;
Zitrone, Heptan (F, Xn, N).

Durchführung:

1. Geben Sie die zerkleinerte Schale einer Zitrone in die Extraktionshülse des SOXHLET-Extraktors.
2. Füllen Sie etwa 40 ml Heptan in den Schliffkolben und bauen Sie die Apparatur auf.
3. Lassen Sie den Extraktionsvorgang sechsmal durchlaufen und beenden Sie die Extraktion, wenn der Extraktor wieder mit Lösemittel gefüllt ist.
4. Geben Sie einen Tropfen des Extraktes auf ein Blatt Filtrierpapier und prüfen Sie den Duft.

Aufgabe: Warum leert sich der SOXHLET-Extraktor nahezu vollständig, wenn er mit genügend Lösemittel gefüllt ist?

V4: Enfleurage

Materialien: 2 Glasplatten (etwa 20 cm × 20 cm), Becherglas (250 ml), Waage, Heizplatte, Trichter, Aluminium-Folie;
Kerzenwachs, Blüten duftender Blumen, Ethanol (F).

Durchführung:

1. Erwärmen Sie etwa 10 g Kerzenwachs im Becherglas und schütten Sie das flüssige Wachs auf die sauberen, vorgewärmten Glasplatten.
2. Bedecken Sie eine Wachsfläche mit Blüten und legen Sie die zweite Glasplatte vorsichtig auf.
3. Packen Sie die Platten in Aluminium-Folie.
4. Tauschen Sie die Blüten nach einigen Tagen vorsichtig aus.
5. Wiederholen Sie Schritt 4 mehrfach.
6. Entfernen Sie die Blüten. Schaben Sie dann das Wachs ab und geben Sie es in ein Becherglas mit warmem Ethanol.
7. Verrühren Sie Ethanol und Wachs gründlich und filtrieren Sie die Mischung nach dem Erkalten.
8. Geben Sie einen Tropfen der alkoholischen Lösung auf ein Filtrierpapier und vergleichen Sie die Geruchsintensität mit einer Probe des ausgewaschenen Wachses.

Hinweis: Statt frischer Blüten kann auch ein Duftbukett mit getrockneten Blüten verwendet werden.

V5: Fenchelauszüge mit verschiedenen Lösemitteln

Materialien: Gasbrenner, 3 Erlenmeyerkolben (100 ml) mit Stopfen, Messzylinder (50 ml), 3 Petrischalen;
Fencheltee in Beuteln, Heptan (F, Xn, N), Ethanol (F).

Durchführung:

1. Erhitzen Sie in einem Erlenmeyerkolben etwa 20 ml Wasser zum Sieden.
2. Geben Sie einen Teebeutel hinein.
3. Übergießen Sie in einem anderen Erlenmeyerkolben einen Teebeutel mit 20 ml Heptan.
4. Verfahren Sie ebenso mit Ethanol als Lösemittel.
5. Geben Sie in die Petrischalen je 2 ml der Lösungen und lassen Sie die Lösemittel verdunsten.

Aufgaben:

a) Vergleichen Sie den Geruch der drei Proben.
b) Warum riechen die Proben unterschiedlich, auch wenn das Lösemittel vollständig entfernt ist?
c) Warum muss die wässrige Lösung erwärmt werden?

etherisches Öl	verwendete Pflanzenteile	durchschnittlicher Massenanteil in %	Trennverfahren
Jasminöl	Blüten	0,1	
Orangenöl	Schale	0,4	Extraktion
Zitronenöl	Schale	2,5	
Anisöl	Samen	3	
Fichtennadelöl	Nadeln	0,2	
Lavendelöl	Blüten und Stängel	2	
Nelkenöl	Knospen	20	Wasserdampfdestillation
Weihrauchöl	Harz	5	
Pfefferminzöl	Blätter	1,5	
Rosenöl	Blütenblätter	0,02	
Zimtöl	Rinde	1	
Sternanisöl	Samen	10	Vakuumdestillation

Etherische Öle. *Neben dem angegebenen Trennverfahren sind häufig auch die anderen Verfahren geeignet.*

ÜBERSICHT Alkane und ihre Nomenklatur

Die einfachsten organischen Verbindungen bestehen nur aus den Elementen Kohlenstoff und Wasserstoff; man bezeichnet sie somit als **Kohlenwasserstoffe.**
Die Kohlenwasserstoffe lassen sich in zwei Gruppen einteilen: gesättigte und ungesättigte Kohlenwasserstoffe. Zu den *gesättigten Kohlenwasserstoffen* oder **Alkanen** gehören alle Verbindungen, in denen die Kohlenstoff-Atome jeweils vier Bindungspartner haben. Neben C–H-Bindungen liegen nur C–C-Einfachbindungen vor.

Bei den *ungesättigten Kohlenwasserstoffen* treten dagegen auch C/C-Mehrfachbindungen zwischen Kohlenstoff-Atomen auf.

Von den Alkanen leiten sich die meisten organischen Verbindungen ab. Auch die Benennung dieser Verbindungen geht von den entsprechenden Alkanen aus. Dadurch wird das Kohlenstoffgerüst der Verbindung gekennzeichnet.

Homologe Reihe. Das einfachste Alkan ist das *Methan*, das aus CH_4-Molekülen aufgebaut ist. *Ethan* hat die Molekülformel C_2H_6. Fügt man formal in ein Ethan-Molekül eine CH_2-Gruppe ein, erhält man ein Molekül mit der Formel C_3H_8. Dabei handelt es sich um das *Propan*-Molekül.
Ordnet man die Alkane nach der Anzahl der in ihren Molekülen enthaltenen Kohlenstoff-Atome, erhält man eine *homologe Reihe*, bei der jedes Glied um eine CH_2-Gruppe gegenüber dem vorhergehenden Molekül wächst. Durch diesen Aufbau ergibt sich für alle Glieder der Alkan-Reihe die *allgemeine Molekülformel* C_nH_{2n+2}.

Name	Molekülformel	vereinfachte Strukturformel
Methan	CH_4	CH_4
Ethan	C_2H_6	CH_3-CH_3
Propan	C_3H_8	$CH_3-CH_2-CH_3$
Butan	C_4H_{10}	$CH_3-(CH_2)_2-CH_3$
Pentan	C_5H_{12}	$CH_3-(CH_2)_3-CH_3$
Hexan	C_6H_{14}	$CH_3-(CH_2)_4-CH_3$
Heptan	C_7H_{16}	$CH_3-(CH_2)_5-CH_3$
Octan	C_8H_{18}	$CH_3-(CH_2)_6-CH_3$
Nonan	C_9H_{20}	$CH_3-(CH_2)_7-CH_3$
Decan	$C_{10}H_{22}$	$CH_3-(CH_2)_8-CH_3$
Dodecan	$C_{12}H_{26}$	$CH_3-(CH_2)_{10}-CH_3$
Hexadecan	$C_{16}H_{34}$	$CH_3-(CH_2)_{14}-CH_3$
Eicosan	$C_{20}H_{42}$	$CH_3-(CH_2)_{18}-CH_3$

Namen und Formeln von Alkanen

Formeln und Modelle. In der Chemie werden zur Beschreibung von Molekülen Formeln und Modelle mit unterschiedlichem Informationsgehalt verwendet. Verzichtet man auf nicht benötigte Informationen, so erhält man einfachere Molekülbeschreibungen.

- Die *Molekülformel* gibt nur die Elemente und die Zahl der im Molekül enthaltenen Atome an.

C_4H_{10} Molekülformel

- In *vereinfachten Strukturformeln* wird die Anordnung der Atome beschrieben. Die Bindungspartner der Kohlenstoff-Atome werden jeweils hinter jedem C-Atom angegeben.

$CH_3-CH_2-CH_2-CH_3$ vereinfachte Strukturformel

- In der *LEWIS-Formel* wird das Molekül in die Papierebene projiziert. Alle Atome und alle bindenden und freien Elektronenpaare werden angegeben.

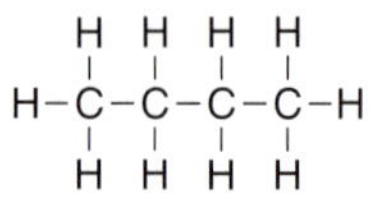

LEWIS-Formel

- Die *Keil/Strich-Formel* beschreibt zusätzlich zur LEWIS-Formel den dreidimensionalen Bau des Moleküls.

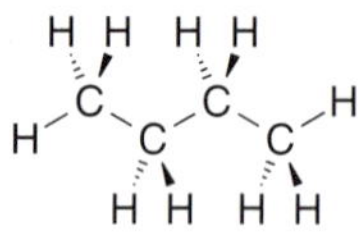

Keil/Strich-Formel

- Beim *Kugel/Stab-Modell* stellt man die Zentren der Atome durch farbige Kugeln und die Elektronenpaarbindungen durch Stäbchen dar. Es gibt *Bindungswinkel* und *Bindungslängen* anschaulich wieder. Auch die freie Drehbarkeit um die C–C-Einfachbindung lässt sich gut demonstrieren.

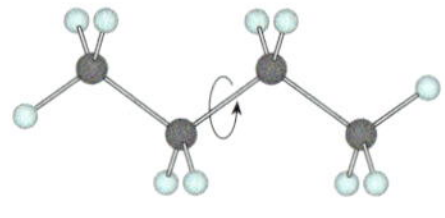

Kugel/Stab-Modell

- Im *Kalottenmodell* werden die Atome durch sich teilweise durchdringende Kugeln dargestellt. Dies entspricht den gemeinsamen Elektronenwolken bei Elektronenpaarbindungen. Bindungslängen und Bindungswinkel werden maßstabsgerecht wiedergegeben. Die Raumerfüllung von Molekülen wird besonders deutlich.

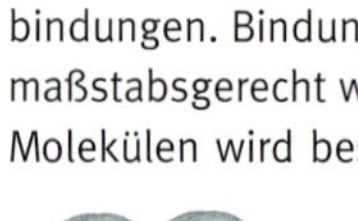

Kalottenmodell

Isomerie. Die Mehrzahl der organischen Verbindungen wird durch Molekülformeln nicht eindeutig bestimmt. So gibt es zwei Verbindungen mit der Molekülformel C_4H_{10}. Die Moleküle unterscheiden sich in der Anordnung ihrer C-Atome. In einem Fall bilden die C-Atome eine Kette, in dem anderen Fall tritt eine Verzweigung auf.

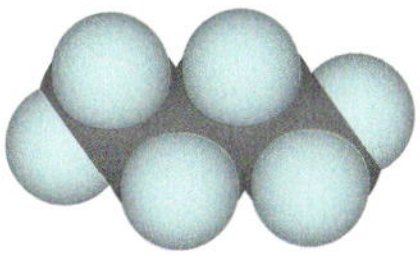

$H_3C-CH_2-CH_2-CH_3$

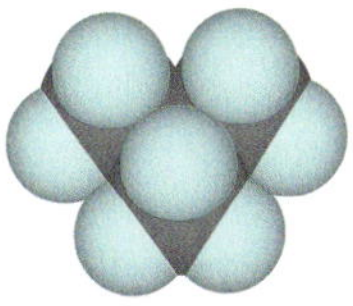

$H_3C-CH(CH_3)-CH_3$

Liegen wie in diesem Beispiel bei gleicher Molekülformel Moleküle mit unterschiedlicher Struktur vor, so spricht man von *Isomerie*. Die einzelnen Verbindungen bezeichnet man als *Isomere*.

Die Zahl der möglichen Isomeren nimmt mit der Anzahl der Kohlenstoff-Atome stark zu: Vom Butan (C_4H_{10}) gibt es zwei Isomere, vom Hexan (C_6H_{14}) schon fünf und beim Eicosan ($C_{20}H_{42}$) beträgt die Zahl der möglichen Isomeren 366 319.

Cycloalkane. Es gibt auch Kohlenwasserstoffe, die aus ringförmigen Molekülen bestehen. Diese Cycloalkane sind in ihren Eigenschaften mit den Alkanen vergleichbar. Bei gleicher Anzahl an Kohlenstoff-Atomen enthalten ihre Moleküle aber zwei Wasserstoff-Atome weniger als die Alkan-Moleküle.

Benennung von Alkanen. Die Namen der ersten vier Glieder der homologen Reihe der Alkane (Methan bis Butan) entstanden zu einer Zeit, als der systematische Aufbau der Alkane noch nicht bekannt war. Auch heute noch werden diese *Trivialnamen* verwendet. Die Namen der weiteren Glieder werden gebildet, indem man vor die Endung **-an** ein griechisches oder lateinisches Zahlwort setzt, das die Anzahl der Kohlenstoff-Atome im Molekül angibt: Pentan (C_5H_{12}), Hexan (C_6H_{14}), Heptan (C_7H_{16}).

Bei der Vielzahl isomerer Alkane war es notwendig, ein eindeutiges und möglichst rationelles System der Namensgebung, eine **Nomenklatur**, einzuführen. Für die wissenschaftlich exakte Benennung der isomeren Alkane gelten folgende **IUPAC**-Regeln (**I**nternational **U**nion of **P**ure and **A**pplied **C**hemistry):

Zuerst wird die längste Kohlenstoff-Kette im Molekül, die *Hauptkette*, bestimmt. Dann betrachtet man die Verzweigungen. *Seitenketten* bezeichnet man allgemein als Alkyl-Gruppen. Die Namen der Alkyl-Gruppen ergeben sich, indem man die Silbe **-an** des zugehörigen Alkans durch die Endung **-yl** ersetzt. Die einfachsten Alkyl-Reste sind der Methyl-Rest (CH_3-Rest) und der Ethyl-Rest (C_2H_5-Rest). In Formeln bezeichnet man Alkyl-Reste oft kurz durch **-R**.

Nomenklaturregeln für Alkane. Die Benennung der Alkane erfolgt nach folgenden Schritten:

- Alkane haben die Endung -an. Der Name des Alkans, das die Hauptkette bildet, liefert den *Stammnamen* der Verbindung.

Beispiel: Pentan — $\overset{1}{C}H_3-\overset{2}{C}H_2-\overset{3}{C}H_2-\overset{4}{C}H_2-\overset{5}{C}H_3$

- Die Namen der Seitenketten werden dem Stammnamen vorangestellt. Um anzuzeigen, an welches C-Atom die Seitenkette gebunden ist, wird die Hauptkette nummeriert. Die Verzweigungsstellen sollen dabei möglichst kleine Zahlen erhalten. Diese Zahlen werden den Namen der Seitenketten vorangestellt.

Beispiel: 2 - Methyl pentan — $\overset{1}{C}H_3-\overset{2}{C}H(CH_3)-\overset{3}{C}H_2-\overset{4}{C}H_2-\overset{5}{C}H_3$

- Treten gleiche Seitenketten mehrfach in einem Molekül auf, so wird ein entsprechendes Zahlwort (di-, tri-, tetra-, penta-) vorangestellt. Unterschiedliche Seitenketten werden alphabetisch nach den Namen der Alkyl-Gruppen geordnet.

Beispiel: 3 - Ethyl - 2,4 - di - methyl pentan — $\overset{1}{C}H_3-\overset{2}{C}H(CH_3)-\overset{3}{C}H(C_2H_5)-\overset{4}{C}H(CH_3)-\overset{5}{C}H_3$

1. Geben Sie den Namen und die Molekülformel des unverzweigten Alkans mit 15 C-Atomen an.

2. Zeichnen Sie die LEWIS-Formeln der ersten vier Alkane.

3. Auch die Alkyl-Gruppen bilden eine homologe Reihe. Geben Sie Namen und Molekülformeln der ersten vier Glieder an. Wie lautet ihre allgemeine Formel?

4. Zeichnen Sie die LEWIS-Formeln von Cyclopropan, Cyclobutan und Cyclopentan.

5. Geben Sie die LEWIS-Formeln und die Namen der isomeren Pentane an.

6. Geben Sie die LEWIS-Formeln folgender Verbindungen an: 3-Ethylpentan, 3-Ethyl-2-methylhexan, 2,2,4-Trimethylpentan und 2,2,3-Trimethyl-4-propylheptan.

7. Welche Eigenschaften von Molekülen werden gut durch das Kugel/Stab-Modell wiedergegeben? Welche Eigenschaften kann man besser anhand des Kalottenmodells diskutieren?

8. Benennen Sie folgende Alkane:

a) $CH_3-CH(CH_3)-CH(CH_2-CH_2-CH_3)-CH_3$

b) $CH_3-CH(CH_3)(CH_3)-C(CH_3)(CH_3)-CH-CH_3$

1.3 Alkohole – vielseitige Lösemittel

Duftstoffe lassen sich in Alkohol besonders gut lösen. Spricht man in diesem Zusammenhang von Alkohol, so ist der gleiche Stoff gemeint, der in alkoholischen Getränken enthalten ist. Es handelt sich um die Verbindung *Ethanol* mit der Formel CH_3-CH_2-OH.

Neben Ethanol gibt es noch viele weitere Alkohole. Sie bilden eine *Stoffklasse*, da sie alle eine **Hydroxyl-Gruppe** (OH-Gruppe) besitzen, die das Reaktionsverhalten und andere Stoffeigenschaften bestimmt. Man bezeichnet die Hydroxyl-Gruppe daher als **funktionelle Gruppe** der Alkohole.

Die verschiedenen Alkohole lassen sich formal von Kohlenwasserstoffen ableiten, indem man im Molekül ein Wasserstoff-Atom durch eine Hydroxyl-Gruppe ersetzt. Wenn es sich bei dem Kohlenwasserstoff-Rest um ein Alkan handelt, spricht man auch von *Alkanolen*. Die Alkanole bilden, wie die Alkane auch, eine homologe Reihe. Ihre allgemeine Molekülformel ist $C_nH_{2n+1}OH$.

Bei der Benennung der Alkohole hängt man die Endung **-ol** an den Namen des Kohlenwasserstoffs. Teilweise werden aber auch Trivialnamen verwendet: Flüchtige Bestandteile, die sich durch Destillation gewinnen lassen, wurden früher *Geist* genannt. Ethanol hieß so auch Weingeist. Methanol, das früher durch Erhitzen von Holz gewonnen wurde, wird auch als Holzgeist bezeichnet.

Formel	IUPAC-Name	Trivialname	ϑ_b in °C
CH_3OH	Methanol	Holzgeist	65
C_2H_5OH	Ethanol	Weingeist	78
C_3H_7OH	Propanol	Propylalkohol	97
C_4H_9OH	Butanol	Butylalkohol	118

Struktur. Der einfachste Vertreter der Alkanole ist das *Methanol*, CH_3OH. Das Kohlenstoff-Atom im Methanol-Molekül ist mit drei Wasserstoff-Atomen durch Elektronenpaarbindungen verbunden. Diese Bindungen sind weitgehend unpolar, da sich die Elektronegativitäten von Kohlenstoff und Wasserstoff nur geringfügig unterscheiden. Die Elektronenpaarbindung, die das Kohlenstoff-Atom mit dem Sauerstoff-Atom verbindet, ist hingegen polar. Das Sauerstoff-Atom zieht die Elektronen stärker zu sich und hat so eine negative Teilladung. Dementsprechend trägt das Kohlenstoff-Atom eine positive Teilladung. Die Teilladungen werden mit dem Symbol δ+ und δ– (sprich: delta) bezeichnet. Ähnlich polar ist die Elektronenpaarbindung zwischen Sauerstoff-Atom und Wasserstoff-Atom, wobei das Sauerstoff-Atom wieder die negative Teilladung trägt. Aufgrund der ungleichmäßigen Ladungsverteilung ist das Methanol-Molekül ein Dipol.

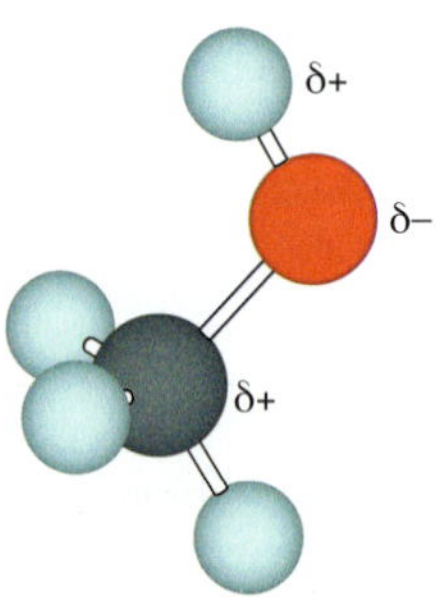

Isomerie bei Alkanolen. Propan-1-ol und Propan-2-ol sind zwei isomere Alkohole. Die unterschiedliche Stellung der Hydroxyl-Gruppe beeinflusst die Eigenschaften. Insgesamt unterscheidet man drei Gruppen von Alkanolen: Bei *primären* Alkanolen ist das Kohlenstoff-Atom, das die Hydroxyl-Gruppe trägt, nur mit einem weiteren C-Atom verbunden. Ethanol und Propan-1-ol sind Beispiele hierfür. Bei *sekundären* Alkanolen wie Propan-2-ol oder Pentan-3-ol weisen die entsprechenden C-Atome zwei Bindungen zu weiteren C-Atomen auf. In *tertiären* Alkanolen ist ein C-Atom mit drei weiteren C-Atomen verbunden. Zu den tertiären Alkoholen gehört 2-Methylpropan-2-ol, auch *tert.*-Butanol genannt.

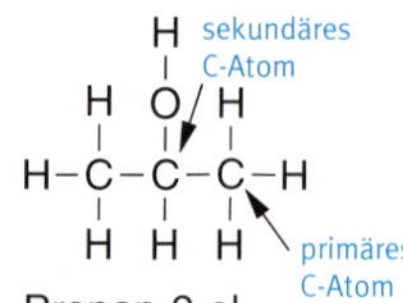

Propan-2-ol

Verwendung. *Ethanol* wird im Alltag vielfältig verwendet. Als Brennstoff für Spirituskocher und als Reinigungsmittel im Haushalt benutzt man *Brennspiritus*, der durch übel riechende und gesundheitsschädliche Zusätze ungenießbar gemacht wurde. Als Lösemittel und zur Desinfektion dient Ethanol in Gesichts- und Rasierwässern sowie in Parfums. Auch in Labor und Industrie verwendet man Ethanol als vielseitiges Lösemittel.

Auch *Methanol* ist ein wichtiges Lösemittel. Weil es giftig ist, wird es nur im Labor und in der Industrie eingesetzt. *Propan-2-ol (Isopropanol)* wird als Lösemittel in kosmetischen Präparaten und als Desinfektionsmittel verwendet. In Scheibenreinigungsmitteln für Autos und im Kraftstoff dient es als Frostschutzmittel. Auch *langkettige Alkohole* sind wichtige Lösemittel. Sie werden außerdem zu Weichmachern in Kunststoffen und zu Reinigungsmitteln weiterverarbeitet.

Alkohole bilden eine Stoffklasse. Die funktionelle Gruppe der Alkohole ist die Hydroxyl-Gruppe. Man unterscheidet primäre, sekundäre und tertiäre Alkohole.

1. Welche Molekülformel hat Pentanol?
2. Zeichnen Sie die LEWIS-Formel von 2-Methylpropan-2-ol. Kennzeichnen Sie das tertiäre C-Atom.
3. Warum bevorzugt man die Molekülformel C_4H_9OH gegenüber der Formel $C_4H_{10}O$?

Wechselwirkungen zwischen Molekülen

Die Siedetemperatur eines Stoffes wird durch Anziehungskräfte zwischen den Molekülen dieses Stoffes bestimmt. Je stärker die Anziehungskräfte sind, desto höher liegt die Siedetemperatur. Schwache Anziehungskräfte zwischen Molekülen bezeichnet man als **VAN-DER-WAALS-Bindung**. In der homologen Reihe der Alkane steigt die Siedetemperatur mit der Molekülgröße, da die Berührungsfläche zwischen Molekülen und somit die Stärke der VAN-DER-WAALS-Bindungen zunimmt.

Propan ist bei Raumtemperatur gasförmig, es siedet bereits bei −42 °C. Bei ähnlicher Molekülgröße ist Ethanol hingegen bei Raumtemperatur noch flüssig und siedet bei erst 78 °C. Die Siedetemperatur von Ethanol liegt höher, weil sich zusätzlich zu den schwachen VAN-DER-WAALS-Bindungen zwischen den polaren Hydroxyl-Gruppen noch starke **Wasserstoffbrückenbindungen** ausbilden.

Mischbarkeit. Die ersten Alkanole der homologen Reihe – Methanol, Ethanol und Propanol – mischen sich in jedem Verhältnis mit Wasser. Bei den darauf folgenden Alkanolen nimmt die Löslichkeit mit steigender Anzahl der Kohlenstoff-Atome stark ab. So lösen sich nur noch 6 g Hexanol in 1 l Wasser.
Die Bindung in der OH-Gruppe eines Alkohol-Moleküls ist ähnlich polar wie die Bindung in einem Wasser-Molekül. Zwischen den OH-Gruppen der Alkohol-Moleküle und den Wasser-Molekülen bilden sich Wasserstoffbrücken. Die Hydroxyl-Gruppe vermittelt damit die Löslichkeit der Alkohole in Wasser, man bezeichnet sie als *hydrophil* (gr. *hydro:* Wasser, *philos:* Freund). Für die schlechte Löslichkeit von Hexanol in Wasser ist dagegen der *unpolare* Alkyl-Rest verantwortlich. Man sagt, der Alkyl-Rest ist *hydrophob* (gr. *phobos:* Angst).

Zwischen den Alkyl-Resten der Alkanol-Moleküle und den Alkan-Molekülen bilden sich VAN-DER-WAALS-Bindungen aus. Ethanol und die höheren Alkanole sind deshalb mit Hexan mischbar. Beim Methanol überwiegt der Einfluss der polaren OH-Gruppe jedoch so stark, dass es sich nicht mit Hexan mischt.

Lösemitteleigenschaften. Die Löslichkeit beruht auf zwischenmolekularen Wechselwirkungen. Das Zusammenspiel der hydrophilen Hydroxyl-Gruppe und der hydrophoben Alkyl-Gruppe gibt den Alkoholen besondere Lösemitteleigenschaften. So vermitteln Alkohole die Löslichkeit von unpolaren Stoffen wie Duftstoffe mit dem polaren Wasser. Für Parfüms verwendet man deshalb häufig Ethanol/Wasser-Mischungen mit einem Ethanol-Anteil von etwa 70 %.

1. Erklären Sie, warum Alkyl-Reste hydrophob sind und Hydroxyl-Gruppen hydrophil.
2. Warum unterscheiden sich Methanol und Heptanol in ihrer Löslichkeit in Wasser?
3. Erläutern Sie den Merksatz „Gleiches löst Gleiches" mit dem Schema zur Mischbarkeit.
4. Vergleichen Sie die Siedetemperaturen von Methan und Methanol sowie von Decan und Decanol. Warum unterscheiden sich die Differenzen zwischen den Siedetemperaturen dieser Stoffpaare?

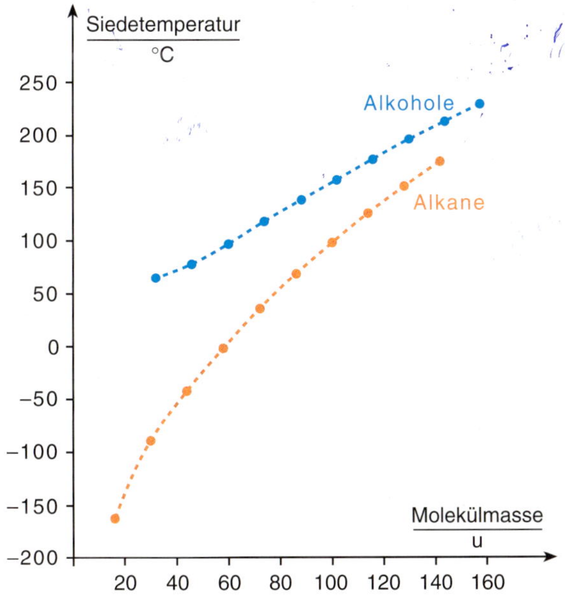

Siedetemperaturen der Alkane und Alkanole

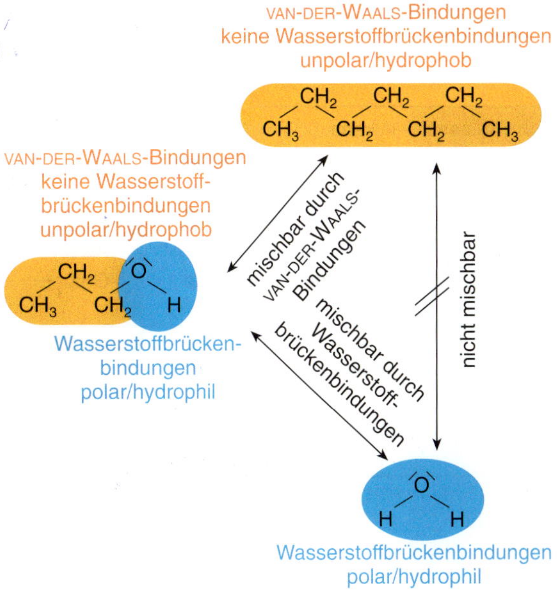

Einfluss der Molekülstruktur auf die Mischbarkeit

1.5 Vom Alkohol zum Aldehyd – Synthese von Aromastoffen

In vielen Fällen reicht die Menge der Aromastoffe, die man aus der Natur gewinnen kann, nicht aus, um den Bedarf zu decken. Selbst die Welternte an Erdbeeren würde nur fünf Prozent der Erdbeergeschmacksstoffe abdecken, die in den USA verbraucht werden. Deshalb werden Synthesen und Rezepturen entwickelt, um die Nachfrage mit künstlichen Aromastoffen zu decken. Das künstliche Erdbeeraroma, ein fein abgestimmtes Gemisch von inzwischen etwa 50 Aromastoffen, ist für viele Verbraucher ein akzeptabler Ersatz für das natürliche Gemisch aus fast 500 Verbindungen.

Zu den wichtigen Aromastoffen im Erdbeeraroma gehören *Aldehyde*. Ausgangsstoffe für die Synthese solcher Aldehyde sind die entsprechenden Alkohole. Das Aldehyd-Molekül und das zugehörige Alkohol-Molekül unterscheiden sich nur geringfügig: Das Alkohol-Molekül weist lediglich zwei weitere Wasserstoff-Atome auf, die bei der Bildung eines Aldehyds abgespalten werden müssen.

Dehydrierung. Bereits 1835 gelang Justus VON LIEBIG die Synthese von *Acetaldehyd*, als er Ethanoldampf über erhitztes Kupferpulver leitete.

$$H_3C{-}CH_2{-}O{-}H \xrightarrow{Cu} H_3C{-}C(=O){-}H + H_2$$

Er nannte die Abspaltung von Wasserstoff *Dehydrierung* und bezeichnete den neuen Stoff als **Aldehyd**, eine Kurzform für *Al*koholus *dehyd*rogenatus.

Oxidation. Wesentlich einfacher lässt sich *Acetaldehyd* (Ethanal) durch Reaktion von Ethanol mit Kupferoxid herstellen: Erhitzt man ein Kupferblech bis zur Bildung von schwarzem Kupferoxid und taucht es dann in Ethanol, so wird das Blech rot glänzend. Es hat sich metallisches Kupfer zurückgebildet. Gleichzeitig entsteht Acetaldehyd als leicht flüchtiges Reaktionsprodukt, das sich durch einen süßlichen Geruch bemerkbar macht:

$$CH_3{-}CH_2{-}OH + CuO \longrightarrow H_3C{-}C(=O){-}H + H_2O + Cu$$

Da das Kupferoxid zu Kupfer reduziert wurde, handelt es sich bei der Bildung von Acetaldehyd aus Ethanol um eine Oxidation.

Aus *primären Alkoholen* entstehen bei der Oxidation **Aldehyde**. *Sekundäre Alkohole* werden unter den gleichen Bedingungen zu **Ketonen** oxidiert. Durch die Oxidation von Propan-2-ol erhält man daher Propanon (Aceton). *Tertiäre Alkohole* hingegen können unter diesen Bedingungen nicht oxidiert werden, weil am tertiären C-Atom kein Wasserstoff-Atom gebunden ist.

Primäre Alkohole reagieren durch Dehydrierung oder Oxidation zu Aldehyden. Aus sekundären Alkoholen bilden sich entsprechend Ketone. Tertiäre Alkohole lassen sich unter gleichen Bedingungen nicht oxidieren.

1. Zeichnen Sie die LEWIS-Formeln eines primären, eines sekundären und eines tertiären Alkohols und ihrer Oxidationsprodukte.
2. Recherchieren Sie Aldehyde, die im Erdbeeraroma enthalten sind. Geben Sie Namen und Strukturformeln von fünf Verbindungen an.
3. Nennen Sie Kriterien zur Auswahl eines Ausgangsstoffs für die Synthese eines bestimmten Stoffes.
4. a) Aldehyde lassen sich leicht durch Destillation von Alkoholen abtrennen. Erklären Sie diesen Befund.
   b) Warum unterscheiden sich die Siedetemperaturen so stark?
5. Zwischen der LEWIS-Formel und der vereinfachten Strukturformel gibt es verschiedene Mischformen. Geben Sie sinnvolle Mischformen für Acetaldehyd an und ordnen Sie diese zwischen LEWIS-Formel und vereinfachten Strukturformel ein.

Chemie-Recherche

Location: http://www.schroedel.de/chemie_heute.html

Suche:

Aldehyde und Ketone

Ergebnisse:

→ **Technische Bedeutung von Formaldehyd**

Formaldehyd ($H_2C=O$, Methanal) ist besonders reaktionsfähig und deshalb ein wichtiger Grundstoff für Synthesen in der chemischen Industrie. So wurde *Bakelit* 1907 als einer der ersten Kunststoffe aus Phenol und Formaldehyd synthetisiert. Aus Bakelit wurden vor allem Gehäuse für elektrische Geräte hergestellt. *Melamin* wird als Beschichtung von Möbelplatten oder als Material für hitzebeständige Küchengeräte verwendet. Weitere Formaldehyd-Kunststoffe dienen als Bindemittel für die Produktion von Spanplatten.

→ **Aldehyde als Duftstoffe**

Aldehyde riechen süßlich; bei den kurzkettigen Aldehyden überwiegt allerdings ein stechender Geruch. Als Duftstoffe werden deshalb nur Aldehyde mit längeren Alkyl-Resten genutzt. Da der süßliche oder blumige Geruch eines Parfüms hauptsächlich durch Aldehyde bestimmt wird, spricht man auch von der *Aldehydnote*.

→ **Alkoholkonsum und Aldehyde**

Alkohol verursacht beim Menschen Sehstörungen, Wahrnehmungsstörungen und Bewusstlosigkeit. Im Körper wird Ethanol stufenweise durch Oxidation abgebaut. Dabei bildet sich Acetaldehyd, dass für Vergiftungserscheinungen verantwortlich ist: Es steigert den Blutdruck, beschleunigt den Herzschlag, verursacht Kopfschmerzen und führt zu länger anhaltenden Konzentrationsstörungen.

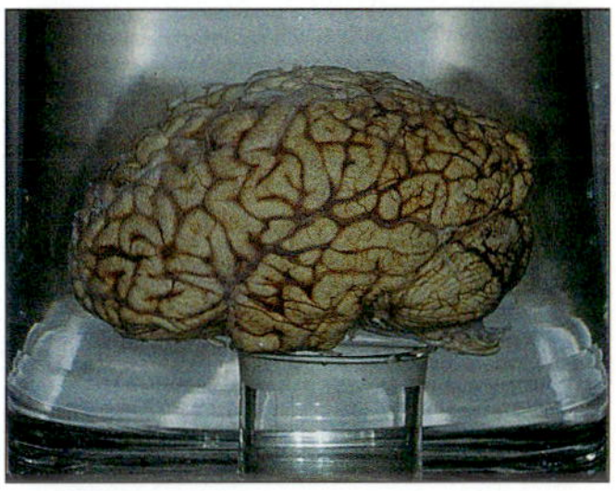

→ **Formaldehyd als Konservierungsmittel**

Anatomische Präparate werden in *Formalin*, einer konzentrierten wässrigen Lösung von Formaldehyd gelagert. Auch Seifenlösungen und Kosmetika wurde früher Formaldehyd in geringen Konzentrationen zugesetzt, um diese bakterienfrei zu halten.

→ **Giftwirkung von Formaldehyd**

Formaldehyd ist wesentlich giftiger als Acetaldehyd, da es irreversibel mit körpereigenen Stoffen reagiert. Zu Vergiftungen mit Formaldehyd kommt es beim Konsum alkoholischer Getränke, die mit Methanol gepanscht wurden. Das eigentlich wenig giftige Methanol wird dann im Körper zum giftigen Formaldehyd oxidiert. In Tierversuchen hat man festgestellt, dass Formaldehyd in hoher Konzentration zu Krebserkrankungen führt. Da ein Krebsrisiko auch für den Menschen nicht auszuschließen ist, müssen bei der Verwendung von Formaldehyd strenge Sicherheitsregeln beachtet werden.

→ **Verwendung von Ketonen**

Ketone sind wichtige Lösemittel für Fette, Harze und Lacke. Etwa 55 % der Acetonproduktion wird entweder direkt oder nach Weiterverarbeitung als Lösemittel genutzt. Cyclohexanon ist ein technisch sehr bedeutendes Zwischenprodukt. In mehrstufigen Synthesen werden aus Cyclohexanon *Nylon* und *Perlon* hergestellt, die beiden wichtigsten Kunstfasern.

Aufgaben

1. Geben Sie die LEWIS-Formeln von Aceton und Cyclohexanon an.
2. Welcher Zusammenhang besteht zwischen der Giftigkeit und der Verwendung von Formaldehyd?

THEORIE Oxidation – nicht nur bei Sauerstoffaufnahme

Bei der Reaktion von Methanol mit Kupferoxid zu Formaldehyd bildet sich metallisches Kupfer. Kupferoxid gibt Sauerstoff ab; es wird reduziert. Dementsprechend wird also Methanol oxidiert. Die Formel zeigt aber, dass kein Sauerstoff aufgenommen wurde. Damit auch solche Reaktionen als Redoxreaktionen beschrieben werden können, muss die Definition der Oxidation und Reduktion neu gefasst werden.

Elektronenübertragung. Es ist hilfreich, zunächst eine einfache Redoxreaktion auf der Ebene der Teilchen zu betrachten: Nach der bisherigen Definition wird *Sauerstoff* übertragen. Kupferoxid wird zu Kupfer reduziert, während Magnesium zu Magnesiumoxid oxidiert wird:

$CuO\ (s) + Mg\ (s) \longrightarrow Cu\ (s) + MgO\ (s)$

Als Ionenverbindungen sind Kupferoxid und Magnesiumoxid aus positiven Metall-Ionen und negativen Oxid-Ionen aufgebaut. Bei der Reaktion geben also die Magnesium-Atome Elektronen ab und die Kupfer-Ionen des Kupferoxids nehmen Elektronen auf. Die Oxid-Ionen (O^{2-}) bleiben unverändert:

Elektronenabgabe: $Mg \dashrightarrow Mg^{2+} + 2\ e^-$

Elektronenaufnahme: $Cu^{2+} + 2\ e^- \dashrightarrow Cu$

Bei der Reaktion werden demnach Elektronen von den Magnesium-Atomen auf Kupfer-Ionen übertragen. Solche *Elektronenübertragungen* treten auch bei Reaktionen auf, an denen keine Sauerstoffverbindungen beteiligt sind. Man verwendet daher heute den Redoxbegriff viel allgemeiner und versteht unter **Oxidation** eine **Elektronenabgabe** und unter **Reduktion** eine **Elektronenaufnahme.** Das *Oxidationsmittel* nimmt Elektronen auf und das *Reduktionsmittel* gibt Elektronen ab.

Nach dieser neuen Definition ist eine Oxidation immer mit einer Reduktion gekoppelt. So wird bei der Redoxreaktion von Magnesium mit Chlor Magnesium oxidiert und Chlor reduziert:

Elektronenabgabe: $Mg \dashrightarrow Mg^{2+} + 2\ e^-$ *Oxidation*

Elektronenaufnahme: $Cl_2 + 2\ e^- \dashrightarrow 2\ Cl^-$ *Reduktion*

Oxidationszahlen. Die formale Zerlegung einer Redoxreaktion in einen Oxidationsschritt und einen Reduktionsschritt bereitet keine Schwierigkeiten, solange an der Reaktion Elemente und einfache Ionen beteiligt sind. In diesem Fall lassen sich beide *Teilreaktionen* einfach nachvollziehen. Bei der Oxidation von Methanol zu Formaldehyd ist jedoch nicht zu erkennen, wo Elektronen übertragen werden, weil beide Stoffe aus Molekülen bestehen. Damit man auch solche Reaktionen als Redoxreaktionen behandeln kann, wurde die **Oxidationszahl** eingeführt.

Bei der **Bestimmung der Oxidationszahl** ordnet man die Bindungselektronen einer polaren Elektronenpaarbindung formal jeweils dem elektronegativeren Atom zu. Die sich so für die Atome ergebenden *fiktiven Ladungszahlen* nennt man Oxidationszahlen. Oxidationszahlen werden in Formeln als römische Zahlen über die Elementsymbole geschrieben; sie beziehen sich jeweils auf ein einzelnes Atom. Bei einer unpolaren Bindung zwischen zwei gleichartigen Atomen werden die Bindungselektronen den beiden Atomen je zur Hälfte zugeordnet.

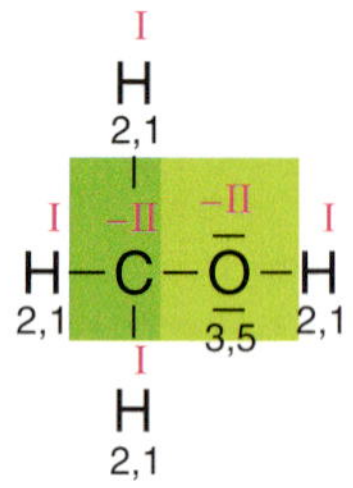

Im *Methanol*-Molekül werden dem Sauerstoff-Atom beide Bindungselektronenpaare zugerechnet, da die Elektronegativität von Sauerstoff höher ist als die der Elemente Wasserstoff und Kohlenstoff. Mit nun acht Valenzelektronen hat das Sauerstoff-Atom zwei Elektronen mehr als das ungeladene Atom. Es ist formal zweifach negativ geladen und hat somit die Oxidationszahl –II. Das Wasserstoff-Atom hat formal sein Elektron abgegeben, die Oxidationszahl ist damit I. Da Kohlenstoff etwas elektronegativer ist als Wasserstoff, werden dem Kohlenstoff-Atom die drei Bindungselektronenpaare zu den drei Wasserstoff-Atomen zugerechnet. Dementsprechend haben auch die Wasserstoff-Atome am Kohlenstoff-Atom die Oxidationszahl I. Insgesamt ergibt sich für das Kohlenstoff-Atom die Oxidationszahl –II.

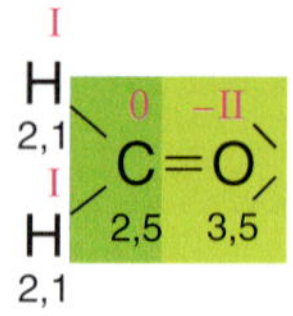

Im *Formaldehyd*-Molekül hat das Kohlenstoff-Atom formal zwei Elektronen an das Sauerstoff-Atom abgegeben, gleichzeitig hat es aber zwei Elektronen von den Wasserstoff-Atomen aufgenommen. Die Oxidationszahl 0 zeigt, dass das Kohlenstoff-Atom im Vergleich zum Methanol-Molekül oxidiert worden ist.

Regeln zur Bestimmung von Oxidationszahlen

- Im elementaren Zustand ist die Oxidationszahl 0
- Metalle haben in Verbindungen positive Oxidationszahlen
- Wasserstoff hat in Verbindungen die Oxidationszahl I, (Ausnahme: in Metallhydriden –I)
- Sauerstoff hat in Verbindungen die Oxidationszahl –II, (Ausnahme: in Peroxiden –I)
- Bei Verbindungen ist die Summe der Oxidationszahlen aller Atome null
- Bei Ionen ist die Summe der Oxidationszahlen aller Atome gleich der Ionenladung

Einrichten von Redoxgleichungen. Reaktionsgleichungen für Redoxreaktionen aufzustellen, ist nicht immer ganz einfach. Eine bewährte Methode ist es, nicht sofort die gesamte Reaktionsgleichung aufzustellen, sondern zunächst die Oxidation und die Reduktion getrennt voneinander zu betrachten:

Unter Verwendung von Oxidationszahlen stellt man dazu für die Oxidation und für die Reduktion **Teilgleichungen** auf, die rein formalen Charakter haben. In den Teilgleichungen stehen alle reagierenden und gebildeten Teilchen.

Für die oxidierten und reduzierten Teilchen werden die Oxidationszahlen angegeben. Die Differenz der Oxidationszahlen ergibt jeweils die Anzahl der ausgetauschten Elektronen. Diese Anzahl wird in den Teilgleichungen ebenfalls angegeben.

Auf beiden Seiten der Teilgleichungen muss die Anzahl der jeweiligen Atome und die Summe der Ladungen übereinstimmen. In wässriger Lösung kann man den Ausgleich durch Hinzunehmen von Wasserstoff-Ionen, Hydroxid-Ionen oder Wasser-Molekülen erreichen.

Damit die Anzahl der abgegebenen und aufgenommenen Elektronen übereinstimmt, werden die Teilgleichungen mit entsprechenden Faktoren multipliziert. Durch Addition der Teilgleichungen erhält man schließlich die Reaktionsgleichung der Redoxreaktion.

Im dritten Schritt wird die Reaktionsgleichung vereinfacht: Man streicht die Teilchen, die auf beiden Seiten der Reaktionsgleichung auftreten.

1. Ermitteln Sie für alle Atome in den folgenden Verbindungen die Oxidationszahlen. Welche Regeln müssen dabei berücksichtigt werden?
   a) CO_2, HNO_3, CH_4, NH_3
   b) Propanal, Propanon

2. Aluminium reagiert mit Brom zu Aluminiumbromid. Das Produkt reagiert mit Wasser weiter zu Aluminiumoxid und Bromwasserstoff.
   a) Formulieren Sie die Reaktionsgleichungen.
   b) Welcher Reaktionsschritt ist eine Oxidation des Aluminiums?

3. Ethanol reagiert mit erhitztem Kupferoxid.
   a) Geben Sie die Strukturformeln der beteiligten Stoffe mit Oxidationszahlen für alle Atome an.
   b) Formulieren Sie die Teilgleichungen für Oxidation und Reduktion.
   c) Fassen Sie die Teilgleichungen zusammen.

4. Stellt man eine Teilgleichung für eine Redoxreaktion auf, so muss man die Anzahl der Atome und die Ladung ausgleichen sowie die Zahl der ausgetauschten Elektronen ergänzen.
   a) Geben Sie die richtige Reihenfolge der Arbeitsschritte an.
   b) Begründen Sie die Reihenfolge.

5. Wenn man einem Gemisch von Kaliumiodid und Kaliumiodat (KIO_3) Säure zusetzt, bildet sich Iod.
   a) Entwickeln Sie die Reaktionsgleichung.
   Hinweis: Iod ist in beiden Teilgleichungen Produkt.
   b) Wie viel Iod bildet sich bei der vollständigen Reaktion von 2,2 g Kaliumiodat?

Rechenbeispiel

Aufstellen von Redoxgleichungen anhand der Teilgleichungen für die Oxidation und die Reduktion:
Eine violette, angesäuerte Kaliumpermanganat-Lösung entfärbt sich nach Zugabe von Oxalsäure-Lösung. Dabei bildet sich Kohlenstoffdioxid; in der Lösung liegen nach der Reaktion Mangan(II)-Ionen vor.

1. Angabe der Teilgleichungen mit Oxidationszahlen und Ergänzen der ausgetauschten Elektronen

Oxidation: $\mathrm{HOO\overset{III}{C}-\overset{III}{C}OOH \dashrightarrow 2\,\overset{IV}{C}O_2 + 2\,e^- + 2\,H^+}$

Reduktion: $\mathrm{\overset{VII}{Mn}O_4^- + 8\,H^+ + 5\,e^- \dashrightarrow \overset{II}{Mn}{}^{2+} + 4\,H_2O}$

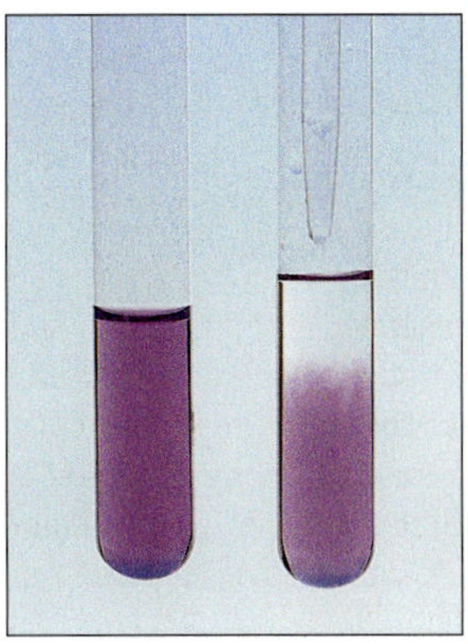

2. Multiplikation und Addition der Teilgleichungen

$\mathrm{HOOC-COOH \dashrightarrow 2\,CO_2 + 2\,e^- + 2\,H^+}$ | · 5
$\mathrm{MnO_4^- + 8\,H^+ + 5\,e^- \dashrightarrow Mn^{2+} + 4\,H_2O}$ | · 2

$\mathrm{5\,HOOC-COOH + 2\,MnO_4^- + 16\,H^+ + 10\,e^- \longrightarrow 10\,CO_2 + 10\,e^- + 10\,H^+ + 2\,Mn^{2+} + 8\,H_2O}$

3. Vereinfachung der Reaktionsgleichung

$\mathrm{5\,HOOC-COOH + 2\,MnO_4^- + 6\,H^+ \longrightarrow 10\,CO_2 + 2\,Mn^{2+} + 8\,H_2O}$

PRAKTIKUM Alkohole – Aldehyde – Carbonsäuren

V1: Mischung von Alkoholen mit Wasser und Heptan

Materialien: Messzylinder (10 ml) mit Stopfen, Pipetten (2 ml), Pipettierhilfe;
Methanol (T, F), Ethanol (F), Propan-1-ol (F, Xi), Butan-1-ol (Xn), Pentan-1-ol (Xn), Heptan (F, Xn, N).

Durchführung:
1. Geben Sie 2 ml Wasser, 2 ml Heptan und 1 ml Methanol in den Messzylinder und schütteln Sie die Mischung.
2. Messen Sie die Volumina der Wasser-Schicht und der Heptan-Schicht.
3. Wiederholen Sie den Versuch mit den anderen Alkoholen.

Aufgaben:
a) Geben Sie die Strukturformeln der Alkohole an.
b) Erstellen Sie ein Diagramm, in dem das Volumen der Wasser-Schicht und das Volumen der Heptan-Schicht gegen die Anzahl der Kohlenstoff-Atome in den Alkoholen aufgetragen wird.
c) Erläutern Sie die unterschiedliche Verteilung der Alkohole zwischen Wasser und Heptan. Verwenden Sie dazu modellhafte Darstellungen der Moleküle und geben Sie die Art der zwischenmolekularen Bindungen an.

V2: Oxidation von Propanol

Materialien: Erlenmeyerkolben (100 ml), Kupferdrahtnetz, Tiegelzange, Gasbrenner;
Propan-1-ol (F, Xi).

Durchführung:
1. Füllen Sie etwas Propanol in den Erlenmeyerkolben.
2. Oxidieren Sie das Kupferdrahtnetz in der Flamme des Gasbrenners.
3. Tauchen Sie das heiße Netz in das Propanol.
4. Prüfen Sie vorsichtig den Geruch der gebildeten Reaktionsprodukte.

Aufgaben:
a) Notieren Sie Ihre Beobachtungen.
b) Deuten Sie die Veränderungen.
c) Formulieren Sie die Reaktionsgleichung.
d) Erläutern Sie, warum das organische Produkt leichter flüchtig ist als Propanol.

V3: Aldehyd-Nachweis

Materialien: Tropfpipetten, Wasserbad;
Propanal (F, Xi), Aceton (F, Xi), Natronlauge (verd.; C), Silbernitrat-Lösung (1 %), Ammoniak-Lösung (verd.), Schwefelsäure (verd.), FEHLING-Lösung I, FEHLING-Lösung II (C), SCHIFF-Reagenz.

Durchführung:
TOLLENS-Probe:
1. Geben Sie etwa 1 ml Silbernitrat-Lösung in ein neues Reagenzglas. Setzen Sie zuerst einen Tropfen Natronlauge zu, dann tropfenweise Ammoniak-Lösung, bis sich der Niederschlag gerade wieder auflöst.
2. Fügen Sie einige Tropfen Propanal zu. Erwärmen Sie das Reagenzglas im siedenden Wasserbad.
3. Säuern Sie die Reaktionslösung mit Schwefelsäure an und prüfen Sie den Geruch der Lösung.
4. Wiederholen Sie den Versuch mit Aceton.

FEHLING-Probe:
1. Mischen Sie je 1 ml FEHLING-Lösung I und FEHLING-Lösung II in einem Reagenzglas.
2. Fügen Sie einige Tropfen Propanal zu. Erwärmen Sie das Reagenzglas im siedenden Wasserbad.
3. Säuern Sie das Reaktionsgemisch mit Schwefelsäure an und prüfen Sie den Geruch.
4. Wiederholen Sie den Versuch mit Aceton.

SCHIFFsche Probe:
1. Geben Sie zu 1 ml SCHIFF-Reagenz einige Tropfen Propanal.
2. Wiederholen Sie den Versuch mit Aceton.

Aufgaben:
a) Notieren Sie Ihre Beobachtungen.
b) Welche organischen Stoffe sind bei der TOLLENS-Probe und der FEHLING-Probe entstanden?
c) Zu welcher Art von Reaktionen gehört die TOLLENS-Probe?
d) Entwickeln Sie die Reaktionsgleichung für die TOLLENS-Probe mit Propanal.
e) Begründen Sie das abweichende Versuchsergebnis der TOLLENS-Probe bei Aceton.
f) Früher wurden zur Herstellung von Spiegeln saubere Glasscheiben in eine warme Lösung von Silbersalzen und Traubenzucker getaucht. Welche Reaktion findet dabei statt?
g) Stellen Sie die verschiedenen Aldehyd-Nachweise gegenüber.

V4: Oxidation primärer, sekundärer und tertiärer Alkohole

Materialien: Tropfpipetten;
Butan-1-ol (Xn), Butan-2-ol (Xi), 2-Methylpropan-2-ol (F, Xn), Kaliumpermanganat-Lösung (1 %; angesäuert mit verdünnter Schwefelsäure).

Durchführung:
1. Geben Sie etwa 2 ml Butan-1-ol in ein Reagenzglas.
2. Fügen Sie drei Tropfen Kaliumpermanganat-Lösung zu. Schütteln Sie das Reagenzglas nach einer kurzen Beobachtungsphase.
3. Geben Sie nun zehn weitere Tropfen der Kaliumpermanganat-Lösung zu. Beobachten Sie die Veränderungen.
4. Fügen Sie noch 1 ml Kaliumpermanganat-Lösung zu.
5. Wiederholen Sie den Versuch mit den anderen Alkoholen.

Aufgaben:
a) Fassen Sie Ihre Versuchsergebnisse in einer Tabelle zusammen.
b) Zeichnen Sie die Strukturformeln der Alkohole.
c) Begründen Sie das unterschiedliche Reaktionsverhalten.
d) Kaliumpermanganat ($KMnO_4$) reagiert in saurer Lösung mit Butan-1-ol zu Mn^{2+}-Ionen. Weshalb wird Kaliumpermanganat bei dieser Reaktion als Oxidationsmittel bezeichnet?

V5: Aldehyde im Zigarettenrauch

Materialien: Kolbenprober, Trockenrohr mit Kochsalz-Füllung und durchbohrtem Stopfen, Schlauchstück, DC-Fertigfolie (Kieselgel), Zigaretten (mit Filter);
SCHIFF-Reagenz.

Durchführung:
1. Stecken Sie eine Zigarette ohne Filter in den Stopfen des Trockenrohres. Verbinden Sie das Trockenrohr mit dem Kolbenprober.
2. Zünden Sie die Zigarette an und ziehen Sie den Rauch in den Kolbenprober.
3. Tauchen Sie die DC-Folie kurz etwa 1 cm tief in das SCHIFF-Reagenz und leiten Sie den Inhalt des Kolbenprobers über den feuchten Teil der Folie.
4. Wiederholen Sie den Versuch mit einer Filterzigarette.

Aufgaben:
a) Notieren Sie Ihre Beobachtungen.
b) Welche Schlussfolgerungen lassen sich ziehen? Welche Ursache hat der im Trockenrohr auftretende Effekt?
c) Erläutern Sie die Schutzwirkung des Filters.

V6: Oxidation von Ethanol zu Essigsäure

Materialien: Destillationsapparatur, Becherglas (250 ml), Erlenmeyerkolben (100 ml), Messzylinder (50 ml), Tropfpipette, Siedesteinchen;
Ethanol (F), Kaliumpermanganat (Xn, O, N), Schwefelsäure (konz.; C), SCHIFF-Reagenz, DC-Folie (Kieselgel), Universalindikator, Eis.

Durchführung:
1. Bauen Sie die Destillationsapparatur auf.
2. Geben Sie Eis und Wasser in das Becherglas und setzen Sie den Erlenmeyerkolben in das Becherglas ein.
3. Mischen Sie im Erlenmeyerkolben vorsichtig 30 ml Wasser, 5 ml Ethanol und 10 ml Schwefelsäure.
4. Füllen Sie etwas von dem Gemisch in ein Reagenzglas.
5. Geben Sie eine Spatelspitze Kaliumpermanganat in das Reagenzglas. Tauchen Sie die DC-Folie in das SCHIFF-Reagenz und prüfen Sie den Raum über der Lösung.
6. Geben Sie das restliche Gemisch zusammen mit einigen Siedesteinchen in den Destillationskolben und fügen Sie portionsweise etwa 4 g Kaliumpermanganat hinzu.
7. Setzen Sie die Destillationsapparatur zusammen. Erhitzen Sie das Reaktionsgemisch und destillieren Sie etwa 10 ml Flüssigkeit in die Vorlage. Messen Sie die Siedetemperatur.
8. Prüfen Sie den Geruch des Produkts.
9. Prüfen Sie den pH-Wert mit Universalindikator.

Aufgaben:
a) Notieren und deuten Sie ihre Beobachtungen.
b) Wozu dient die Voruntersuchung der Probe mit dem SCHIFF-Reagenz?
c) Entwickeln Sie die Reaktionsgleichung über die Teilgleichungen für Reduktion und Oxidation.
d) Geben Sie die Stoffmenge an Kaliumpermanganat an, die man benötigt, um 1 mol Ethanol zu oxidieren.
e) Welche Masse Kaliumpermanganat ist im durchgeführten Experiment für die vollständige Umsetzung des Ethanols erforderlich?

Hinweis: Die Dichte von Ethanol beträgt $0{,}78\ g \cdot ml^{-1}$.

1.6 Vom Aldehyd zur Carbonsäure – eine Oxidation

FEHLING-Probe mit Propanal

Industrielle Herstellung von Essig

Mithilfe der FEHLING-Probe lässt sich zeigen, dass Aldehyde oxidierbar sind. Man verwendet dazu eine stark alkalische Reagenzlösung, die Cu^{2+}-Ionen enthält. Erhitzt man die Mischung nach Zusatz von etwas Propanal, so bildet sich ein Niederschlag von rotem Kupfer(I)-oxid. Cu^{2+}-Ionen werden also reduziert, der Aldehyd wird oxidiert:

$$2\,\overset{\text{II}}{Cu^{2+}} + CH_3{-}CH_2{-}\overset{\text{I}}{C}H{=}\overline{O}| + 5\,OH^- \longrightarrow \overset{\text{I}}{Cu_2}O + CH_3{-}CH_2{-}\overset{\text{III}}{C}(={\overline{O}}|){-}|\overline{\underline{O}}|^- + 3\,H_2O$$

Säuert man das Reaktionsgemisch an, so bildet sich *Propansäure* (CH_3CH_2COOH). Diese Oxidation ist typisch für Aldehyde. Ketone lassen sich ohne Spaltung von Bindungen nicht oxidieren. So ergibt sich daher eine einfache Möglichkeit, experimentell zwischen Aldehyden und Ketonen zu unterscheiden: Aldehyde werden bei der FEHLING-Probe oxidiert, Ketone dagegen nicht.

Alkansäuren. Bei der Oxidation von Aldehyden entsteht aus der Aldehyd-Gruppe (CHO-Gruppe) eine **Carboxyl-Gruppe** (COOH-Gruppe). Die Carboxyl-Gruppe ist die funktionelle Gruppe der **Carbonsäuren**. Man spricht von *Alkansäuren*, wenn die Carboxyl-Gruppe mit einem Alkyl-Rest verknüpft ist.

Carbonsäuren reagieren mit Wasser unter Bildung einer sauren Lösung: Die O–H-Bindung in der Carboxyl-Gruppe ist stärker polar als die O–H-Bindung im Alkohol-Molekül. Daher gibt ein Teil der Säuremoleküle ein H^+-Ion aus der COOH-Gruppe ab. Wie bei den anorganischen Säuren bilden sich dabei Wasserstoff-Ionen ($H^+(aq)$), gleichzeitig entsteht ein Carboxylat-Ion ($R{-}COO^-$).

Essigsäure. Bei der Oxidation von Acetaldehyd bildet sich *Essigsäure* (Ethansäure). Für die Herstellung von *Essig* aus Wein wird Ethanol zuerst durch Luftsauerstoff zu Acetaldehyd oxidiert. Bakterienkulturen oxidieren Acetaldehyd dann weiter zu Essigsäure.
Essig gehört zum Alltag in der Küche. Schon seit über 6000 Jahren wird Essig zum Würzen von Speisen und zum Konservieren von Lebensmitteln genutzt. In Essig eingelegte Lebensmittel wie Gewürzgurken oder Bratheringe sind haltbar, weil viele Mikroorganismen in der sauren Lösung nicht lebensfähig sind. Die Säurerest-Ionen der Essigsäure nennt man *Acetat-Ionen* (CH_3COO^-).

Alkansäuren als Duftstoffe. In höherer Konzentration werden alle Alkansäuren als übel riechend empfunden. Bei der Ameisensäure und der Essigsäure überwiegt dabei der stechend saure Geruch. Buttersäure (Butansäure) ist der unangenehme Geruchsstoff im Schweiß. Der typische Geruch von Ziegen ist auf Hexansäure zurückzuführen. In sehr geringen Konzentrationen hingegen liefern Carbonsäuren wichtige Geruchsinformationen, die das Zusammenleben zwischen Menschen oder Tieren mitbestimmen.

Aldehyde werden im Gegensatz zu Ketonen bei der FEHLING-Probe zu Carbonsäuren oxidiert. Die funktionelle Gruppe der Carbonsäuren ist die Carboxyl-Gruppe (COOH-Gruppe).

1. Warum reagiert Essigsäure sauer?
2. Formulieren Sie für die Redoxreaktion von Propanal bei der FEHLING-Probe Teilgleichungen für die Oxidation und die Reduktion.
3. Interpretieren Sie die Aussage „Ich kann dich nicht riechen!"

Chemie-Recherche

Location: http://www.schroedel.de/chemie_heute.html

Suche:

Carbonsäuren

Ergebnisse:

→ **Carbonsäuren**
Moleküle mit einer oder mehreren Carboxyl-Gruppen bezeichnet man allgemein als Carbonsäuren. *Alkansäuren* leiten sich von Alkanen ab. Carbonsäuren werden häufig verwendet, daher haben sie oft Trivialnamen.

Trivialname	systematischer Name	Strukturformel	Schmelztemperatur	Siedetemperatur
Ameisensäure	Methansäure	H–COOH	8 °C	101 °C
Essigsäure	Ethansäure	CH_3–COOH	17 °C	118 °C
Propionsäure (gr. *pro*: für; *pion*: fett)	Propansäure	CH_3–CH_2–COOH	−21 °C	141 °C
Buttersäure	Butansäure	CH_3–$(CH_2)_2$–COOH	−5 °C	163 °C
Valeriansäure (lat. *valeriana*: Baldrian)	Pentansäure	CH_3–$(CH_2)_3$–COOH	−34 °C	186 °C
Capronsäure (lat. *capra*: Ziege)	Hexansäure	CH_3–$(CH_2)_4$–COOH	−4 °C	205 °C
Oxalsäure (lat. *oxalis*: Sauerklee)	Ethandisäure	HOOC–COOH	102 °C	150 °C

→ **Ameisensäure**
Ameisen, Brennnesseln und Quallen sondern bei Berührung schmerzhaft brennende Ameisensäure ab. Sie ist die einfachste Alkansäure, riecht stechend und reizt die Haut. Ameisensäure wird zur Konservierung von Lebensmitteln und als Entkalker im Haushalt verwendet. Im Unterschied zu den anderen Carbonsäuren wirkt Ameisensäure reduzierend und wird dabei selbst zu Kohlenstoffdioxid oxidiert. Im Labor verwendet man Ameisensäure, um Kohlenstoffmonooxid herzustellen:

$$HCOOH\ (l) \xrightarrow{H_2SO_4} CO\ (g) + H_2O\ (l)$$

→ **Essigsäure**
Der im Haushalt verwendete Speiseessig ist eine etwa 5 %ige Lösung der Essigsäure. In der Industrie dient Essigsäure als wichtige Grundchemikalie zur Herstellung von Kunstseide, Arzneimitteln, Lösungsmitteln und Duftstoffen.

→ **Propionsäure**
Propionsäure diente früher auch als Konservierungsmittel für Backwaren. Heute wird sie noch zur Konservierung von Futtermitteln verwendet. Sie ist zudem Ausgangsstoff für Duft- und Aromastoffe, Kunststoffe und Unkrautvertilgungsmittel.

→ **Buttersäure und höhere Carbonsäuren**
Buttersäure, Valeriansäure und Capronsäure haben einen unangenehmen Geruch. Sie kommen in ranziger Butter und im Schweiß vor. Länger kettige Carbonsäuren sind in *Fetten* chemisch an Glycerin gebunden. Sie werden daher auch als **Fettsäuren** bezeichnet. *Palmitinsäure* (Hexadecansäure) und *Stearinsäure* (Octadecansäure) werden zur Herstellung von Kerzen sowie von kosmetischen und pharmazeutischen Präparaten verwendet.

→ **Oxalsäure**
Der saure Geschmack von Rhabarber wird durch Oxalsäure hervorgerufen. Sie ist die einfachste Dicarbonsäure. Oxalsäure und ihre Salze sind giftig. Schon 5 g können tödlich wirken: Oxalsäure stört den Calcium-Stoffwechsel, weil Oxalat-Ionen mit Calcium-Ionen ein schwer lösliches Salz bilden. Calciumoxalat ist auch an der Bildung von bestimmten Nieren- und Blasensteinen beteiligt.

Aufgaben

1. Recherchieren Sie, wo die einzelnen Carbonsäuren in der Natur vorkommen.
2. Wenn man Ameisensäure zum Entkalken verwendet, setzt sofort eine starke Gasentwicklung ein. Formulieren Sie die Reaktionsgleichung.
3. Propionsäure wurde als Konservierungsmittel durch andere Carbonsäuren ersetzt. Informieren Sie sich über die als Lebensmittelzusatzstoffe zugelassen Carbonsäuren und geben Sie ihre Strukturformeln an.

1.7 Mikroben als Chemiker

Seit Jahrtausenden nutzt der Mensch Stoffe, die von Mikroorganismen produziert werden. So brauten bereits um 3000 v. Chr. die Babylonier aus Gerste Bier. Auch die Bildung von Essig aus vergorenen alkoholischen Getränken war bekannt. Dass an diesen Vorgängen Mikroorganismen beteiligt sind, weiß man aber erst seit etwa 150 Jahren. Louis PASTEUR wies 1857 nach, dass die Bildung von Ethanol beim Bierbrauen auf Hefepilze zurückzuführen ist. In den folgenden Jahrzehnten wurden die mikrobiellen Stoffwechselwege aufgeklärt. Dabei erkannte man, dass Mikroorganismen besondere Eiweißstoffe (Enzyme) besitzen. **Enzyme** sind Biokatalysatoren, in deren Gegenwart bestimmte Stoffwechselreaktionen schneller ablaufen.

Louis PASTEUR und Hefepilze

Gärungen. Mikroorganismen bauen energiereiche Verbindungen zu energieärmeren ab und gewinnen dadurch die für ihre Lebensvorgänge notwendige Energie. Im Gegensatz zu höheren Organismen erfolgt der Abbau bei einigen Mikroorganismen ohne Sauerstoff und nicht vollständig. Man spricht dann von *Gärungen.* Nach dem jeweiligen Endprodukt des Abbauvorganges unterscheidet man verschiedene Gärungen:

Bei der *alkoholischen Gärung* wandeln Hefepilze Glucose in Ethanol und Kohlenstoffdioxid um:

$$C_6H_{12}O_6 \longrightarrow 2\ C_2H_5OH + 2\ CO_2$$

Bei der *Milchsäuregärung* bilden Bakterien aus Glucose und anderen Kohlenhydraten Milchsäure (2-Hydroxypropansäure). Dies führt zu einer Erniedrigung des pH-Wertes. Andere Mikroorganismen können unter diesen Bedingungen nicht leben. Auf dieser konservierenden Wirkung beruht die Verwendung von Milchsäure-Bakterien bei der Produktion von Lebensmitteln wie Joghurt oder Sauerkraut.

Wichtige Einsatzbereiche von Mikroorganismen

- Herstellung von Sauermilchprodukten wie Joghurt, Kefir, Quark und Käse
- Veredelung von Kaffee, Tee, Tabak und Leder
- Silagebildung in der Landwirtschaft
- Herstellung von Enzymen für die Waschmittelindustrie und die Lebensmittelproduktion
- Produktion von Biogas, Abbau von Klärschlamm und Müll
- Herstellung von Medikamenten wie Antibiotika und Insulin
- Herstellung von n-Butanol für die Butadien-Synthese (Synthesekautschuk)

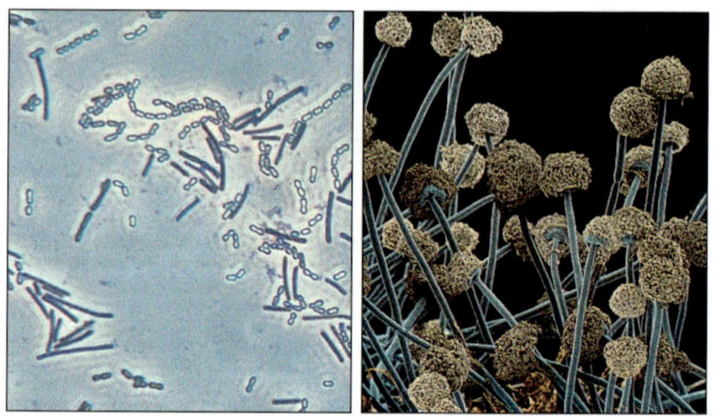

Milchsäure-Bakterien und Schimmelpilze Aspergillus niger

Biotechnologie. Die großtechnische Herstellung mikrobieller Produkte wie Citronensäure erfolgt in Bioreaktoren. Unter optimalen Wachstumsbedingungen bilden hier zumeist gentechnisch veränderte Mikroorganismen in einem geschlossenen Reaktionsraum das gewünschte Produkt. Im Falle der Citronensäure kommt der Schimmelpilz Aspergillus niger zum Einsatz. Als Nährstoff dient Melasse, ein Abfallstoff der Zuckerindustrie. Der Zustand der Kultur und die Reaktionsbedingungen werden durch Sensoren, die den pH-Wert, die Temperatur und den Sauerstoffgehalt messen, kontinuierlich überwacht. Das Endprodukt Citronensäure wird anschließend von den Schimmelpilzen getrennt und in mehreren Schritten gereinigt.

Mikroorganismen bilden mit Hilfe von Enzymen Produkte, die der Mensch in vielfältiger Weise nutzt.

1. Definieren Sie den Begriff Gärung.
2. Geben Sie die Reaktionsgleichung für die Milchsäuregärung an.
3. Die Bildung von Essigsäure wird häufig als Essigsäuregärung bezeichnet. Nehmen Sie Stellung zu dieser Bezeichnung.
4. Nennen Sie Vorteile und Nachteile einer biotechnologischen Produktion im Vergleich zu herkömmlichen technischen Verfahren.

Gärung

PROJEKT

V1: Herstellung von Apfelwein

Materialien: Glasballon (10 l) mit Gäraufsatz, grobe Reibe, Leinentuch oder Entsafter;
10 kg reife Äpfel, Reinzuchthefe, 1,5 g Hefenährsalz, Zucker.

Durchführung:

1. Waschen, schälen und entkernen Sie die Äpfel.
2. Stellen Sie eine Maische her, indem Sie die Äpfel mithilfe der Reibe zerkleinern und pressen Sie die Maische durch ein Leinentuch. Sie können auch einen Entsafter zur Herstellung des Fruchtsaftes verwenden.
3. Geben Sie anschließend die Reinzuchthefe, das Nährsalz und nach Belieben Zucker hinzu.
4. Füllen Sie den Saft in das Gärgefäß. Verschließen Sie den Gärbehälter mit dem Gäraufsatz, der etwas Wasser enthält. Stellen Sie das Gefäß für zwei bis vier Wochen an einen nicht zu warmen Ort und schwenken Sie den Gärbehälter öfters kräftig durch.
5. Trennen Sie den Wein vom Bodensatz, sobald sich kein Kohlenstoffdioxid mehr bildet. Lassen Sie dazu den geklärten Wein mithilfe eines Schlauches in ein tiefer stehendes Gefäß fließen.

V2: Bestimmung des Ethanolgehalts von Wein

Materialien: Destillationsapparatur, Rundkolben (100 ml), Heizhaube, Waage, Messzylinder (50 ml);
Wein.

Durchführung:

1. Bauen Sie die Destillationsapparatur auf und erhitzen Sie 50 ml Wein zum Sieden.
2. Beenden Sie die Destillation, wenn etwa ein Drittel der Flüssigkeit überdestilliert ist.

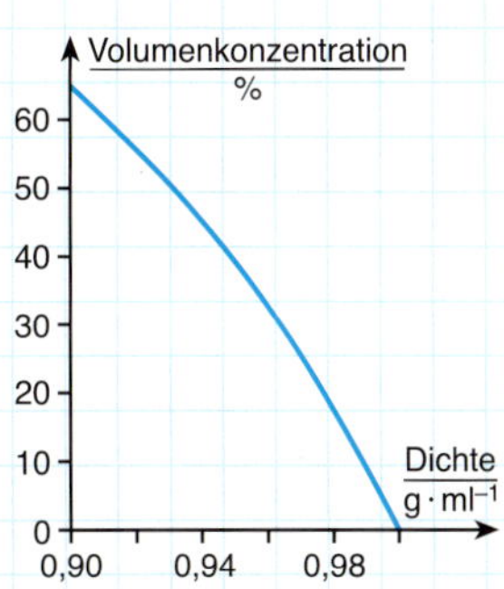

Aufgaben:

a) Bestimmen Sie die Masse und das Volumen des Destillats und berechnen Sie seine Dichte.
b) Ermitteln Sie anhand des Diagramms die Volumenkonzentration an Ethanol im Destillat und berechnen Sie die Volumenkonzentration des Alkohols im Wein.

V3: Herstellung von Sauerkraut

Materialien: Einkoch-Glas mit Stempel zum Beschweren, Mörser mit Stößel, Waage;
1 kg Weißkraut, Kochsalz, Universalindikator-Papier.

Durchführung:

1. Zerschneiden Sie das Weißkraut in etwa bohnengroße Schnitzel und vermischen Sie diese mit 3 % Kochsalz. Zerstampfen Sie das Gemisch im Mörser bis es Saft zieht.
2. Geben Sie das Gemisch in das Einkoch-Glas und stampfen Sie es nochmals ein, sodass sich eine 1 cm hohe Saftschicht bildet. Decken Sie den Kohl mit dem Stempel ab. Der Gärungsprozess läuft bei etwa 20 °C optimal und ist nach etwa vier Wochen abgeschlossen.
3. Prüfen Sie in regelmäßigen Abständen den pH-Wert des entstehenden Sauerkrauts.

Aufgabe: Erstellen Sie ein Diagramm der pH-Wert-Änderung.

V4: Herstellung von Joghurt

Materialien: Schraubgläser, Wärmeschrank;
1 l H-Milch, frischer, nicht pasteurisierter Joghurt, Universalindikator-Papier.

Durchführung:

1. Vermischen Sie die Milch mit einem Becher Joghurt.
2. Teilen Sie das Gemisch auf mehrere Schraubgläser auf und stellen Sie diese mit leicht verschlossenem Deckel bei 35 bis 40 °C in den Wärmeschrank.
3. Prüfen Sie stündlich den pH-Wert bis keine Veränderung mehr eintritt.

Aufgabe: Erstellen Sie ein Diagramm der pH-Wert-Änderung.

Arbeitsaufträge:

1. Bereiten Sie Kurzreferate zu folgenden Themen vor:
a) Spezielle Gärungen wie Propionsäuregärung, Buttersäuregärung und Methangärung,
b) Mikroorganismen bei der Reinigung von Abwasser und bei der Veredelung von Milchprodukten.
2. Organisieren Sie eine Betriebsbesichtigung und berichten Sie anschließend. Mögliche Ziele: Molkereien, Brauereien, Winzergenossenschaften, Biotechnologiefirmen, Abfallbetriebe.

1.8 Ester – Aromastoffe aus dem Labor

Weinessig enthält mindestens 6 % Essigsäure und höchstens 1 % restliches Ethanol. Weinessig wird häufig lange gelagert, um seinen Geschmack abzurunden. Dabei findet eine langsame Reaktion zwischen Essigsäure und Ethanol statt; unter Abspaltung von Wasser entsteht Essigsäureethylester:

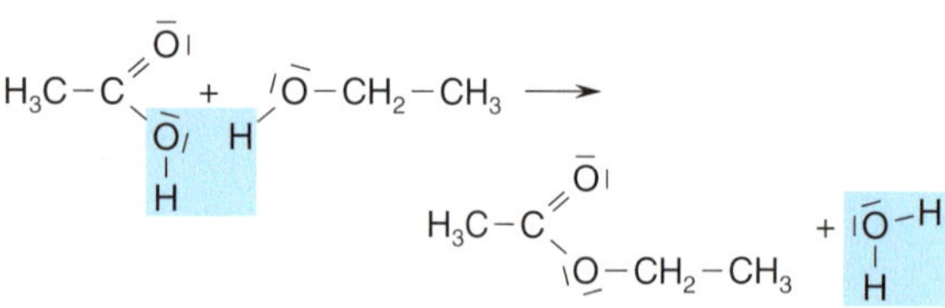

Die Reaktion zwischen einer Carbonsäure und einem Alkohol nennt man **Veresterung.** Den Namen des Esters bildet man aus dem Namen der Säure, dem Namen des Alkyl-Restes des Alkohols und der Endung **-ester.**
Die vereinfachte Strukturformel von Essigsäureethylester ist $CH_3-COO-CH_2-CH_3$. Daraus lässt sich die allgemeine Formel für Carbonsäureester ableiten: $\mathbf{R_1COOR_2}$. Die funktionelle Gruppe der Carbonsäureester ist die **Ester-Gruppe** (COOR-Gruppe).

Mit einer Siedetemperatur von 77 °C ist Essigsäureethylester leichter flüchtig als Essigsäure. Sein bei geringer Konzentration süßlich-fruchtiger Geruch mildert im Weinessig den scharfen Essigsäure-Geruch ab.

Die Veresterung, die bei der Lagerung von Weinessig Monate dauert, kann im Labor wesentlich beschleunigt werden. Erhitzt man ein Gemisch aus Essigsäure und Ethanol unter Zusatz einer starken Säure wie Schwefelsäure, so kann man schon nach wenigen Minuten den typischen Estergeruch wahrnehmen. Die Schwefelsäure wirkt bei der Veresterung als Katalysator.

Auch *Fruchtaromen* enthalten häufig Ester, die durch die säurekatalysierte Reaktion von Carbonsäuren und Alkoholen hergestellt werden können. Der Geruchsunterschied zwischen den übel riechenden Carbonsäuren und den fruchtig riechenden Estern ist erstaunlich.
Da diese Ester als Aromastoffe flüchtig sein müssen, dürfen ihre Moleküle nicht zu groß sein: Meist sind es jeweils weniger als acht Kohlenstoff-Atome in der Alkohol- und in der Säurekomponente. Als Aromastoffe werden inzwischen mehr als 400 verschiedene Ester synthetisiert.

Carbonsäuren reagieren mit Alkoholen unter Abspaltung von Wasser zu Estern. Die Veresterung wird durch starke Säuren katalytisch beschleunigt.
Die funktionelle Gruppe der Carbonsäureester ist die Ester-Gruppe (COOR-Gruppe).

1. Wie heißt der Ester, der aus Propansäure und Methanol entsteht? Geben Sie die Strukturformel an.
2. Ein Essigsäureethylester-Molekül ist erheblich größer als ein Essigsäure-Molekül. Weshalb hat der Ester dennoch eine niedrigere Siedetemperatur?
3. Warum gibt es eine Vielzahl von Fruchtestern obwohl die Größe der Ausgangsmoleküle beschränkt ist?
4. Informieren Sie sich über den Essigsäuregehalt in unterschiedlichen Speiseessigsorten.
5. Warum ändert sich der Geschmack eines Essigs bei längerer Lagerung?

Säure	Alkohol	Ester
CH_3COOH Ethansäure	HOC_2H_5 Ethanol	$CH_3COOC_2H_5$ Ethansäure-ethylester 
CH_3COOH Ethansäure	HOC_5H_{11} Pentan-1-ol	$CH_3COOC_5H_{11}$ Ethansäure-pentylester 
C_3H_7COOH Butansäure	$HOCH_3$ Methanol	$C_3H_7COOCH_3$ Butansäure-methylester 
C_3H_7COOH Butansäure	HOC_2H_5 Ethanol	$C_3H_7COOC_2H_5$ Butansäure-ethylester 
C_3H_7COOH Butansäure	HOC_5H_{11} Pentan-1-ol	$C_3H_7COOC_5H_{11}$ Butansäure-pentylester 
C_4H_9COOH Pentansäure	HOC_5H_{11} Pentan-1-ol	$C_4H_9COOC_5H_{11}$ Pentansäure-pentylester 

Ester im Alltag

Ergebnisse:

Carbonsäure	Ester
Ameisensäure	Formiat
Essigsäure	Acetat
Propionsäure	Propionat
Buttersäure	Butyrat

Benennung von Estern

Carbonsäureester werden häufig entsprechend den Carbonsäuresalzen benannt. Oft werden dabei die Trivialnamen verwendet. So nennt man Ester der Essigsäure auch *Acetate*. Essigsäureethylester wird daher auch als *Ethylacetat* bezeichnet. Diese Art der Benennung findet man häufig bei der Auflistung von Inhaltsstoffen.

Ester als Lösemittel

Alleskleber enthalten *Essigsäureethylester*, den man am süsslichen Geruch erkennen kann. Da dieser Ester schnell verdunstet, kann der Klebstoff auch schnell wirken. Bei Lacken benötigt man dagegen eine lange Trocknungszeit, damit der Lack verlaufen und eine gleichmäßige Oberfläche bilden kann. In Locklösemitteln verwendet man daher Ester unterschiedlicher Molekülgrößen wie Essigsäureester und Buttersäureester im Gemisch mit Alkoholen und Ketonen.

Fette und Wachse

In *Fetten* ist der dreiwertige Alkohol *Glycerin* (Propan-1,2,3-triol) mit Fettsäuren verestert. Die drei Fettsäurereste in einem Fettmolekül sind dabei meist unterschiedlich. Neben gesättigten Fettsäuren (Alkansäuren) sind meist auch ungesättigte Fettsäuren (Alkensäuren) gebunden. *Wachse* sind Ester von Fettsäuren mit langkettigen Alkoholen.

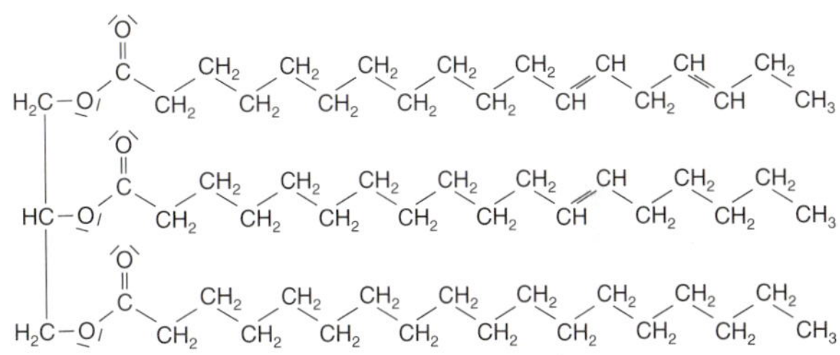

Ester als Weichmacher

Kunststoffe ohne weitere Zusätze sind oft hart und spröde. Erst der Zusatz von Weichmachern macht sie verformbar, sodass sie zu Folien und Schläuchen verarbeitet werden können. Besonders *Dinonylphthalat*, ein Ester der Dicarbonsäure Phthalsäure mit Nonylalkohol wird häufig als Weichmacher verwendet.

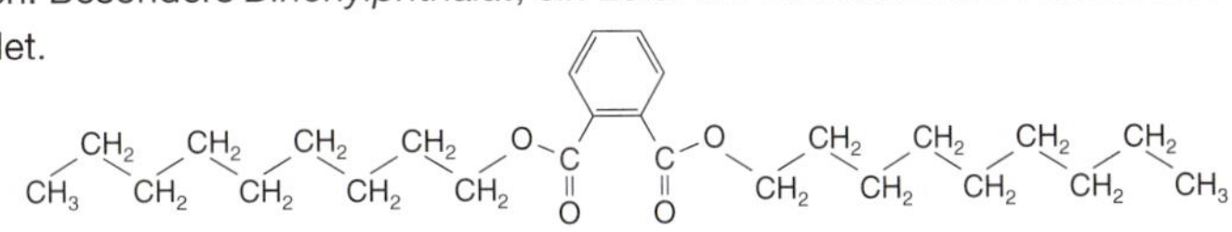

Anorganische Ester

Nitroglycerin ist als Sprengstoff bekannt, alltäglicher wird es jedoch in geringen Dosierungen als Herzmedikament verwendet. Nitroglycerin ist ein Salpetersäureester (Glycerintrinitrat). Auch *Nitrocellulose*, der Hauptbestandteil des Nagellacks, ist ein Ester der Salpetersäure. In Nitrolacken wird Nitrocellulose für Anstriche von Holzgegenständen verwendet. Früher wurden auch Filmmaterialien aus Nitrocellulose gefertigt. Heute verwendet man anstelle der feuergefährlichen Nitrocellulose andere Kunststoffe.

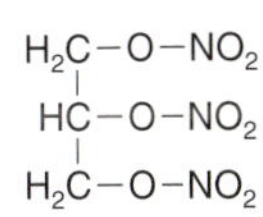

Im Organismus spielen Phosphorsäureester eine wichtige Rolle. Beispiele sind das Energiespeicher-Molekül *Adenosintriphosphat* (ATP) und die *Desoxyribonucleinsäure* (DNA), der Träger der Erbinformation.

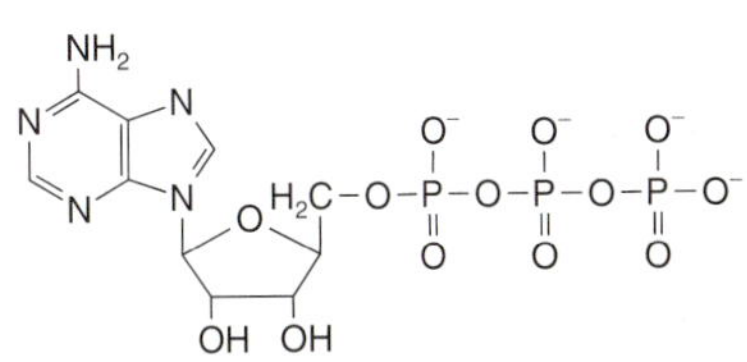

Durch Veresterung von langkettigen Alkoholen mit *Schwefelsäure* erhält man *saure Alkylsulfate*. Ihre Natriumsalze besitzen eine Waschwirkung wie Seifen, ohne jedoch deren Nachteile aufzuweisen.

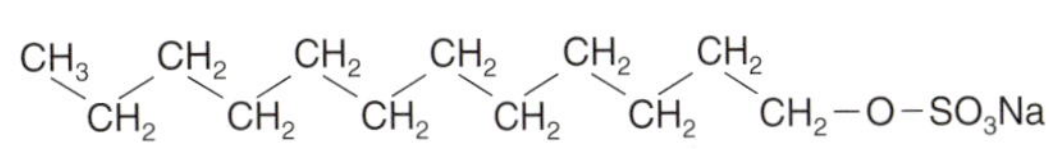

Aufgaben

1. Formulieren Sie die Reaktionsgleichung für die Reaktion von Glycerin mit Buttersäure unter Verwendung von LEWIS-Formeln.
2. Warum enthalten Lacke meistens ein Gemisch unterschiedlicher Lösemittel, während man zum Entfernen von Lacken Essigsäureethylester als Reinstoff verwendet?

PRAKTIKUM Ester

V1: Synthese von Essigsäureethylester

Materialien: Destillationsapparatur, Siedesteinchen, Erlenmeyerkolben (100 ml), Messzylinder (10 ml), Tropfpipette; Essigsäure (C), Ethanol (F), Schwefelsäure (konz.; C), Heptan (F, Xn, N).

Durchführung:

1. Mischen Sie im Erlenmeyerkolben vorsichtig 10 ml Essigsäure, 10 ml Ethanol und etwa 2 ml konzentrierte Schwefelsäure.
2. Füllen Sie das Gemisch mit einigen Siedesteinchen in den Destillationskolben.
3. Bauen Sie die Destillationsapparatur auf und destillieren Sie etwa 6 ml Flüssigkeit in die wassergekühlte Vorlage. Beobachten Sie dabei den Temperaturverlauf.
4. Teilen Sie das Destillat auf zwei Reagenzgläser auf. Geben Sie zu einer Probe etwa 3 ml Wasser, zur anderen etwa 3 ml Heptan. Prüfen Sie vorsichtig den Geruch der wässrigen Mischung.

Aufgaben:

a) Notieren Sie Ihre Beobachtungen.
b) Formulieren Sie die Reaktionsgleichung.
c) Vergleichen Sie die gemessene Siedetemperatur des Essigsäureethylesters mit dem Literaturwert von 77 °C und erklären Sie eventuelle Abweichungen.
d) Begründen Sie das Mischungsverhalten des Esters.

V2: Synthese von Aromastoffen

Materialien: Tropfpipetten, Bechergläser (100 ml); Methansäure (C), Ethansäure (C), Butansäure (C), Methanol (T, F), Ethanol (F), 2-Methylpropan-1-ol (Xi), Pentan-1-ol (Xn), Schwefelsäure (konz.; C), Natronlauge (verd.; C).

Durchführung:

1. Mischen Sie in Reagenzgläsern jeweils 2 ml Alkansäure mit der gleichen Menge Alkanol: Methansäure/Ethanol, Ethansäure/2-Methylpropan-1-ol, Ethansäure/Pentan-1-ol, Butansäure/Methanol, Butansäure/Ethanol.
2. Fügen Sie anschließend vorsichtig jeweils etwa zehn Tropfen konzentrierte Schwefelsäure hinzu.
3. Verschließen Sie die Gläser mit einem Stopfen und lassen Sie sie mindestens eine Stunde stehen.
4. Füllen Sie jeweils etwa 20 ml Natronlauge in ein Becherglas. Gießen Sie dann die jeweilige Reaktionsmischung langsam hinzu. Prüfen Sie vorsichtig den Geruch.

Aufgaben:

a) Wonach riechen die verschiedenen Ester?
b) Formulieren Sie die Reaktionsgleichungen für die Bildung der verschiedenen Ester mit Strukturformeln.

V3: Synthese von Aromastoffen mit einem sauren Ionenaustauscher

Materialien: Tropfpipetten, Bechergläser (100 ml), Wasserbad, Trichter, Filtrierpapier, Waage; Ethansäure (C), Salicylsäure (Xn), Benzoesäure (Xn), Propionsäure (C), Methanol (T, F), Ethanol (F), Propan-1-ol (F), Pentan-1-ol (Xn), stark saurer Kationenaustauscher.

Durchführung:

1. Mischen Sie jeweils in einem Reagenzglas folgende Säuren und Alkohole:

	Säure		Alkohol	
1.	Essigsäure	2 ml	Ethanol	2 ml
2.	Essigsäure	2 ml	Pentan-1-ol	4 ml
3.	Propionsäure	3 ml	Ethanol	2 ml
4.	Benzoesäure	4 g	Propan1-ol	3 ml
5.	Salicylsäure	5 g	Methanol	1 ml

2. Setzen Sie etwa 1 g des noch feuchten Ionenaustauschers zu und erhitzen Sie das Gemisch im Wasserbad 15 Minuten lang zum Sieden.
3. Filtrieren Sie nach dem Abkühlen den Ionenaustauscher ab. Geben Sie jeweils das Filtrat in ein Becherglas mit etwa 50 ml Wasser und prüfen Sie vorsichtig den Geruch.

Aufgaben:

a) Benennen Sie die hergestellten Ester und beschreiben Sie Ihren Geruch.
b) Entwickeln Sie eine detaillierte Versuchsanleitung, mit der man die Menge des entstandenen Esters durch Titration der verbliebenen Säure bestimmen könnte.

Naturidentisch – vollwertiger Ersatz?

EXKURS

Ein besonders wichtiger Aroma- und Duftstoff ist Vanillin, das als Hauptkomponente des Vanille-Aromas den typischen Geschmack der Vanilleschote prägt. Es zählt heute zu den mengenmäßig bedeutsamsten Aromastoffen und wird auch in der Parfümerie häufig eingesetzt.

Natürliches **Vanillin** aus Schoten könnte lediglich 1 % des Weltbedarfs decken. Mit einem Kilopreis von einigen tausend Euro ist es nach Safran das zweitteuerste Gewürz der Welt. 1874 gelang es erstmals Vanillin künstlich herzustellen. Ausgangsstoff für die Synthese war damals der Zellsaft von Nadelhölzern. Heute wird es aus Lignin, einem Abfallstoff der Papierindustrie, gewonnen. Auch biotechnologische Verfahren spielen eine Rolle. Um synthetisches Vanillin von seinem natürlichen Vorbild abzugrenzen, bezeichnet man es mit dem Kunstwort naturidentisch. *Natürliche* und *naturidentische Aromastoffe* sind jedoch hinsichtlich ihres Geschmacks und ihrer chemischen Struktur nicht voneinander zu unterscheiden. Für *künstliche Aromastoffe* gibt es dagegen kein direktes Vorbild aus der Natur. Ein Beispiel ist das synthetisch hergestellte Ethylvanillin, das einen stärkeren Vanillegeschmack hat als natürliches Vanillin.

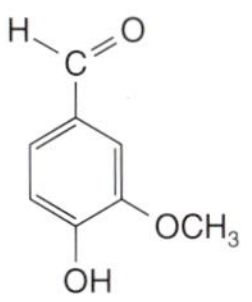

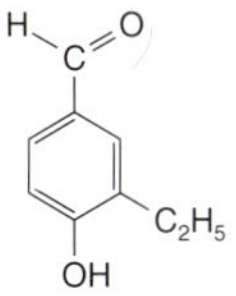

Die preiswerten synthetischen Aromastoffe haben den Weg für den vielfältigen Einsatz in unzähligen Produkten geebnet. Sie bestehen aber im Vergleich zum Naturstoff nur aus einer, wenngleich wesentlichen, Komponente. So ist Vanillin nicht allein für das typische Aroma natürlicher Vanille verantwortlich. Vielmehr enthält Vanille neben Vanillin noch mehrere hundert andere Stoffe, von denen einige ebenfalls einen wesentlichen Beitrag zum besonderen Aromaprofil der Vanille leisten.

Schoten der Gewürzvanille (Vanilla planifolia), einer Orchideenart

natürliche Aromastoffe	Sie werden aus natürlichen Ausgangsstoffen gewonnen. *Beispiele:* Vanille-Extrakt, Orangen-Essenz, konzentrierter Erdbeersaft.
naturidentische Aromastoffe	Sie besitzen die gleiche chemische Struktur wie die natürlichen Ausgangsstoffe, werden aber künstlich hergestellt. *Beispiele:* Vanillin, Menthol, Eukalyptol, Citral.
künstliche Aromastoffe	In der EU sind 15 künstliche Aromastoffe ohne Vorbild aus der Natur zugelassen. *Beispiele:* Ethylvanillin, Amylzimtaldehyd, Resorcindimethylether (Backwaren), Chininsulfat (Erfrischungsgetränke), Ammoniumchlorid (Lakritz).

Beim Kauf aromatisierter Lebensmittel sollte man daher genau auf die Zutatenliste achten. Ob man dann allerdings bereit ist, für das natürliche Aroma einen deutlich höheren Preis zu bezahlen, muss jeder für sich entscheiden.

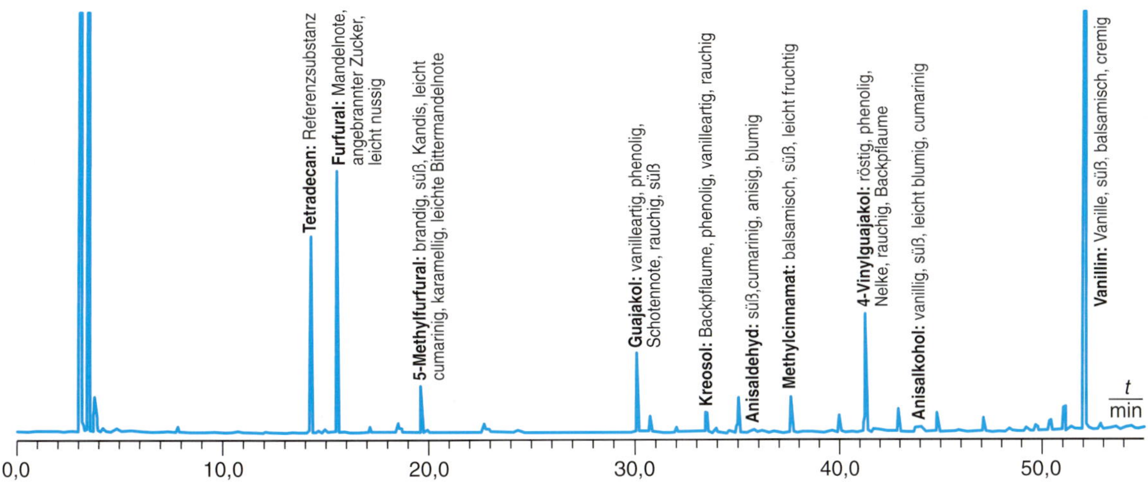

Gas-Chromatogramm eines natürlichen Vanille-Extraktes

1.9 Von der Einwaage zur Ausbeute

Bei der Planung einer chemischen Synthese müssen die Mengen der Ausgangsstoffe festgelegt werden. Meist geht man dabei von der vorgegebenen Masse eines Ausgangsstoffes aus. Die erforderliche Einwaage des Reaktionspartners lässt sich über das aus der Reaktionsgleichung zu erkennende Stoffmengenverhältnis berechnen. Die Massen der Reaktionspartner werden als **Einwaage** bezeichnet. Bei Flüssigkeiten ist es sinnvoll, statt einer Einwaage das entsprechende Volumen anzugeben.

Der Erfolg einer chemischen Synthese wird nach der **Ausbeute** bemessen. Diese gibt an, wie viel man von dem geforderten Produkt relativ zu einem vollständigen Umsatz erhalten hat. Die maximal mögliche Menge an Produkt ergibt sich durch das Stoffmengenverhältnis aus der Einwaage.

Die Ausbeute einer Reaktion wird oft durch eine unvollständige Reaktion, durch Nebenreaktionen oder durch Verluste bei der Reinigung verringert.

Die Ausbeute einer Synthese ist der Quotient aus der erhaltenen Stoffmenge des Produktes und der maximal möglichen Stoffmenge, die durch die Stoffmengen der Ausgangsstoffe bestimmt ist.

1. Wodurch wird die Ausbeute bei chemischen Reaktionen beeinflusst?
2. Zur Veresterung mit Ethanol stehen 5 g Oxalsäure zur Verfügung.
   a) Wie viel Ethanol wird benötigt?
   b) Wie groß ist die Ausbeute, wenn man 5 g Oxalsäurediethylester erhält?

Rechenbeispiel

Aus Malonsäure (Propandisäure) und Propan-1-ol soll Malonsäuredipropylester hergestellt werden. Es stehen 10 g Malonsäure zur Verfügung. Nach der Reaktion wurden durch Destillation 9,3 g Malonsäuredipropylester als Reinstoff erhalten. (ϱ (Propan-1-ol) = 0,80 g · ml^{-1})

1. **Bestimmung der Menge des Reaktionspartners.** Da Propan-1-ol flüssig ist, wird hier das Volumen berechnet.

$$HOOC-CH_2-COOH + 2\ CH_3-CH_2-CH_2-OH \longrightarrow CH_3-CH_2-CH_2-OOC-CH_2-COO-CH_2-CH_2-CH_3 + 2\ H_2O$$

a) Stoffmenge Malonsäure

$$n\,(\text{Malonsäure}) = \frac{m\,(\text{Malonsäure})}{M\,(\text{Malonsäure})} = \frac{10\ \text{g}}{104{,}1\ \text{g}\cdot\text{mol}^{-1}} = 0{,}096\ \text{mol}$$

b) Stoffmenge Propan-1-ol

$$\frac{n\,(\text{Propan-1-ol})}{n\,(\text{Malonsäure})} = \frac{2}{1}$$

$$n\,(\text{Propan-1-ol}) = 2 \cdot 0{,}096\ \text{mol} = 0{,}192\ \text{mol}$$

c) Masse Propan-1-ol

$$m\,(\text{Propan-1-ol}) = n\,(\text{Propan-1-ol}) \cdot M\,(\text{Propan-1-ol}) = 0{,}192\ \text{mol} \cdot 60{,}1\ \text{g}\cdot\text{mol}^{-1} = 11{,}5\ \text{g}$$

d) Volumen Propan-1-ol

$$V\,(\text{Propan-1-ol}) = \frac{m\,(\text{Propan-1-ol})}{\varrho\,(\text{Propan-1-ol})} = \frac{11{,}5\ \text{g}}{0{,}80\ \text{g}\cdot\text{ml}^{-1}} = \mathbf{14{,}4\ ml}$$

2. **Berechnung der Stoffmenge des Produktes**

$$n\,(\text{Malonsäuredipropylester}) = \frac{m\,(\text{Malonsäuredipropylester})}{M\,(\text{Malonsäuredipropylester})} = \frac{9{,}3\ \text{g}}{188{,}3\ \text{g}\cdot\text{mol}^{-1}} = 49\ \text{mmol}$$

3. **Berechnung der maximal möglichen Stoffmenge des Produktes**

$$\frac{n_{max}\,(\text{Malonsäuredipropylester})}{n\,(\text{Malonsäure})} = \frac{1}{1} \Rightarrow n_{max}\,(\text{Malonsäuredipropylester}) = 96\ \text{mmol}$$

4. **Berechnung der Ausbeute**

$$\frac{n\,(\text{Malonsäuredipropylester})}{n_{max}\,(\text{Malonsäuredipropylester})} = \frac{49\ \text{mmol}}{96\ \text{mmol}} = 0{,}51 \mathrel{\hat{=}} \mathbf{51\ \%}$$

Gas-Chromatografie – Quantitative Analyse eines Gemisches

EXKURS

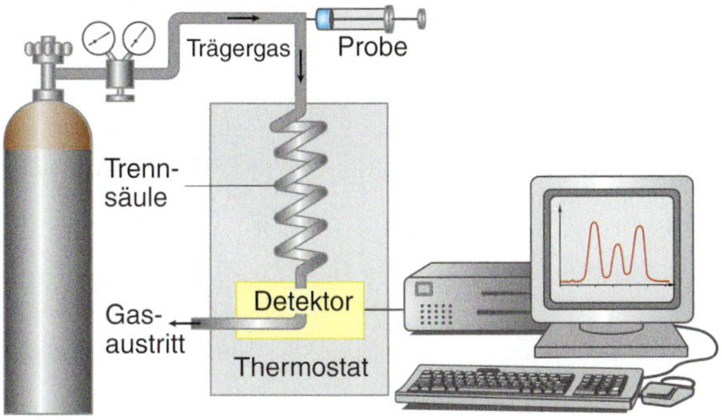

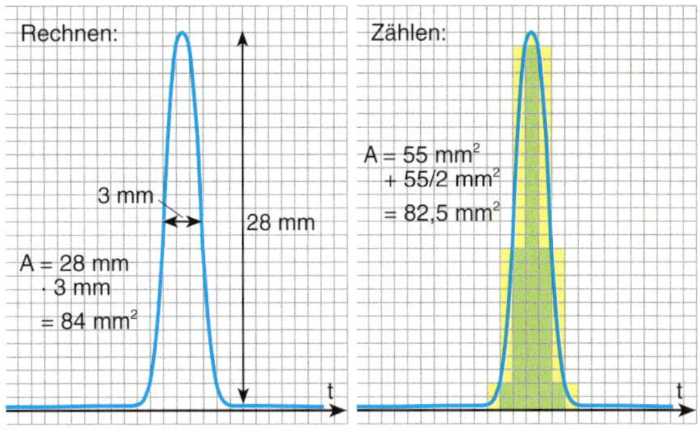

Ein Gemisch aus leicht verdampfbaren Stoffen kann mit Hilfe der Gas-Chromatografie aufgetrennt werden. Kernstück eines Gas-Chromatografen ist die *Trennsäule*. Sie ist mit einem porösen Feststoff gefüllt, dessen große Oberfläche mit einer schwer verdampfbaren Flüssigkeit überzogen ist. Diese Flüssigkeit dient als Lösemittel und wird *stationäre Phase* genannt. Als *mobile Phase* leitet man ein Trägergas, meist Helium, durch die Trennsäule.

Spritzt man eine kleine Probe des Gemisches ein, wird sie vom Trägergas durch die Trennsäule transportiert. Die Bestandteile des Gemisches lösen sich unterschiedlich gut in der stationären Phase. Leichter lösliche Stoffe werden stärker zurückgehalten und verlassen die Säule daher später. Das Gemisch wird so in seine Bestandteile getrennt. Ein Detektor überwacht die Zusammensetzung des austretenden Gasgemisches. Jede Änderung wird als Signal an einen Schreiber oder Computer übertragen. Man erhält ein Gas-Chromatogramm mit *Peaks* (Ausschlägen) für jeden Stoff. Die Zeit bis zum Erscheinen eines Peaks ist charakteristisch für den jeweiligen Stoff.

Bestimmung der Peakflächen. Die Fläche unter einem Peak ist proportional zur eingespritzten Masse eines Stoffes:

$$m \sim A \Leftrightarrow m = k \cdot A$$

Aus dem Verhältnis der Peakflächen lässt sich der Anteil der einzelnen Komponenten bestimmen.

Die Peakflächen können nach verschiedenen Methoden aus dem Gas-Chromatogramm ermittelt werden:

Bei der gängigsten Methode misst man die Höhe des Peaks und seine Breite auf halber Höhe. Das Produkt aus Breite und Höhe ergibt angenähert die Peakfläche.

Bei einer anderen Methode druckt man das Chromatogramm auf Millimeterpapier aus und zählt die Kästchen, die vollständig unter dem Peak liegen. Die Kästchen, durch die der Graf verläuft, werden zur Hälfte der Fläche zugerechnet.

Man kann auch die Peakfläche ausschneiden und auf einer Präzisionswaage wiegen. Aber meist hat der angeschlossene Computer eine geeignete Software, mit der die Peakfläche direkt ermittelt werden kann.

Kalibrierung. Da bei verschiedenen Stoffen das Verhältnis von Masse zur Peakfläche unterschiedlich ist, muss das Messverfahren kalibriert werden. Man stellt ein Gemisch aus dem zu bestimmenden Stoff X und einem geeigneten Vergleichsstoff Y im Massenverhältnis 1 : 1 her. Aus den Peakflächen kann der Kalibrierungsfaktor F_K berechnet werden:

$$\frac{m\,(X)}{m\,(Y)} = \frac{k_X}{k_Y} \cdot \frac{A_X}{A_Y} = \frac{1}{1} \Leftrightarrow F_K = \frac{k_X}{k_Y} = \frac{A_Y}{A_X}$$

Quantitative Analyse. Zur Bestimmung der Masse des Stoffes X in einem Gemisch setzt man dem Gemisch eine bestimmte Masse einer Vergleichssubstanz Y zu. Aus dem Gas-Chromatogramm bestimmt man die Peakflächen und berechnet damit die Masse des Stoffes X:

$$m\,(X) = F_K \cdot m\,(Y)\,\frac{A_X}{A_Y}$$

1. Ein Reaktionsgemisch enthält Essigsäuremethylester. Es wurden zur Kalibrierung ein Gas-Chromatogramm eines Gemisches aus Essigsäuremethylester und Hexan im Massenverhältnis 1 : 1 angefertigt. Ein zweites Gas-Chromatogramm entstammt dem Reaktionsgemisch, dem 2 g Hexan beigemischt waren.

a) Ermitteln Sie den Kalibrierungsfaktor.

b) Bestimmen Sie die Masse von Essigsäuremethylester im Reaktionsgemisch.

c) Warum eignet sich Hexan als Vergleichssubstanz?

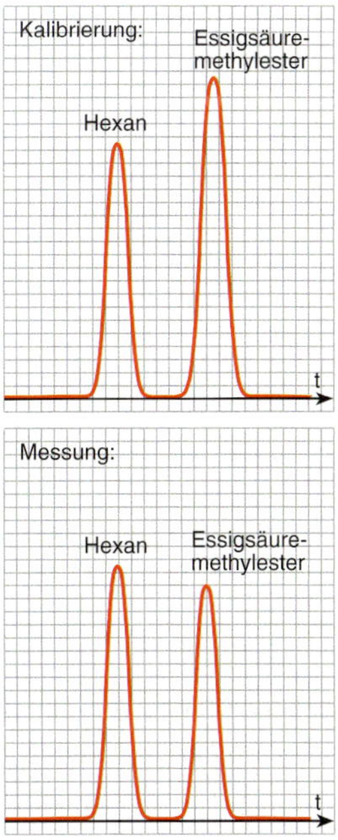

1.10 Vom Duftstoff zum Parfüm

Duftstoffe erfüllen seit alters her vielfältige Zwecke: In der Antike wurden duftende Hölzer, aromatische Pflanzensäfte und Harze als Rauchbeigaben bei Opferhandlungen und Gebeten verwandt. Der Begriff Parfüm (lat. *par fumum:* durch Rauch) hat hier seinen Ursprung. Im Mittelalter hielt man unangenehme Gerüche für die Verursacher gefährlicher Krankheiten und man begegnete fehlender Sauberkeit und Hygiene mit ausgiebigem Pudern und Parfümieren. So genannte Pestärzte trugen Masken mit duftenden Kräutern um sich vor Ansteckungen zu schützen. Eine zentrale Aufgabe haben Duftstoffe aber über alle Jahrhunderte hinweg beibehalten: Sie sollten immer auch verführerisch und anziehend wirken.

Wandmalerei ägyptischer Gräber und Pestarzt

Parfüms blieben lange Zeit ein Privileg der Reichen und Mächtigen. Schon die Herstellung eines reinen etherischen Öls, der *essence absolue*, ist ein aufwändiges und kostspieliges Verfahren. Man erhält beispielsweise aus einer Tonne Rosenblätter nur ein Kilogramm Rosenöl. Mit der Verwendung synthetischer Duftstoffe zu Beginn des 20. Jahrhunderts wurden Parfüms dann erschwinglicher. So brachte Coco CHANEL 1921 das erste Parfüm mit einem synthetischen Aldehyd auf den Markt.

	Konzentration des Parfümöls	Anteil des Ethanols im Lösungsmittel
Parfüm	15–30 %	90–96 %
Eau de Parfum	10–15 %	90–95 %
Eau de Toilette	5–10 %	80–90 %
Eau de Cologne	2–4 %	70–85 %

Zusammensetzung von Duftwässern

Zusammensetzung eines Parfüms. Parfüms enthalten Duftstoffe, die auf der Haut verdunsten sollen. Als Lösemittel verwendet man daher das leicht flüchtige Ethanol mit einem geringen Anteil an Wasser. Je nach Konzentration der Duftstoffe in dieser Mischung spricht man von „Parfüm“ oder von „Eau de Toilette“.

Bei der Komposition eines Duftes greifen Parfumeure auf eine Vielzahl meist synthetischer Duftstoffe zurück. Dabei wird stets ein dreistufiger Aufbau aus Kopfnote, Herznote und Basisnote angestrebt. Die *Kopfnote* enthält die leicht flüchtigen Bestandteile eines Parfüms und vermittelt so den ersten Eindruck. Meist werden Citrusöle und Aldehyde eingesetzt. Die *Herznote* entwickelt sich erst nach einigen Minuten, da hier weniger flüchtige Bestandteile bestimmend sind. Sie bildet den eigentlichen, über mehrere Stunden wahrnehmbaren Duftcharakter eines Parfüms. Die *Basisnote* soll den Duft ausklingen lassen. Schwerer flüchtige Substanzen, die nach Holz oder Gewürzen riechen, prägen diese Note. Daneben sollen die Bestandteile der Basisnote die Kopfnote und die Herznote fixieren: sie verlangsamen deren Verdunstung, sodass eine harmonische Duftentwicklung über einen längeren Zeitraum erreicht wird.

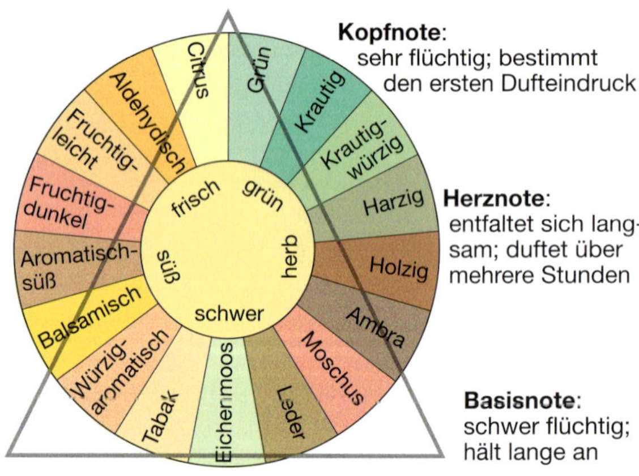

Duftfamilien im Duftkreis

Beispiel für den Aufbau eines Parfüms

Parfüms sind wässrig-alkoholische Lösungen natürlicher oder synthetischer Duftstoffe. Sie zeigen einen dreistufigen Aufbau aus Kopfnote, Herznote und Basisnote.

Parfüm – komponierte Düfte

V1: Wahrnehmung verschiedener Duftstoffe

Materialien: Riechstreifen aus Papier; 8 verschiedene Parfümöle.

Durchführung:

1. Notieren Sie auf dem unteren Abschnitt des Papierstreifens den Namen des jeweiligen Parfümöls.
2. Geben Sie je einen Tropfen des entsprechenden Parfümöls auf den oberen Abschnitt des Papierstreifens und stellen Sie diesen mit der beschrifteten Seite nach unten in einen Reagenzglasständer.
3. Halten Sie nacheinander jeden Streifen an Ihre Nase und notieren Sie Ihren Geruchseindruck.
4. Wiederholen Sie nach etwa 20 Minuten den Vorgang in einer anderen Reihenfolge.

Aufgabe: Vergleichen und erklären Sie die Ergebnisse der beiden Versuchsreihen.

V2: Herstellung von „Kölnisch Wasser"

Materialien: Messzylinder (25 ml), Erlenmeyerkolben (50 ml), Tropfpipetten, Riechstreifen, Flakon oder Pumpzerstäuber; Kosmetisches Basiswasser (Ethanol, etwa 95 %; (F)), Etherische Öle (Bergamottöl, Zitronenöl, Orangenöl, Orangenblütenöl), Lösungsvermittler.

Durchführung:

1. Geben Sie in den Erlenmeyerkolben 16 ml Ethanol, 5 ml Lösungsvermittler und 2 ml destilliertes Wasser.
2. Setzen Sie 24 Tropfen Bergamottöl, 6 Tropfen Zitronenöl, 6 Tropfen Orangenöl und 10 Tropfen Orangenblütenöl (Neroliöl) hinzu.
3. Mischen Sie die Bestandteile und überprüfen Sie den Duft mit Hilfe eines Riechstreifens.
4. Füllen Sie das „Kölnisch Wasser" in einen Flakon oder einen Pumpzerstäuber um.

Tipps für die Herstellung eines Parfüms

- Beschränken Sie sich bei der Kreation eines Parfüms auf wenige Parfümöle.
- Überprüfen Sie nach jedem hinzu gegebenen Parfümöl den Geruch.
- Machen Sie eine fünfminütige Pause, wenn die Parfümöle immer ähnlicher riechen oder die Parfümkreation sich scheinbar nicht mehr ändert.

V3: Herstellung eines Parfüms

Materialien: Messzylinder (50 ml), Erlenmeyerkolben (100 ml), Tropfpipetten, Riechstreifen, Flakon oder Pumpzerstäuber; Kosmetisches Basiswasser (Ethanol, etwa 95 %; (F)), Rosenwasser, Lavendelwasser, Orangenblütenwasser, Etherische Öle, Parfümöle, Lösungsvermittler.

Durchführung:

1. Geben Sie in den Erlenmeyerkolben 35 ml Ethanol, 15 ml Duftwasser und 10 Tropfen Lösungsvermittler und vermischen Sie die Bestandteile durch leichtes Schwenken.
2. Setzen Sie 5 bis 10 verschiedene etherische Öle oder Parfümöle tropfenweise hinzu. Die Gesamtzahl zugegebener Tropfen sollte bei 25 bis 30 liegen.
3. Mischen Sie die Bestandteile und überprüfen Sie den Duft mit Hilfe eines Riechstreifens.
4. Füllen Sie das Parfüm in einen Flakon oder einen Pumpzerstäuber um.

V4: Herstellung eines duftenden Badeöls

Materialien: 2 Messzylinder (10 ml; 100 ml), Tropfpipette, Erlenmeyerkolben (100 ml), Glasstab, Glasfläschchen; Pflanzliches Öl (z. B. Sonnenblumenöl), etherische Öle (Melissenöl, Orangenöl, Nelkenöl, Rosenöl), Emulgator.

Durchführung:

1. Geben Sie 80 ml pflanzliches Öl in den Erlenmeyerkolben und fügen Sie 5 ml Melissenöl, 5 ml Orangenöl, 2 ml Nelkenöl und 1 ml Rosenöl hinzu.
2. Geben Sie 10 ml Emulgator zu und verrühren Sie die Bestandteile mit dem Glasstab.
3. Füllen Sie das Badeöl in das Glasfläschchen.

A1 Stoffe aus der Natur spielen in der Chemie eine wichtige Rolle.

a) Skizzieren Sie den Bedeutungswandel der Naturstoffe in der Geschichte der Chemie.

b) Erklären Sie die Begriffe natürlich, naturidentisch und künstlich im Zusammenhang mit Aromastoffen. Bewerten Sie den Einsatz dieser Stoffe.

c) Nennen Sie Verfahren, mit denen man unter schonenden Bedingungen Naturstoffe aus einem Gemisch isolieren kann.

d) Vergleichen Sie das Trennverfahren Enfleurage mit der Gas-Chromatografie.

e) Bei normalem Luftdruck siedet Ethanol bei 78 °C. In welchem Temperaturbereich siedet Ethanol bei einem Druck von 250 hPa?

f) Welche Eigenschaften müssen die Moleküle eines Stoffes haben, damit der Stoff als Duftstoff wirken kann?

A2 Die biotechnologische Produktion von Stoffen gewinnt zunehmend an Bedeutung. Zu den Produkten gehören spezielle Chemikalien ebenso wie alltägliche Nahrungsmittel.

a) Nennen Sie einige Nahrungsmittel, die biotechnologisch erzeugt werden.

b) Geben Sie weitere Bereiche an, in denen Produkte der Biotechnologie genutzt werden.

c) Wo spielt die Biotechnologie beim Umweltschutz eine wichtige Rolle?

A3 In der Chemie werden Verbindungen durch unterschiedliche Formeln und Modelle dargestellt. Auch für die Benennung von Stoffen gibt es verschiedene Möglichkeiten.

a) Geben Sie tabellarisch die Namen der ersten zehn Alkanole an. Ergänzen Sie Spalten für die Molekülformeln und die LEWIS-Formeln.

b) Nennen Sie die Trivialnamen der ersten vier Alkansäuren.

c) Warum sind Cyclohexan und Hexan keine Isomere?

d) Nennen Sie die wichtigsten Molekül-Modelle. Welche Eigenschaften von Molekülen lassen sich mit dem jeweiligen Modell besonders gut erklären?

A4 Geben Sie vereinfachte Strukturformeln für die folgenden Verbindungen an:

a) 2-Methylpentan-3-on
b) Butan-1,2-diol
c) 2-Methylheptanal
d) Ethandisäure
e) Buta-1,3-dien
f) Propansäurebutylester
g) 4-Methylpent-2-en
h) Ethylmethylether
i) 1,1-Dimethylcyclohexan

A5 Benennen Sie folgende Verbindungen nach IUPAC-Regeln:

a) 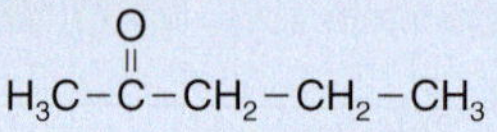

b) $H_3C-CH_2-CH_2-O-CH_3$

c) 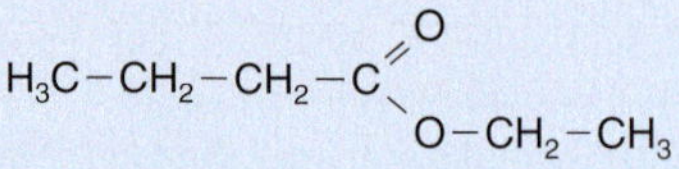

d) 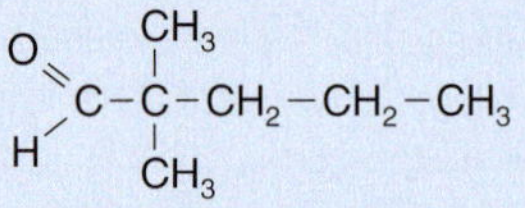

e) 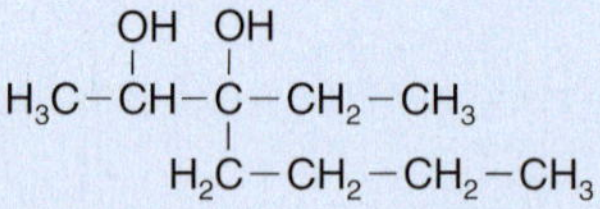

A6 Stoffe werden zu Stoffklassen zusammengefasst.

a) Wie kann man an Strukturformeln die Stoffklasse erkennen?

b) Geben Sie Namen und Strukturformeln der wichtigsten funktionellen Gruppen an.

A7 Lösemitteleigenschaft und Siedetemperatur eines Stoffes werden durch zwischenmolekulare Wechselwirkungen bestimmt.

a) Warum mischt sich Ethanol sowohl mit Wasser als auch mit Benzin?

b) Erläutern Sie die vielfältigen Einsatzmöglichkeiten von Ethanol als Lösemittel.

c) Warum haben Pentan und Diethylether ähnliche Siedetemperaturen? Erläutern Sie den Sachverhalt an vereinfachten Strukturformeln.

A8 Primäre, sekundäre und tertiäre Alkohole können durch chemische Reaktionen unterschieden werden.

a) Geben Sie die Strukturformeln der isomeren Pentanole an und benennen Sie die Verbindungen.

b) Formulieren Sie die Reaktionsgleichungen für die Oxidation der Pentanole zu Aldehyden und Ketonen.

c) Welche dieser Verbindungen können zu Alkansäuren weiteroxidiert werden? Geben Sie ein geeignetes Oxidationsmittel an und benennen Sie die Produkte.

A9 Aldehyde, Ketone und Ester werden in der Chemie in großen Mengen produziert.

a) Nennen Sie industrielle Verwendungsmöglichkeiten für diese Stoffe.

b) Schläuche oder Folien aus Kunststoff werden im Gegensatz zu Ledermaterialien häufig brüchig, wenn man sie fettet. Welchen Stoff löst das Fett aus dem Kunststoff?

A10 Geben Sie die Oxidationszahlen für alle Atome in den folgenden Verbindungen an. Beschreiben Sie Ihr Vorgehen.

a) CH_3-COOH, $CH_2=CH-CH_2OH$, CH_3-O-CH_3

b) 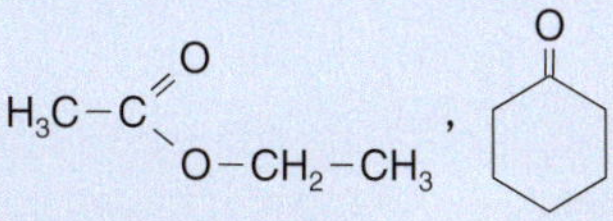

c) MnO_2, SO_3, CO, $COCl_2$

d) IO_3^-, NO_2^-, NH_4^+, CO_3^{2-}

A11 Ergänzen Sie die Teilgleichungen und geben Sie an, ob es sich dabei um eine Oxidation oder um eine Reduktion handelt:

a) $NO_3^- \dashrightarrow NO$
b) $H_2O_2 \dashrightarrow H_2O$
c) $CH_3-CH_2-OH \dashrightarrow CO_2$
d) $Ag_2O \dashrightarrow Ag$
e) $CH_2Br-CH_2Br \dashrightarrow CH_2=CH_2$
f) $N_2H_4 \dashrightarrow N_2$
g) $MnO_4^- \dashrightarrow Mn^{2+}$
h) $CH_3-CHO \dashrightarrow CH_3-COOH$

A12 Permanganat-Ionen (MnO_4^-) reagieren in alkalischer Lösung mit Alkenen zu Braunstein (MnO_2). Die Kohlenstoff-Atome an der C=C-Zweifachbindung werden dabei zu Carboxyl-Gruppen oxidiert. So entsteht aus But-2-en Essigsäure.

a) Geben Sie die Strukturformeln der organischen Verbindungen an.
b) Entwickeln Sie die Teilgleichungen und die Reaktionsgleichung unter Verwendung von Oxidationszahlen.
c) Beschreiben Sie den Lösungsweg.

A13 Neben der Forschung ist die Synthese von Stoffen eine wesentliche Aufgabe in der chemischen Industrie. Welche wichtigen Gesichtspunkte spielen bei der Planung einer Synthese eine Rolle?

A14 Acetaldehyd lässt sich in alkalischer Lösung durch Silber-Ionen zu Acetat-Ionen entsprechend der folgenden Reaktionsgleichung oxidieren:

$$CH_3-CHO + 2\,Ag^+ + 3\,OH^- \longrightarrow 2\,Ag + CH_3COO^- + 2\,H_2O$$

a) Berechnen Sie die Stoffmenge an Silber-Ionen, die man für die Oxidation von 10 ml Acetaldehyd benötigt.
b) Wie viel Silbernitrat wird für die Reaktion benötigt?

Hinweis: $M\,(CH_3-CHO) = 44{,}1\ g \cdot mol^{-1}$
$M\,(AgNO_3) = 169{,}9\ g \cdot mol^{-1}$
$\varrho\,(CH_3-CHO) = 0{,}77\ g \cdot ml^{-1}$

A15 Bei einer Veresterung wurden 30 g Ameisensäure und 20 g Methanol eingesetzt. Bei der anschließenden Destillation erhielt man 22 g Ameisensäuremethylester.

a) Berechnen Sie die Stoffmengen an Säure, Alkohol und Ester.
b) Ermitteln Sie die Ausbeute an Ester. Entscheiden Sie, auf welchen Ausgangsstoff sich die Ausbeuteberechnung bezieht. Begründen Sie Ihre Entscheidung.
c) Bewerten Sie die Höhe der Ausbeute.
d) Nennen Sie Gründe, die zu einer verminderten Ausbeute geführt haben könnten.

A16 Bei der Untersuchung eines Gemisches von Heptan und Butan-2-ol wurde ein Gas-Chromatogramm aufgenommen. Als stationäre Phase wurde Paraffin verwendet.

a) Ordnen Sie die Stoffe den Peaks im vorliegenden Gas-Chromatogramm zu. Begründen Sie Ihre Entscheidung.
Hinweis: Die Siedetemperaturen von Butan-2-ol und Heptan sind gleich.
b) Geben Sie ein Verfahren an, mit dem man Ihre Vermutung überprüfen kann.
c) Bestimmen Sie die Größe der Peakflächen.

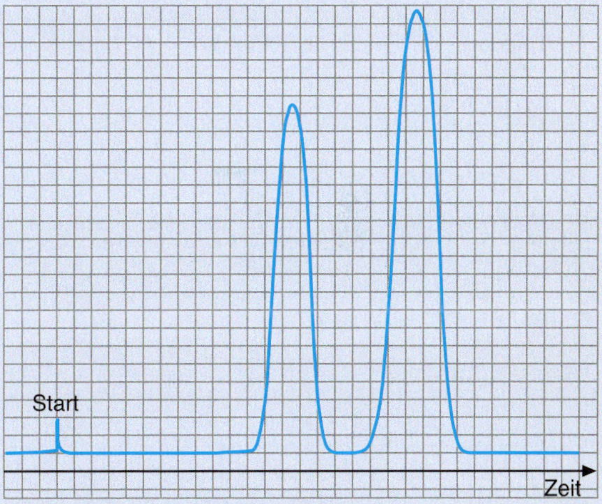

A17 Der Erfolg einer chemischen Synthese wird an der Ausbeute gemessen. Es gibt verschiedene Verfahren, die Ausbeute zu bestimmen:

- Das Produkt wird als Reinstoff gewonnen und ausgewogen.
- Der Anteil des Produkts im Reaktionsgemisch wird chromatografisch bestimmt.
- Die Stoffmenge des Produkts wird durch Titration bestimmt.

Bewerten Sie die unterschiedlichen Verfahren bei der Anwendung in der chemischen Industrie und in einem Forschungslabor.

BASISWISSEN Vom Naturstoff zum Produkt

1. Naturstoffe

Naturstoffe sind von Lebewesen synthetisierte organische Verbindungen. Viele Naturstoffe dienen als Vorbilder für Synthesen in der chemischen Industrie. Naturidentische Stoffe haben dieselbe Struktur wie natürliche Verbindungen, wurden aber synthetisch hergestellt. Künstliche Stoffe haben keine Vorbilder in der Natur.

Isolierung. Die häufig kompliziert aufgebauten Naturstoffe sind temperaturempfindlich. Zu ihrer Isolierung kommen daher nur schonende Trennverfahren in Frage:

- Vakuumdestillation
- Wasserdampfdestillation
- Extraktion.

2. Stoffklassen und funktionelle Gruppen

Funktionelle Gruppe: Gruppe von Atomen, die wesentliche Eigenschaften eines organischen Stoffes bestimmt.
Stoffklasse: Stoffe mit gleicher funktioneller Gruppe werden zu einer Stoffklasse zusammengefasst.
Molekülrest: Kohlenstoffkette; in Strukturformeln oft mit –R bezeichnet.

Stoffklasse	Strukturformel	Endung
Alkane	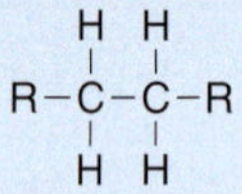	-an
Alkene	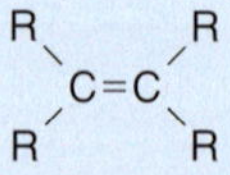	-en
Alkine	R–C≡C–R	-in
Alkohole (Alkanole)	R–OH	-ol
Ether	R–O–R	-ether
Aldehyde (Alkanale)	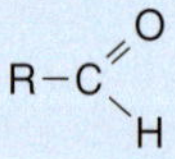	-al
Ketone (Alkanone)	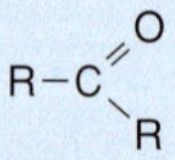	-on
Carbonsäuren	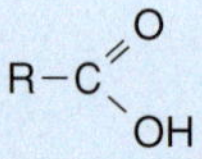	-säure
Carbonsäureester	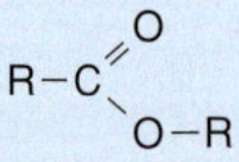	-ester

3. Benennung organischer Verbindungen

Homologe Reihe. Die Glieder einer homologen Reihe unterscheiden sich in ihren Molekülen jeweils um eine CH_2-Gruppe.

Nomenklatur

- Die längste Kette der Kohlenstoff-Atome ergibt den Stammnamen der Verbindung.
- Die Namen der Seitenketten werden dem Stammnamen in alphabetischer Reihenfolge mit Angabe der Verknüpfungsstelle vorangestellt.
- Die Stoffklasse wird durch die Endungen im Namen berücksichtigt.
- Gleiche Seitenketten oder funktionelle Gruppen werden mit griechischen Zahlsilben zusammengefasst.

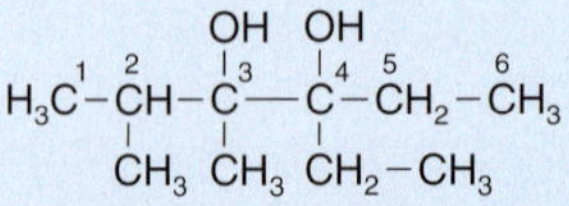

4-Ethyl - 2,3 - di methyl hexan - 3,4 - di ol

4. Stoffklassen und intermolekulare Wechselwirkungen

Lösemittel sind Flüssigkeiten, die sich mit Feststoffen mischen und sie dabei auflösen. Alkohole sind besondere Lösemittel, da sie sowohl hydrophile als auch hydrophobe Stoffe lösen können.

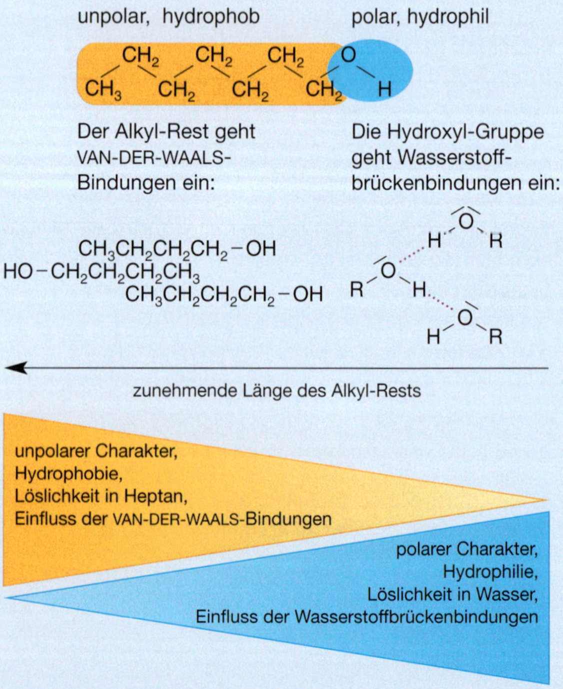

4. Oxidation und Reduktion

Redoxreaktion

Oxidation: Abgabe von Elektronen
Reduktion: Aufnahme von Elektronen
Redoxreaktion: Austausch von Elektronen

Jede Oxidation ist mit einer Reduktion verknüpft. Die Zahl der abgegebenen Elektronen und die Zahl der aufgenommenen Elektronen ist gleich.

Oxidationszahlen

Als Hilfsmittel zur Verdeutlichung von Redoxvorgängen verwendet man Oxidationszahlen.

- Die bindenden Elektronenpaare in einem Molekül werden dem elektronegativeren Bindungspartner zugerechnet. Bei gleicher Elektronegativität wird jedem Atom ein Elektron zugerechnet.
- Die Differenz zwischen der Zahl der zugerechneten Elektronen und der Zahl der Valenzelektronen beim neutralen Atom ergibt die Oxidationszahl.
- Die Oxidationszahlen werden in Strukturformeln mit römischen Ziffern über den Atomen angegeben.
  Oxidation: Oxidationszahl wird größer
  Reduktion: Oxidationszahl wird kleiner

Regeln für die Bestimmung von Oxidationszahlen:

- Im elementaren Zustand ist die Oxidationszahl 0.
- Metalle haben in Verbindungen positive Oxidationszahlen.
- Wasserstoff hat in Verbindungen meist die Oxidationszahl I (Ausnahme: in Metallhydriden –I).
- Sauerstoff hat in Verbindungen die Oxidationszahl –II. (Ausnahme: in Peroxiden –I).
- Bei Verbindungen ist die Summe der Oxidationszahlen aller Atome gleich null.
- Bei Ionen ist die Summe der Oxidationszahlen aller Atome gleich der Ionenladung.

Einrichten von Reaktionsgleichungen

a) Aufstellen von Teilgleichungen für Oxidation und Reduktion mithilfe von Oxidationszahlen; Ladungen und Atomanzahlen müssen ausgeglichen sein.
b) Erweitern und Addieren der Teilgleichungen; die Zahlen der ausgetauschten Elektronen müssen gleich sein.
c) Teilchen, die auf beiden Seiten der Reaktionsgleichung auftreten, werden gestrichen.

$$Cu^+ \dashrightarrow Cu^{2+} + e^- \qquad | \cdot 2$$

$$H_2\overset{-I}{O}_2 + 2\,H^+ + 2\,e^- \dashrightarrow 2\,H_2\overset{-II}{O}$$

$$2\,Cu^+ + H_2O_2 + 2\,H^+ \longrightarrow 2\,Cu^{2+} + 2\,H_2O$$

5. Reaktionswege

Oxidation von Alkoholen

primärer Alkohol | sekundärer Alkohol | tertiärer Alkohol

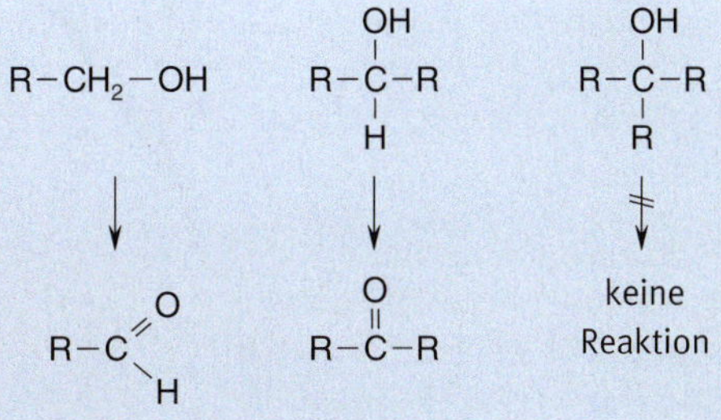

Aldehyd | Keton | keine Reaktion

Unterscheidung zwischen Aldehyden und Ketonen

Aldehyde werden durch die FEHLING-Probe und durch die TOLLENS-Probe oxidiert, Ketone nicht.

Veresterung

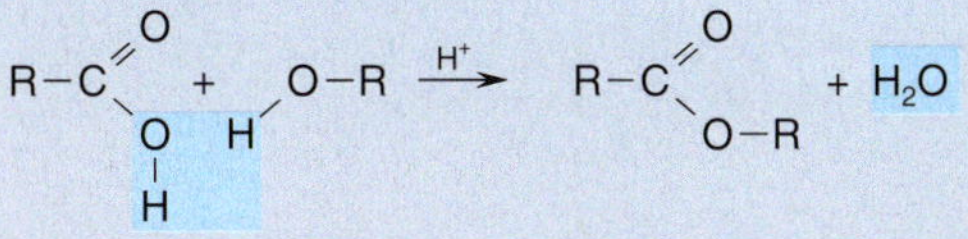

Carbonsäure Alkohol Ester Wasser

6. Einwaage und Ausbeute

Zur Planung einer Synthese gehört die Berechnung der Einwaagen. Dabei kann man von der vorgesehenen Menge eines Ausgangsstoffs ausgehen. Die Reaktionsgleichung liefert das Stoffmengenverhältnis der Reaktionspartner.
Beispiel: $A + 2\,B \longrightarrow AB_2$

a) $n(A) = \frac{m(A)}{M(A)}$

b) $n(B) : n(A) = 2 : 1 \qquad n(B) = 2 \cdot n(A)$

c) $m(B) = n(B) \cdot M(B)$

Der Erfolg der Synthese wird an der Ausbeute gemessen. Dies ist der Anteil des erhaltenen Produkts an der Menge, die maximal möglich wäre.

a) $n(AB_2) = \frac{m(AB_2)}{M(AB_2)}$

b) $n_{max}(AB_2) = n(A)$ oder $n_{max}(AB_2) = \frac{1}{2}\,n(B)$

c) Ausbeute: $\frac{n(AB_2)}{n_{max}(AB_2)}$

2 Steuerung chemischer Reaktionen

Für die technische Herstellung eines Stoffes muss man zunächst einen geeigneten Syntheseweg entwickeln. Die Synthese muss dann so gesteuert werden, dass die Reaktionsbedingungen für jeden einzelnen Reaktionsschritt optimal sind. Dabei soll das gewünschte Produkt zu möglichst niedrigen Kosten produziert werden.

Die Reaktionsbedingungen werden so gewählt, dass man eine angemessene Reaktionsgeschwindigkeit erreicht. Verläuft eine Reaktion zu langsam, so verteuert sich die Produktion; zu hohe Reaktionsgeschwindigkeiten dagegen können gefährlich werden.

Viele chemische Reaktionen verlaufen unvollständig. Ein weiteres Ziel der Reaktionssteuerung ist es daher, die Anteile des Produktes im Reaktionsgemisch zu steigern.

Grundlagen
- Stoffmenge, Stoffmengenkonzentration
- molare Masse, molares Volumen
- exotherme und endotherme Reaktionen
- Energiediagramm
- Kinetische Energie
- Steigung einer Kurve

zentrale Fragen
- Wie ist die Reaktionsgeschwindigkeit definiert?
- Wie kann man Reaktionsgeschwindigkeiten bestimmen und vergleichen?
- Wie kann man Reaktionsgeschwindigkeiten beeinflussen?
- Was versteht man unter einem chemischen Gleichgewicht?
- Wie kann man den Anteil eines Produkts im Reaktionsgemisch steigern?

2.1 Geschwindigkeit chemischer Reaktionen

Reaktion von Marmor mit Salzsäure

Gibt man Salzsäure auf Marmorstückchen, so steigen Gasbläschen auf. Die Marmorstücke, die aus Calciumcarbonat ($CaCO_3$) bestehen, werden allmählich kleiner. Bei der Reaktion bilden sich Kohlenstoffdioxid, das als Gas entweicht, sowie gelöstes Calciumchlorid und Wasser:

$$CaCO_3(s) + 2\,HCl(aq) \longrightarrow CaCl_2(aq) + CO_2(g) + H_2O(l)$$

Mit großen Marmorstückchen verläuft die Reaktion wesentlich langsamer. Auch die Konzentration der Salzsäure und die Temperatur haben Einfluss auf den zeitlichen Verlauf der Reaktion.

Reaktionsgeschwindigkeit. Für eine quantitative Beschreibung des zeitlichen Verlaufs einer Reaktion muss zunächst mithilfe von messbaren Größen der Begriff der Reaktionsgeschwindigkeit sinnvoll definiert werden.

Die Reaktion von Salzsäure mit Marmor verläuft schnell, wenn sich in einem *bestimmten Zeitintervall* Δt viel Kohlenstoffdioxid entwickelt. Die Konzentration der Salzsäure nimmt in dem Zeitintervall rasch ab, während die Konzentration an Calciumchlorid entsprechend zunimmt.

Als Definition für die *Reaktionsgeschwindigkeit v* wird generell der Quotient aus dem Betrag einer Konzentrationsänderung $|c_2 - c_1|$ und dem zugehörigen Zeitintervall $t_2 - t_1$ verwendet. Auf diese Weise ergibt sich immer ein positiver Wert für v, unabhängig davon, ob man die Reaktionsgeschwindigkeit in Bezug auf ein Reaktionsprodukt (mit zunehmender Konzentration) oder in Bezug auf einen Ausgangsstoff (mit abnehmender Konzentration) berechnet:

$$v = \frac{|\Delta c|}{\Delta t} = \frac{|c_2 - c_1|}{t_2 - t_1}$$

Als Konzentrationsangabe verwendet man in der Chemie meist die *Stoffmengenkonzentration c*. Sie ist definiert als Quotient aus der Stoffmenge des gelösten Stoffes und dem Lösungsvolumen. Die Einheit der Stoffmengenkonzentration ist $1\ mol \cdot l^{-1}$.

$$c = \frac{n}{V(\text{Lösung})}$$

Kennt man die umgesetzte Stoffmenge eines an einer chemischen Reaktion beteiligten Stoffes, so kann man mithilfe der Reaktionsgleichung die Stoffmengen der anderen Stoffe ermitteln.

Für die Reaktion von Marmor mit Salzsäure ergeben sich folgende Beziehungen: Für die Zersetzung von 1 mol Calciumcarbonat benötigt man 2 mol Salzsäure. Dabei entstehen je 1 mol Calciumchlorid, Kohlenstoffdioxid und Wasser. Entsprechendes gilt für die Stoffmengenkonzentrationen: Sinkt die Konzentration der Salzsäure um $2\ mol \cdot l^{-1}$, so erhöht sich die Konzentration an Calciumchlorid um $1\ mol \cdot l^{-1}$.

Auch die Reaktionsgeschwindigkeiten verhalten sich wie die Stoffmengen:

$$\frac{|\Delta n(HCl)|}{|\Delta n(CaCl_2)|} = \frac{2}{1} = \frac{|\Delta c(HCl)|}{|\Delta c(CaCl_2)|} = \frac{v(HCl)}{v(CaCl_2)}$$

Die Reaktionsgeschwindigkeit v ist definiert als Quotient aus dem Betrag der Konzentrationsänderung eines Stoffes und dem zugehörigen Zeitintervall:

$$v = \frac{|\Delta c|}{\Delta t} = \frac{|c_2 - c_1|}{t_2 - t_1}$$

1. Bromwasserstoffsäure und Iodwasserstoffsäure reagieren ähnlich wie Salzsäure mit Marmor.
a) Berechnen Sie die Stoffmengen und die Massen an Bromwasserstoff (HBr) und Iodwasserstoff (HI), die man für die Reaktion mit 1 g Marmor benötigt.
b) Warum ist es in der Chemie vorteilhafter, Stoffmengen zu vergleichen, als Massen?

2. Bei der Reaktion von Calciumcarbonat mit Salzsäure werden in 100 ml Lösung 30 mg Calciumchlorid innerhalb von 10 s gebildet. Berechnen Sie die Reaktionsgeschwindigkeit.

3. Stickstoff reagiert mit Wasserstoff zu Ammoniak:

$$N_2(g) + 3\,H_2(g) \longrightarrow 2\,NH_3(g)$$

In welchem Verhältnis stehen die Reaktionsgeschwindigkeiten zueinander, wenn man sie auf Stickstoff, auf Wasserstoff bzw. auf Ammoniak bezieht?

2.2 Messung von Reaktionsgeschwindigkeiten

Der zeitliche Verlauf der Reaktion von Zink mit Salzsäure lässt sich experimentell leicht verfolgen. Man fängt das Wasserstoff-Gas auf und misst das entstandene Volumen an Wasserstoff in Abhängigkeit von der Zeit. Sind die Anfangskonzentration der Salzsäure und das Volumen der Lösung bekannt, so lassen sich die Konzentrationen der Salzsäure und des gelösten Zinkchlorids für jeden Zeitpunkt aus dem Volumen des gebildeten Wasserstoffs berechnen. Damit sich die Oberfläche während der Reaktion praktisch nicht verändert, wird ein großer Überschuss an Zink verwendet.

Zu Beginn der Reaktion bildet sich pro Zeiteinheit viel Wasserstoff, gegen Ende der Reaktion entsteht immer weniger Wasserstoff pro Zeiteinheit. Die Reaktion verläuft also anfangs am schnellsten und wird dann aufgrund des Verbrauchs an Salzsäure immer langsamer. Trägt man die Konzentration der Salzsäure in ein Zeit/Konzentrations-Diagramm ein, so ergibt sich eine Kurve, deren Steigung stetig abnimmt.

Momentangeschwindigkeit. Der für ein Zeitintervall Δt berechnete Differenzenquotient $\frac{|\Delta c|}{\Delta t}$ liefert die *Durchschnittsgeschwindigkeit* $\bar{v}$ in diesem Zeitintervall. Sie entspricht im Zeit/Konzentrations-Diagramm der Steigung der Sekanten. Wählt man das Zeitintervall immer kleiner, so geht die Sekante schließlich in eine Tangente über. Die Steigung der Tangente entspricht der *Momentangeschwindigkeit v*; sie ist gleich dem Grenzwert der Durchschnittsgeschwindigkeit für $\Delta t \rightarrow 0$:

$$v = \lim_{\Delta t \to 0} \frac{|\Delta c|}{\Delta t}$$

Die *Anfangsgeschwindigkeit* v_0 einer Reaktion erhält man ausl der Steigung der Tangente zur Zeit $t = 0$.

Messmethoden. Verändert man bei einer Reaktion die Konzentration eines Reaktionspartners oder die Temperatur, so ändert sich auch die Reaktionsgeschwindigkeit. Der Einfluss der Reaktionsbedingungen auf die Reaktionsgeschwindigkeit kann durch eine Versuchsreihe ermittelt werden, wobei immer nur *eine* der Reaktionsbedingungen variiert wird.

Um den zeitlichen Verlauf einer Reaktion zu verfolgen, versucht man in der Regel, die Konzentration eines Reaktionspartners kontinuierlich zu messen. Einfacher kommt man mit der **Methode der Anfangsgeschwindigkeiten** zum Ziel: Wie das Zeit/Konzentrations-Diagramm zeigt, ändert sich die Konzentration anfänglich fast linear. Die Anfangsgeschwindigkeit stimmt also praktisch mit der Durchschnittsgeschwindigkeit für das erste kleine Konzentrationsintervall Δc überein.
Für eine Reihe unterschiedlicher Ausgangskonzentrationen legt man nun Δc auf den gleichen Wert fest und misst die jeweilige Reaktionszeit t_r. Besonders geeignet für diese Vorgehensweise sind Reaktionen, bei denen die Farbe eines Indikator umschlägt, wenn sich die Konzentration um Δc verändert hat.

Die Reaktionsgeschwindigkeit nimmt im Laufe einer Reaktion ab. Bei der Methode der Anfangsgeschwindigkeit erfasst man die Reaktionszeit t_r für eine kleine Konzentrationsänderung zu Beginn der Reaktion.

1. Warum ist es günstig, in einer Versuchsreihe die Geschwindigkeit zu Beginn der Reaktion zu betrachten?
2. Nennen Sie Beispiele aus Ihrem Alltag, bei denen die Geschwindigkeit einer Reaktion von der Oberfläche der Reaktionspartner abhängt.

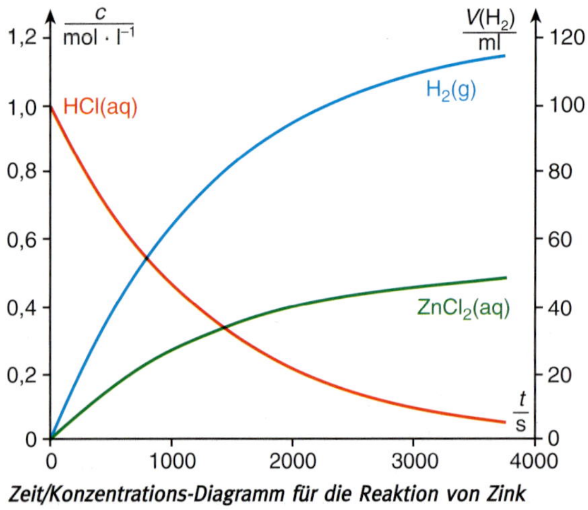

Zeit/Konzentrations-Diagramm für die Reaktion von Zink mit Salzsäure

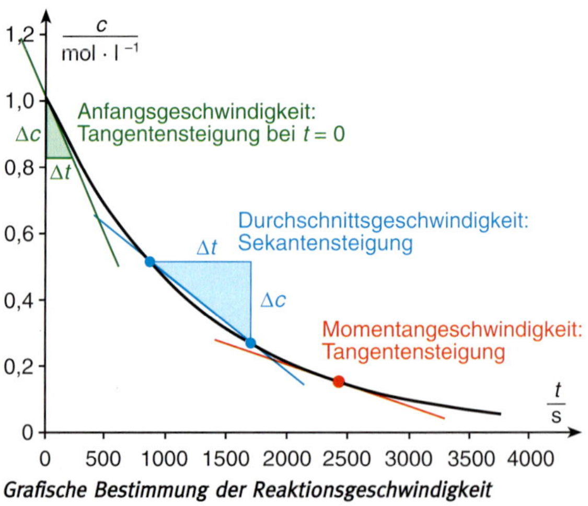

Grafische Bestimmung der Reaktionsgeschwindigkeit

2.3 Konzentration und Reaktionsgeschwindigkeit

Die Abhängigkeit der Reaktionsgeschwindigkeit von der Konzentration lässt sich experimentell gut am Beispiel der langsam verlaufenden Reaktion von Iodid-Ionen mit Peroxodisulfat-Ionen untersuchen. Bei dieser Reaktion werden Iod-Moleküle und Sulfat-Ionen gebildet:

$$2\ I^-(aq) + S_2O_8^{2-}(aq) \longrightarrow I_2(aq) + 2\ SO_4^{2-}(aq)$$

Das entstandene Iod ergibt mit der zuvor zugesetzten Stärkelösung eine Blaufärbung. Setzt man der Lösung jedoch eine kleine Menge an Thiosulfat zu, so tritt die Blaufärbung erst auf, wenn alles Thiosulfat verbraucht ist. Die Iod-Moleküle reagieren nämlich sehr schnell mit Thiosulfat-Ionen:

$$I_2(aq) + 2\ S_2O_3^{2-}(aq) \longrightarrow 2\ I^-(aq) + S_4O_6^{2-}(aq)$$

Wenn man bei allen Messungen einer Versuchsreihe die gleiche Menge an Thiosulfat zugibt, wird bis zum Auftreten der Blaufärbung jeweils die gleiche Stoffmenge der Ausgangsstoffe umgesetzt. Die Konzentrationen nehmen entsprechend immer um den gleichen Betrag Δc ab. Die Reaktionszeit $t_r = \Delta t$ bis zum Auftreten der Blaufärbung ist der Anfangsgeschwindigkeit v_0 umgekehrt proportional:

$$v_0 = \frac{|\Delta c(I_2)|}{\Delta t} = \frac{\text{konst.}}{\Delta t} \quad \Rightarrow \quad v_0 \sim \frac{1}{t_r}$$

Geschwindigkeitsgleichung. Mit Hilfe der *Methode der Anfangsgeschwindigkeit* kann die Reaktion in einer Versuchsreihe bei gleicher Iodid-Konzentration mit unterschiedlichen Konzentrationen an Peroxodisulfat untersucht werden. Trägt man die Kehrwerte der Reaktionszeiten gegen die Konzentration an Peroxodisulfat auf, so ergibt sich eine Ausgleichsgerade, die im Ursprung des Koordinatensystems beginnt. Für die Reaktion gilt also: Die Reaktionsgeschwindigkeit ist proportional zur Konzentration der Peroxodisulfat-Ionen:

$$v \sim c(S_2O_8^{2-})$$

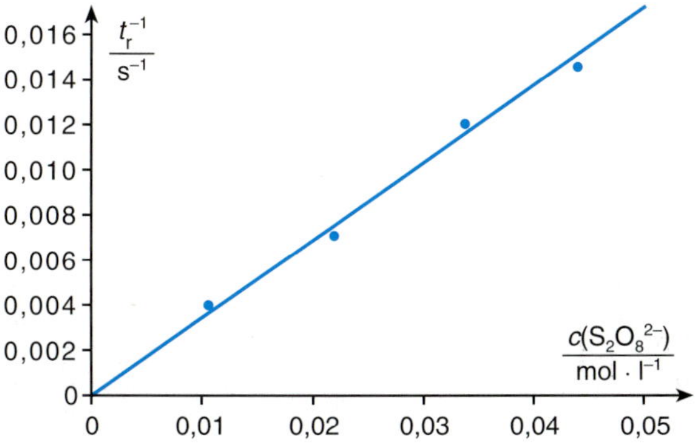

Reaktionsgeschwindigkeit in Abhängigkeit von der Konzentration der Peroxodisulfat-Ionen

Wiederholt man den Versuch mit unterschiedlichen Konzentrationen an Iodid-Ionen bei gleicher Konzentration an Peroxodisulfat, so stellt man hier eine Proportionalität zwischen der Reaktionsgeschwindigkeit und der Konzentration der Iodid-Ionen fest:

$$v \sim c(I^-)$$

Wenn eine Größe zu mehreren anderen Größen proportional ist, so ist sie auch zum Produkt dieser Größen proportional. Für die untersuchte Reaktion gilt also:

$$v \sim c(S_2O_8^{2-}) \cdot c(I^-)$$

Mit der **Geschwindigkeitskonstanten *k*** als Proportionalitätsfaktor ergibt sich daraus die *Geschwindigkeitsgleichung.* Sie beschreibt die Abhängigkeit der Reaktionsgeschwindigkeit von den Konzentrationen der Ausgangsstoffe:

$$v = k \cdot c(S_2O_8^{2-}) \cdot c(I^-)$$

Stoßwahrscheinlichkeit. Voraussetzung für eine chemische Reaktion ist ein Zusammenstoß der reagierenden Teilchen. Die Reaktionsgeschwindigkeit hängt deshalb unmittelbar mit der *Stoßwahrscheinlichkeit* zusammen: Erhöht man die Konzentration einer Teilchensorte, so werden die Zusammenstöße wahrscheinlicher und damit häufiger. So läuft die Reaktion auch schneller ab.
Gasreaktionen werden durch Druckerhöhung beschleunigt, denn eine Druckerhöhung entspricht einer Erhöhung der Konzentration.

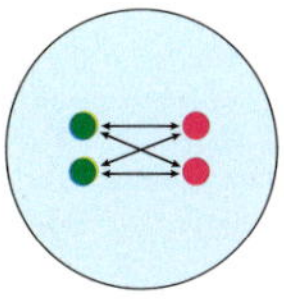

4 Stoßmöglichkeiten

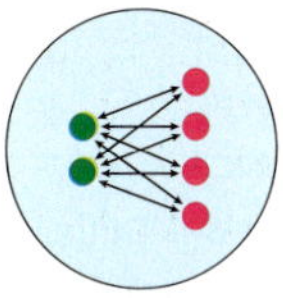

8 Stoßmöglichkeiten

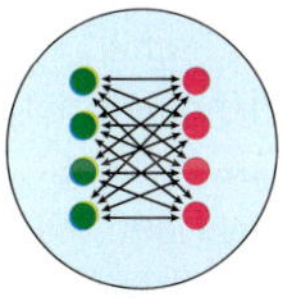

16 Stoßmöglichkeiten

Die Häufigkeit von Zusammenstößen zwischen reagierenden Teilchen bestimmt die Reaktionsgeschwindigkeit. Die Abhängigkeit der Reaktionsgeschwindigkeit von der Konzentration der Reaktionspartner wird durch die Geschwindigkeitsgleichung beschrieben.

1. Wie wird bei der Reaktion von Peroxodisulfat-Ionen mit Iodid-Ionen sichergestellt, dass in einer Messreihe die Reaktionszeit für die gleiche Konzentrationsänderung erfasst wird?
2. Für die Durchführung der Reaktion von Zink mit Salzsäure wird Schütteln oder Rühren vorgeschlagen. Erläutern Sie den Einfluss dieser Maßnahmen auf die Reaktionsgeschwindigkeit.

THEORIE Wahrscheinlichkeit von Zusammenstößen – Simulationen

In Experimenten kann man häufig feststellen, dass die Reaktionsgeschwindigkeit proportional zu den Konzentrationen der Ausgangsstoffe ist. In einer Simulation kann dieser Sachverhalt nachgestellt werden.

Als Beispiel soll eine Reaktion betrachtet werden, bei der ein Teilchen A mit einem Teilchen B zusammentrifft und reagiert. Dazu gibt man für jeden Stoff eine bestimmte Anzahl Perlen einer Farbe in einen Becher. Die Gesamtzahl der Perlen wird durch neutrale Perlen auf 100 aufgefüllt. Die unterschiedlichen Perlenanteile entsprechen den unterschiedlichen Konzentrationen.
Man zieht nun zwei Perlen, notiert das Ergebnis und legt die Perlen wieder zurück. Als *Treffer* wird ein Griff gewertet, mit dem man zugleich eine A-Perle und eine B-Perle gezogen hat. Dies entspricht einem Zusammenstoß der Ausgangsmoleküle. Es werden 100 Griffe durchgeführt. Die Zahl der Treffer bei 100 Griffen entspricht der Reaktionsgeschwindigkeit.

A-Perle	B-Perle	Treffer
20 %	20 %	3
30 %	20 %	6
40 %	20 %	9
20 %	30 %	5
20 %	40 %	8

Die Tabelle zeigt typische Ergebnisse von Simulationen mit unterschiedlichen Anteilen an A-Perlen und B-Perlen. Der angegebene Wert für die Anzahl der Treffer ist ein ganzzahlig gerundeter Mittelwert für jeweils zehn Simulationen.

Trägt man in einem Diagramm die Trefferzahlen gegen den Perlenanteil auf, so erkennt man, dass die Trefferzahl in beiden Reihen proportional zum Perlenanteil ist. Dies entspricht der Geschwindigkeitsgleichung:
$v = k \cdot c(\mathrm{A}) \cdot c(\mathrm{B})$

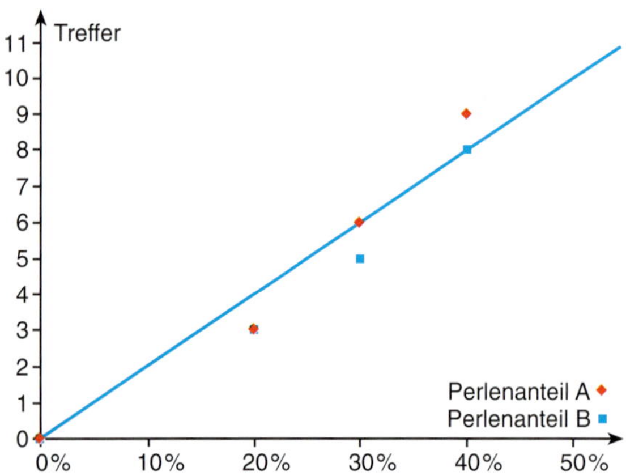

Simulation einer Reaktion. *Der Anteil der anderen Perlensorte beträgt jeweils 20 %.*

Tabellenkalkulation. Mithilfe einer Tabellenkalkulation lässt sich eine solche Simulation viel schneller und mit einer deutlich höheren Zahl von Ziehungen durchführen.

1. Mit der Funktion „Zufallszahl" füllt man die Felder A1 und B1 mit zufällig gewählten Dezimalzahlen zwischen 0 und 1. Für 1000 Ziehungen werden diese Feldinhalte bis A1000 und B1000 kopiert.
2. In die Felder E2 und F2 trägt man den Teilchenanteil von A und von B ein.
3. Im Feld C1 überprüft man durch eine Wenn-Funktion, ob die Zufallszahlen in A1 und B1 dem Kriterium eines Treffers genügen. Wenn die Zufallszahl im Teilchenanteil enthalten ist, erscheint in C1 eine 1; sonst eine 0. Die Und-Funktion erreicht, dass beide Felder der Bedingung entsprechen müssen. Das Feld C1 hat dann folgenden Feldinhalt:
=WENN(UND(A1⇐$E$2;B1⇐$F$2);1;0)
Nun kopiert man den Feldinhalt aus C1 bis nach C1000.
4. Im Feld D2 wird mit dem Befehl =SUMME(C1:C1000) die Summe von C1 bis C1000 gebildet. Hier wird im Gegensatz zur Perlensimulation die Zahl der Treffer bei 1000 Griffen angezeigt. Mit der Taste F9 kann jeweils ein erneuter Simulationsdurchlauf gestartet werden.
5. Die Teilchenanteile in den Feldern E2 und F2 können genauso abgewandelt werden wie in der Perlensimulation. Auch die grafische Auswertung erfolgt wie zuvor.

Aufgaben

1. Führen Sie die Simulation mit einer Tabellenkalkulation durch und werten Sie diese grafisch aus. Vergleichen Sie das Ergebnis mit der bereits formulierten Geschwindigkeitsgleichung.
2. Bestimmen Sie die Geschwindigkeitsgleichung für die folgende Reaktion durch Tabellenkalkulation:
   2 A ⟶ C

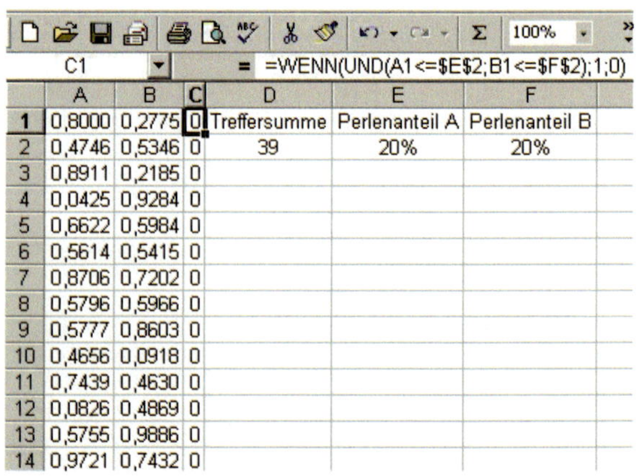
C1 = =WENN(UND(A1<=$E$2;B1<=$F$2);1;0)

	A	B	C	D	E	F
1	0,8000	0,2775	0	Treffersumme	Perlenanteil A	Perlenanteil B
2	0,4746	0,5346	0	39	20%	20%
3	0,8911	0,2185	0			
4	0,0425	0,9284	0			
5	0,6622	0,5984	0			
6	0,5614	0,5415	0			
7	0,8706	0,7202	0			
8	0,5796	0,5966	0			
9	0,5777	0,8603	0			
10	0,4656	0,0918	0			
11	0,7439	0,4630	0			
12	0,0826	0,4869	0			
13	0,5755	0,9886	0			
14	0,9721	0,7432	0			

Simulation einer Reaktion durch Tabellenkalkulation

2.4 Elementarreaktionen und Geschwindigkeitsgleichung

Reaktionen, bei denen Teilchen der Ausgangsstoffe zusammenstoßen und direkt ein Produkt bilden, bezeichnet man als **Elementarreaktionen.** Ein Beispiel ist der Stoß zweier Stickstoffdioxid-Moleküle unter Bildung eines Distickstofftetraoxid-Moleküls.
Bei Elementarreaktionen kann die Geschwindigkeitsgleichung aus der Reaktionsgleichung abgeleitet werden. Die Reaktionsgeschwindigkeit ist hier also proportional zum Quadrat der NO_2-Konzentration:

$2\,NO_2(g) \longrightarrow N_2O_4(g) \qquad v = k \cdot c^2(NO_2)$

Beim Zerfall von Distickstoffpentaoxid erhält man experimentell trotz ähnlicher Stöchiometrie eine andere Geschwindigkeitsgleichung:

$2\,N_2O_5(g) \longrightarrow 4\,NO_2(g) + O_2(g) \qquad v = k \cdot c(N_2O_5)$

Die Reaktion verläuft hier in mehreren Schritten als eine *Folge von Elementarreaktionen* ganz unterschiedlicher Reaktionsgeschwindigkeit. Den ersten Schritt bildet der Zerfall von N_2O_5-Molekülen:

$N_2O_5 \longrightarrow NO_2 + NO_3$ langsam

$NO_2 + NO_3 \longrightarrow NO + NO_2 + O_2$ schnell

$NO + NO_3 \longrightarrow 2\,NO_2$ schnell

In diesem Fall ist der erste Reaktionsschritt die geschwindigkeitsbestimmende Reaktion. Die darauf folgenden schnelleren Elementarreaktionen müssen gewissermaßen diese langsame Reaktion abwarten.
Allgemein gilt: Die langsamste Elementarreaktion bestimmt die Reaktionsgeschwindigkeit der Gesamtreaktion; sie stellt somit den *geschwindigkeitsbestimmenden Schritt* dar.

Elementarreaktion	Geschwindigkeitsgleichung
$A \longrightarrow B$	$v = k \cdot c(A)$
$A + B \longrightarrow C$	$v = k \cdot c(A) \cdot c(B)$
$2\,A \longrightarrow B$	$v = k \cdot c^2(A)$

Aus der Elementarreaktion ergibt sich die Geschwindigkeitsgleichung

Die experimentell ermittelte Geschwindigkeitsgleichung gibt oft einen Hinweis darauf, von welchen Teilchen die langsamste Elementarreaktion ausgeht. Meist handelt es sich dabei um den Zerfall eines Teilchens oder den Zusammenstoß zweier Teilchen. Gleichzeitige Zusammenstöße zwischen mehr als zwei Teilchen sind extrem unwahrscheinlich, denn die Teilchen bewegen sich sehr schnell und die Kontaktzeiten sind sehr kurz. Nur für einige wenige Reaktionen konnte sicher geklärt werden, dass die Bildung eines Produktes den Zusammenstoß von drei Teilchen erfordert.

Reaktionen, die in einem Schritt erfolgen, heißen Elementarreaktionen. Bei den meisten chemischen Reaktionen laufen mehrere Elementarreaktionen nacheinander ab. Die langsamste Elementarreaktion bestimmt die Reaktionsgeschwindigkeit.

1. Für die Reaktion von Methan mit Chlor gilt die folgende Reaktionsgleichung: $CH_4 + 4\,Cl_2 \longrightarrow CCl_4 + 4\,HCl$
Warum ist die folgende Geschwindigkeitsgleichung mit Sicherheit falsch: $v = k \cdot c(CH_4) \cdot c^4(Cl_2)$?

Reaktionsordnung

THEORIE

Die Geschwindigkeit für die Zersetzung von Distickstoffpentaoxid ist proportional zur Konzentration an Distickstoffpentaoxid. Da der Exponent der Konzentration in der Geschwindigkeitsgleichung *eins* beträgt, spricht man hierbei von einer **Reaktion erster Ordnung.** Die Bildung von Distickstofftetraoxid aus Stickstoffdioxid ist entsprechend eine **Reaktion zweiter Ordnung.**

Die Reaktionsordnung muss experimentell bestimmt werden. Dazu trägt man in einem Diagramm die gemessene Reaktionsgeschwindigkeit gegen die jeweilige Konzentration auf. Ergibt sich eine Gerade, so handelt es sich um eine Reaktion erster Ordnung. Eine quadratische Parabel zeigt eine Reaktion zweiter Ordnung an.
Mithilfe der Reaktionsordnung kann man Hypothesen über den schrittweisen Ablauf von Reaktionen überprüfen.

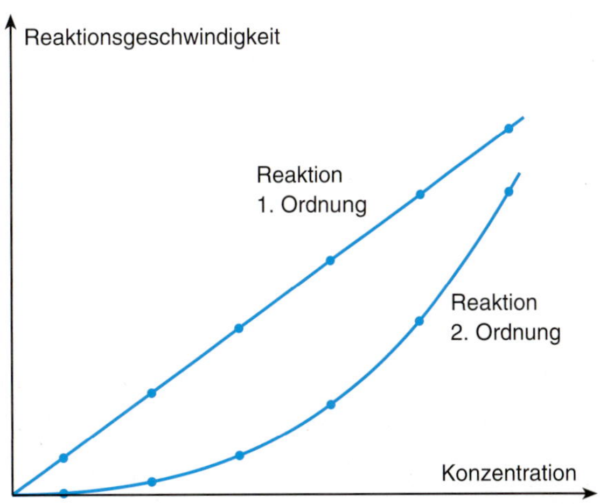

PRAKTIKUM

Einfluss der Konzentration auf die Reaktionsgeschwindigkeit

V1: Reaktion von Peroxodisulfat-Ionen mit Iodid-Ionen

Materialien: Wasserbad, Stoppuhr, Thermometer, Kunststoffspritzen (20 ml, 5 ml), Erlenmeyerkolben (100 ml); Ammoniumperoxodisulfat-Lösung (0,1 mol · l^{-1}), Kaliumiodid-Lösung (0,1 mol · l^{-1}), mit frischer Stärkelösung versetzte Natriumthiosulfat-Lösung (0,01 mol · l^{-1}), Kaliumnitrat-Lösung (0,1 mol · l^{-1}), Kaliumsulfat-Lösung (0,1 mol · l^{-1}), Titriplex III (Na_2H_2edta), Kupfersulfat-Lösung (1 %), Eis.

Durchführung:

Konzentrationsabhängigkeit:

1. Geben Sie jeweils die Lösungen B bis E in den Erlenmeyerkolben.
2. Geben Sie Lösung A zu dieser Mischung und starten Sie gleichzeitig die Uhr. Messen Sie die Zeit bis zum ersten Auftreten der Blaufärbung (weißer Untergrund).

Hinweise:

– Katalytisch wirkende Spuren (Fe^{3+}-Ionen, Cu^{2+}-Ionen) können stören. Fügen Sie in diesem Fall den Mischungen je eine Spatelspitze Titriplex III hinzu.
– Die Salzlösungen D und E sind erforderlich, um die Ionenkonzentration konstant zu halten.

Versuch	A $(NH_4)_2S_2O_8$	B KI	C $Na_2S_2O_3$	D KNO_3	E K_2SO_4
1	20 ml	20 ml	5 ml	–	–
2	15 ml	20 ml	5 ml	–	5 ml
3	10 ml	20 ml	5 ml	–	10 ml
4	5 ml	20 ml	5 ml	–	15 ml
5	20 ml	15 ml	5 ml	5 ml	–
6	20 ml	10 ml	5 ml	10 ml	–
7	20 ml	5 ml	5 ml	5 ml	–

Temperaturabhängigkeit:

3. Wiederholen Sie das Experiment mit den für Versuch 3 angegebenen Volumina bei 30 °C und bei 40 °C. Dazu wird das Gemisch im Erlenmeyerkolben im Wasserbad erhitzt, bis die gewünschte Temperatur erreicht ist. Die genaue Temperatur wird nach Zugabe von Lösung A ermittelt. Analog verfährt man für 10 °C (Eisbad).

Katalysatorwirkung:

4. Wiederholen Sie das Experiment mit den für Versuch 3 angegebenen Volumina. Als Katalysator werden zu Lösung A drei Tropfen Kupfersulfat-Lösung zugesetzt.

Aufgaben:

a) Stellen Sie in Diagrammen dar, wie die Reaktionsgeschwindigkeit von der Konzentration der Iodid-Ionen bzw. Peroxodisulfat-Ionen abhängt. Tragen Sie dazu den Kehrwert der Reaktionszeit gegen das Volumen der jeweiligen Lösung auf.

b) Stellen Sie entsprechend dar, wie die Reaktionsgeschwindigkeit von der Temperatur abhängt.

c) Wie stark wird die Reaktion durch den Katalysator beschleunigt?

V2: Reaktion von Magnesium mit Salzsäure

Materialien: Kolbenprober (100 ml), Reagenzglas mit Ansatz, Stoppuhr, Messzylinder (10 ml), Schlauch, Stopfen; Magnesiumband (F), Salzsäure (0,5 mol · l^{-1}).

Durchführung:

1. Der Kolbenprober wird eingespannt und mit dem Reagenzglas verbunden.
2. Füllen Sie das Reagenzglas mit 10 ml Salzsäure.
3. Geben Sie drei Streifen Magnesiumband von 2 cm Länge in das Reagenzglas, verschließen Sie es und starten Sie die Uhr.
4. Notieren Sie die Zeit in Sekunden, wenn jeweils 5 ml Wasserstoff entstanden sind.

Aufgaben:

a) Ergänzen Sie mit einer Tabellenkalkulation die unten dargestellte Wertetabelle mit der Stoffmenge an Wasserstoff. Erklären Sie die Formel im Feld C3.

b) In einer weiteren Spalte wird die Reststoffmenge an Salzsäure ergänzt.

c) Füllen Sie die nächsten Spalten mit den Konzentrationen an Magnesiumchlorid und Salzsäure.

d) Erstellen Sie mit der Tabellenkalkulation ein Zeit/Konzentrations-Diagramm für die Konzentrationen an Salzsäure und Magnesiumchlorid.

	A	B	C	D	E	F	G	H	I
1	$V(H_2)$	t	$n(H_2)$	n(HCl)	$c(MgCl_2)$	c(HCl)		c_0(HCl)	V(Lösung)
2	ml	s	mmol	mmol	mol/l	mol/l		mol/l	ml
3	0	0	=A3/24	=($H$3*$I$3)-(2*C3)	=C3/$I$3	=D3/$I$3		0,5	10
4	5								
5	10								

Von der Kolorimetrie zur Fotometrie

EXKURS

Der blaue Farbstoff, der für Schokoladendragees verwendet wird, ist Patentblau V. Dieser Farbstoff reagiert mit Hydroxid-Ionen zu einer farblosen Verbindung. Aus der Restintensität der Färbung lässt sich schließen, wie weit die Reaktion schon fortgeschritten ist.

Kolorimetrie. Mithilfe von Farbskalen oder von Vergleichslösungen bekannter Konzentration lassen sich durch die Kolorimetrie quantitative Aussagen treffen.
Um den zeitlichen Verlauf der Reaktion von Patentblau mit Hydroxid-Ionen zu verfolgen, bereitet man zunächst eine Reihe von Vergleichslösungen vor, die Patentblau in abgestuften Konzentrationen enthalten. Dann mischt man die Ausgangslösung mit Natronlauge und misst die Zeit, bei der jeweils die Farbintensität der Mischung mit einer der Vergleichsproben übereinstimmt.

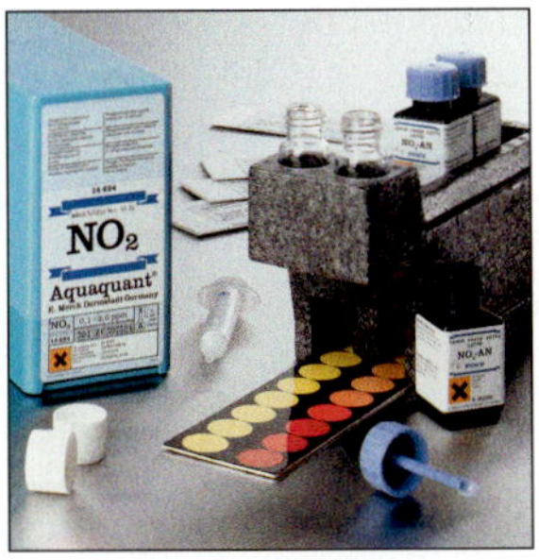

Auch die Konzentration farbloser Stoffe lässt sich durch einen kolorimetrischen Farbvergleich ermitteln: Man setzt ein Reagenz hinzu, das mit dem farblosen Stoff eine Färbung ergibt und vergleicht dann mit den Gehaltsangaben auf einer Farbskala. So kann man beispielsweise geringe Konzentrationen an Eisen-Ionen oder Nitrit-Ionen in einer Wasserprobe bestimmen.

Fotometrie. Noch genauere Ergebnisse als die Kolorimetrie liefert die *Fotometrie.* Hier wird die Farbintensität mit einem Fotometer als Messinstrument bestimmt. Im *Fotometer* durchstrahlt Licht einer bestimmten Wellenlänge die Probelösung, die sich in einem speziellen Glasgefäß, der *Küvette*, befindet. Das Licht wird, nachdem es die Lösung durchstrahlt hat, in einer Fotozelle gemessen. Welcher Anteil des Lichts von der Probe aufgenommen wird, hängt vom gelösten Stoff und dessen Konzentration ab. Der vom Fotometer angezeigte Wert für die sogenannte *Extinktion E* ist direkt proportional zur Konzentration. Aus der Extinktion kann die Konzentration des untersuchten Stoffes anhand einer selbst erstellten oder mitgelieferten Vergleichskurve ermittelt werden.

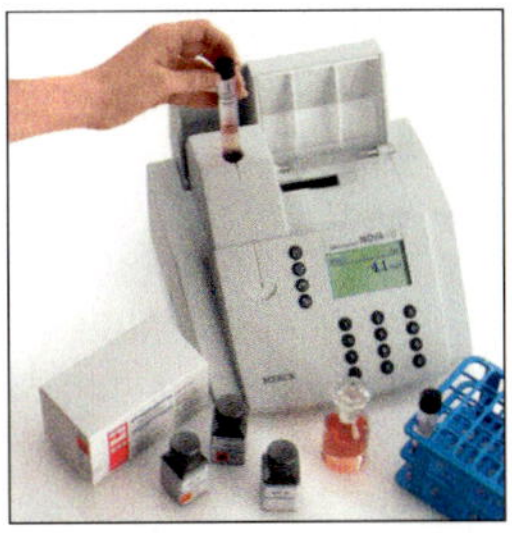

Mit einem Fotometer können auch kontinuierliche Messungen durchgeführt werden. Der Ablauf einer chemischen Reaktion lässt sich auf diese Weise schnell und einfach verfolgen. Dies gilt besonders, wenn man die Messwerte mit einem Computer registriert.

Untersucht man die Reaktion von Patentblau mit einer Lauge fotometrisch, so ergibt sich aus dem erhaltenen Diagramm, dass die Reaktionsgeschwindigkeit proportional zur Konzentration an Patentblau ist.

1. Bei einer fotometrischen Messung wird zunächst eine Küvette mit dem reinen Lösungsmittel eingesetzt. Dann stellt man die Anzeige durch Tastendruck auf $E = 0$ ein. Anschließend wird die zu untersuchende Probe gemessen. Erläutern Sie den Sinn dieser Arbeitsweise.
2. Die Extinktion E ist folgendermaßen definiert:
   $$E = \lg \frac{I_0}{I}.$$
   Dabei steht I_0 für die Intensität des Lichts bei einer Küvette mit reinem Lösungsmittel ($E = 0$).
   Welcher Anteil des Lichts wird von der Probe absorbiert, wenn $E = 1{,}0$ bzw. $E = 2{,}0$ gemessen wird?

Fotometer mit Computer zur Messwertaufnahme

2.5 Chemische Reaktionen – energetisch betrachtet

Wenn man die Geschwindigkeit einer chemischen Reaktion betrachtet, darf man den energetischen Aspekt nicht außer Acht lassen. Damit neue Stoffe entstehen können, müssen Bindungen gespalten und neue Bindungen geknüpft werden. Für die Spaltung von Bindungen muss grundsätzlich Energie aufgewendet werden, während bei der Ausbildung neuer Bindungen Energie frei wird.
Werden bei einer Reaktion schwächere Bindungen gespalten und neue, festere Bindungen gebildet, wird Energie frei und die Reaktion verläuft **exotherm.** *Beispiel:* Verbrennung von Methan zu Wasser und Kohlenstoffdioxid. Bei einer **endothermen** Reaktion muss dagegen laufend Energie aus der Umgebung zugeführt werden. *Beispiel:* Bildung von Stickstoffmonooxid aus Stickstoff und Sauerstoff.

Energie und Enthalpie. Führt man eine Reaktion in einem *isolierten System* durch, so lässt sich aus der Temperaturänderung die **Reaktionsenergie** ermitteln. Etwas andere Werte ergeben sich, wenn sich das Volumen des Systems während der Reaktion verändert.
Betrachtet man beispielsweise die Reaktion von Zink mit Salzsäure, so kann das entstehende Wasserstoff-Gas den Kolben eines angeschlossenen Kolbenprobers herausdrücken. Das Volumen nimmt zu, gleichzeitig wird durch die Bewegung des Kolbens eine Arbeit gegen den äußeren Luftdruck verrichtet. Durch diese *Volumenarbeit* wird Energie aus dem System an die Umgebung abgegeben.

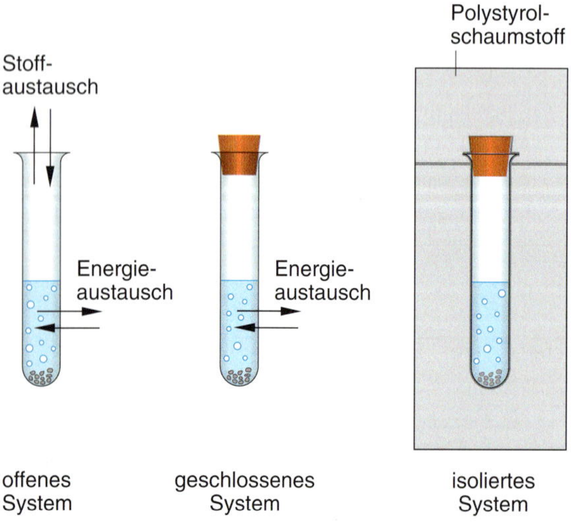

Umsetzung von Zink mit Salzsäure in unterschiedlichen Systemen. *Um objektiv überprüfbare und damit vergleichbare Aussagen zu erhalten, müssen Experimente unter genau festgelegten Bedingungen ablaufen. Deshalb betrachtet man immer nur einen genau begrenzten Teil der Umwelt, der als System bezeichnet wird.*

Die wichtigste Energiegröße für die Angabe des Energieumsatzes bei chemischen Reaktionen ist die **Reaktionsenthalpie** (griech. *thalpein:* erwärmen). Sie ist die Energie, die ein offenes System aufgrund einer chemischen Reaktion bei *konstantem Druck* als Wärme an die Umgebung abgibt oder von ihr aufnimmt. Die Volumenarbeit wird also nicht berücksichtigt.
Das Größenzeichen für die Angabe von Reaktionsenthalpien ist ***H.*** Bei einer Reaktion kann allerdings nur die Enthalpiedifferenz $\Delta_r H$ zwischen Produkten und Ausgangsstoffen bestimmt werden. Der Index r zeigt an, dass sich die Angabe auf eine Reaktion bezieht. Der Unterschied zwischen Reaktionsenergie und Reaktionsenthalpie ist meist gering; von Bedeutung ist er allerdings bei Reaktionen, an denen Gase beteiligt sind.

Bei der Angabe von Reaktionsenthalpien muss klargestellt werden, auf welche Mengen der umgesetzten Stoffe sich der Wert bezieht. Hierzu nutzt man die **molare Reaktionsenthalpie** $\Delta_r H_m$. Sie wird in der Einheit $kJ \cdot mol^{-1}$ angegeben. Bei exothermen Reaktionen erhält der Wert ein negatives Vorzeichen.
Zur eindeutigen Angabe der molaren Reaktionsenthalpie gehört immer die *jeweilige Reaktionsgleichung.* So gilt für die exotherme Reaktion von metallischem Kupfer mit Silber-Ionen:

$$Cu(s) + 2\,Ag^+(aq) \longrightarrow Cu^{2+}(aq) + 2\,Ag(s); \quad \Delta_r H_m = -147\ kJ \cdot mol^{-1}$$

Durch die Reaktionsgleichung wird klargestellt, dass sich der Zahlenwert für die molare Reaktionsenthalpie auf den Umsatz von 1 mol Kupfer mit 2 mol Silber-Ionen bezieht.

> Die Reaktionsenthalpie ist die Energie, die bei einer chemischen Reaktion unter konstantem Druck umgesetzt wird. Sie wird als molare Reaktionsenthalpie $\Delta_r H_m$ angegeben und bezieht sich immer auf eine bestimmte Reaktionsgleichung.

1. Warum verwendet man in der Chemie eher die Reaktionsenthalpie als die Reaktionsenergie?
2. Welcher Wert für die molare Reaktionsenthalpie gehört zu der folgenden Reaktionsgleichung?
$Ag^+(aq) + \frac{1}{2}\,Cu(s) \longrightarrow Ag(s) + \frac{1}{2}\,Cu^{2+}(aq)$
3. Für die Reaktion von 10 mmol Silber-Ionen mit Kupfer soll die Reaktionsenthalpie angegeben werden.
a) Formulieren Sie die Reaktionsgleichung.
b) Berechnen Sie die zu erwartende Reaktionsenthalpie aus der bekannten molaren Reaktionsenthalpie.
c) Warum muss die Menge an Kupfer in diesem Fall nicht angegeben werden?

Einfluss der Temperatur auf die Reaktionsgeschwindigkeit

PRAKTIKUM

V1: Reaktion von Natriumthiosulfat mit Salzsäure

Materialien: Wasserbad, Stoppuhr, Thermometer, weißes Papier mit aufgezeichnetem Kreuz, Messzylinder (50 ml), Kunststoffspritze (5 ml), Erlenmeyerkolben (100 ml); Natriumthiosulfat-Lösung (0,1 mol · l^{-1}), Salzsäure (2 mol · l^{-1}), Eis.

Durchführung:

Temperaturabhängigkeit:

1. Mischen Sie im Erlenmeyerkolben 20 ml Natriumthiosulfat-Lösung und 30 ml Wasser.
2. Geben Sie mithilfe der Kunststoffspritze 5 ml der Salzsäure zu dieser Mischung und starten Sie gleichzeitig die Uhr. Stellen Sie den Kolben sofort auf das Papier mit dem Kreuz und messen Sie die Zeit, bis das Kreuz nicht mehr zu erkennen ist. Messen Sie die Temperatur des Gemisches.
3. Wiederholen Sie das Experiment bei 30 °C und bei 40 °C. Dazu wird das Gemisch aus Natriumthiosulfat-Lösung und Wasser im Wasserbad erhitzt, bis die entsprechende Temperatur erreicht ist. Die genaue Reaktionstemperatur wird nach Zugabe der Salzsäure ermittelt. Analog verfährt man für 10 °C im Eisbad.

Konzentrationsabhängigkeit:

4. Wiederholen Sie den Versuch bei Raumtemperatur mit den angegebenen Mischungsverhältnissen:

Versuch	$Na_2S_2O_3$-Lösung	Wasser	Salzsäure
1	50 ml	–	5 ml
2	40 ml	10 ml	5 ml
3	30 ml	20 ml	5 ml
4	10 ml	40 ml	5 ml

Aufgaben:

a) Inwiefern ist der Kehrwert der gemessenen Zeit ein Maß für die Reaktionsgeschwindigkeit?

b) Tragen Sie den Kehrwert der jeweiligen Reaktionszeit gegen die Temperatur auf.

c) Entnehmen Sie der Grafik die durchschnittliche Steigerung der Reaktionsgeschwindigkeit, die bei einer Temperaturerhöhung um 10 K auftritt.

d) Stellen Sie entsprechend die Abhängigkeit von der Konzentration der Thiosulfat-Ionen dar.

e) Formulieren Sie den mathematischen Zusammenhang zwischen der Reaktionsgeschwindigkeit und der Konzentration.

V2: Reaktion von Sulfit mit Iodat – LANDOLT-Reaktion

Materialien: Wasserbad, Stoppuhr, Thermometer, Becherglas (250 ml), Kunststoffspritze (10 ml), Messzylinder (50 ml);
Kaliumiodat-Lösung (0,1 g in 200 ml Wasser), Natriumsulfit-Lösung (0,1 g in 150 ml Wasser), Schwefelsäure (1 mol · l^{-1}; Xi), frisch zubereitete Stärkelösung (2 %), Eis.

Durchführung:

1. Mischen Sie 40 ml Sulfit-Lösung mit 10 ml Schwefelsäure und 5 ml Stärkelösung.
2. Kühlen Sie die Mischung und 50 ml der Iodat-Lösung mit kaltem Wasser auf 20 °C.
3. Geben Sie die Iodat-Lösung schnell zu dem Gemisch und starten Sie die Uhr. Messen Sie die genaue Reaktionstemperatur.
4. Stoppen Sie die Zeit, bis sich das Gemisch blau färbt.
5. Wiederholen Sie den Versuch bei Temperaturen von 10 °C und 30 °C.

Aufgaben:

a) Tragen Sie in einem Diagramm den Kehrwert der jeweiligen Reaktionszeit gegen die Temperatur auf.

b) Geben Sie die Zunahme der Reaktionsgeschwindigkeit in den Temperatur-Intervallen an.

A1: Das Garen von Kartoffeln ist eine alltägliche chemische Reaktion. Die Reaktionsdauer, bis die Kartoffeln gar sind, beträgt bei 100 °C etwa 20 Minuten. In einem Dampfdrucktopf kann man die Reaktion beschleunigen. Durch den Überdruck steigt die Siedetemperatur des Wassers; im Dampfdrucktopf wird dadurch eine Wassertemperatur von etwa 120 °C erreicht.

a) Wie lange benötigen die Kartoffeln ungefähr zum Garen im Dampfdrucktopf?

b) Welchen direkten Einfluss hat der erhöhte Dampfdruck auf die Reaktionsgeschwindigkeit?

2.6 Temperatur und Reaktionsgeschwindigkeit

Gibt man zu einer Thiosulfat-Lösung etwas Säure, so trübt sich die Lösung nach einiger Zeit und wird undurchsichtig. Es bildet sich elementarer Schwefel, der in der Lösung fein verteilt ist:

$$S_2O_3^{2-}(aq) + 2\ H^+(aq) \longrightarrow SO_2(aq) + H_2O(l) + S(s)$$

Untersucht man die Geschwindigkeit dieser Reaktion bei unterschiedlichen Temperaturen, so stellt man fest, dass sich die Reaktionsgeschwindigkeit jeweils verdoppelt, wenn man die Temperatur um 10 K erhöht. Auch viele andere Reaktionen werden durch eine Temperaturerhöhung um 10 K auf das Zweifache bis Vierfache beschleunigt. Dieser Zusammenhang wird als **RGT-Regel** (**R**eaktions**g**eschwindigkeit/**T**emperatur-Regel) bezeichnet.

Bei einer Temperaturerhöhung steigt die Geschwindigkeit der Teilchen und damit die Häufigkeit der Zusammenstöße. Allerdings lässt sich die exponentielle Zunahme der Reaktionsgeschwindigkeit dadurch nicht erklären, denn bei einer Erwärmung von 20 °C auf 30 °C nimmt die Zahl der Zusammenstöße nur um 2 % zu.

Energieverteilung nach BOLTZMANN. Um die RGT-Regel zu verstehen, muss man die Energie der reagierenden Teilchen betrachten. Zwischen der kinetischen Energie der Teilchen und ihrer Geschwindigkeit besteht folgender Zusammenhang:

$$E_{kin} = \frac{1}{2}\ m\ v^2.$$

Gleichartige Teilchen haben bei einer gegebenen Temperatur aber nicht alle die gleiche Geschwindigkeit, sondern unterschiedliche Geschwindigkeiten. Man spricht von einer *Geschwindigkeitsverteilung.*

Die Teilchen stoßen mit anderen Teilchen zusammen und übertragen dabei Energie; manche Teilchen werden beschleunigt, andere abgebremst. Ludwig BOLTZMANN (1844–1906) berechnete bereits 1866 die Häufigkeitsverteilung für die kinetische Energie von Gasmolekülen.

Trägt man den Anteil der Teilchen mit annähernd gleicher Energie gegen die kinetische Energie auf, so erhält man eine **Energieverteilungskurve.** Sie steigt jeweils vom Nullpunkt aus steil an und fällt dann langsam ab. Der Anteil der Teilchen mit hoher Energie ist äußerst gering. Mit steigender Temperatur verschiebt sich das Maximum der Energieverteilungskurve zu höheren Energien und wird flacher. Der Anteil der Teilchen mit höherer Energie nimmt erkennbar zu.

Aktivierungsenergie. Beim Ablauf einer chemischen Reaktion werden zunächst Bindungen innerhalb der Teilchen gelockert oder gelöst. Die Energie von Teilchen, die gerade ausreicht, um die Bindungen so weit zu lösen, dass die Reaktion von alleine weiter abläuft, bezeichnet man als **Mindestenergie E_{min}.** Teilchen können nur dann miteinander reagieren, wenn die benötigte Mindestenergie beim Zusammenstoß erreicht wird. Die Energie des Zusammenstoßes hängt dabei von der kinetischen Energie beider Stoßpartner ab. Auch der Aufprallwinkel beeinflusst die Stoßenergie.

Bei der Betrachtung der Reaktion auf Stoffebene entspricht die Mindestenergie der Teilchen der *Aktivierungsenergie.* Damit kann man den energetischen Ablauf für Stoffportionen schematisch in einem **Enthalpiediagramm** darstellen.

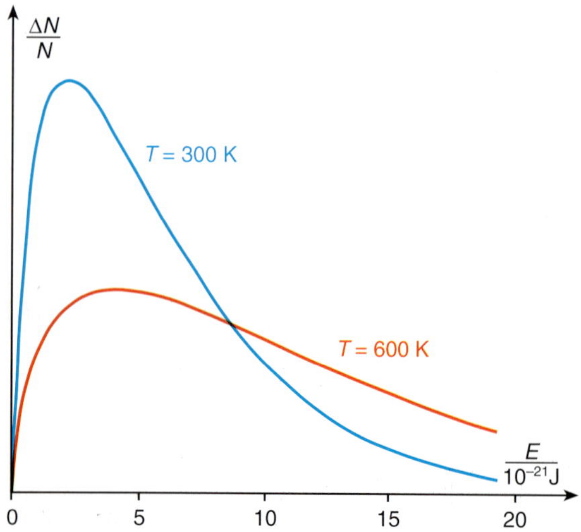

Energieverteilung nach BOLTZMANN für verschiedene Temperaturen

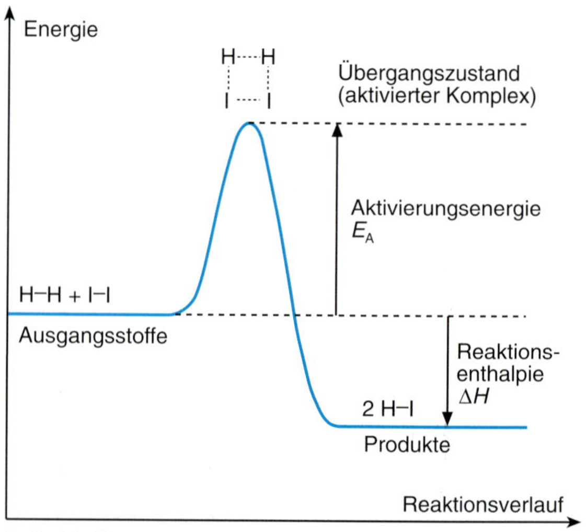

Enthalpiediagramm einer exothermen Reaktion

Typisch für viele Reaktionen sind Aktivierungsenergien von 50 bis 100 kJ pro Mol. Das entspricht Mindestenergien im Bereich von 10^{-19} J pro Teilchen. Da die mittlere kinetische Energie eines Teilchens bei Raumtemperatur nur $6 \cdot 10^{-21}$ J beträgt, können nur die wenigen Teilchen reagieren, die wesentlich schneller sind als der Durchschnitt.
Bei Erhöhung der Temperatur nimmt die Anzahl der Teilchen mit höherer Energie stark zu; dies erklärt den exponentiellen Anstieg der Reaktionsgeschwindigkeit.

Die Aktivierungsenergie entspricht der Mindestenergie eines Zusammenstoßes, der zu einer Reaktion führen kann. Der Anteil energiereicher Teilchen nimmt mit steigender Temperatur stark zu. Eine Temperaturerhöhung um 10 K bewirkt so eine zweifach bis vierfach höhere Reaktionsgeschwindigkeit (RGT-Regel).

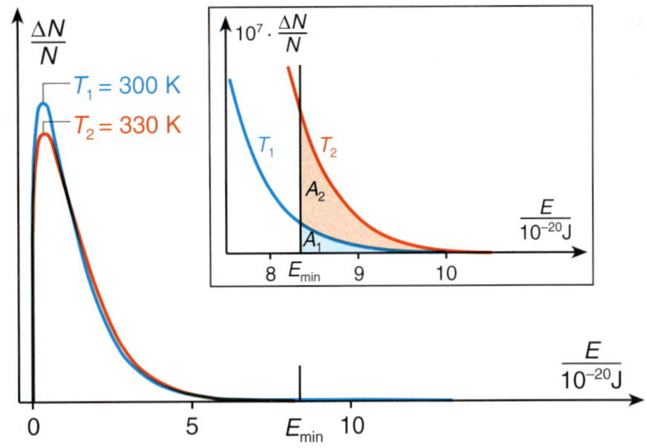

Reaktionsfähige Teilchen. *Nur ein sehr kleiner Anteil der Teilchen ($\Delta N/N$) hat die für eine Reaktion erforderliche Mindestenergie E_{min}. Dieser Anteil wächst exponentiell mit der Temperatur.*

1. Warum unterscheidet man die Begriffe Mindestenergie und Aktivierungsenergie?
2. Wofür wird die Aktivierungsenergie bei einer Reaktion benötigt?
3. Warum wirkt sich eine Temperaturerhöhung bei Reaktionen mit niedriger Aktivierungsenergie nur wenig aus?
4. Eine Reaktion hat eine Aktivierungsenergie von $100 \text{ kJ} \cdot \text{mol}^{-1}$. Berechnen Sie die Mindestenergie für einen wirksamen Stoß.
5. Wie ändert sich die Reaktionsgeschwindigkeit bei einer endothermen Reaktion, wenn man die Temperatur erhöht? Erläutern Sie den Sachverhalt anhand der Energieverteilung und eines Enthalpiediagramms.

Explosion und Detonation

EXKURS

Explosionen sind Reaktionen, bei denen sich Gase *schlagartig* ausdehnen. Ein Gasbrenner lässt sich gefahrlos zünden, daegen kann ein Gemisch von Erdgas und Luft im geschlossenen Raum zu einer heftigen Explosion führen.
In beiden Fällen handelt es sich um die gleiche chemische Kettenreaktion. Der Unterschied besteht in der Vermischung von Sauerstoff und Erdgas: In der Flamme gelangt der erforderliche Luftsauerstoff nur durch Diffusion von außen in die Verbrennungszone, die Kettenreaktion bricht frühzeitig ab. Bei hoher Konzentration der Ausgangsstoffe und guter Durchmischung wird dagegen innerhalb kürzester Zeit sehr viel Energie frei. Die Reaktionsgeschwindigkeit steigt sprunghaft an, das Gemisch *explodiert*. Die entstehenden Gase breiten sich mit hoher Geschwindigkeit aus.

Detonationen sind Explosionen, die mit einer *Stoßwelle* verbunden sind. Sie verlaufen etwa 1000-mal schneller als Explosionen. Die chemische Reaktion breitet sich im Sprengstoff so schnell aus, dass die Explosionsgase nicht schnell genug entweichen können; der Explosionsdruck staut sich im Reaktionsbereich. Stoßwellen verdichten das Reaktionsgemisch und erhitzen es so sehr stark. Dabei entwickeln sich Temperaturen bis 6000 °C und die Reaktion wird auf ein Vielfaches beschleunigt. In festen Materialien führt der Druckstau zu einer Stoßwelle, die das Material pulverisiert.
Um eine Detonation auszulösen, verwendet man meist *Initialzünder*. Sie enthalten Sprengstoffe, die durch Stoß oder Erwärmung zur Reaktion gebracht werden. Ein bekanntes Beispiel ist Bleiazid ($Pb(N_3)_2$).

2.7 Katalysatoren – Einsparung von Zeit und Energie

Seit langem ist bekannt, dass viele chemische Reaktionen erst bei Zusatz bestimmter Stoffe mit merklicher Geschwindigkeit ablaufen. So entdeckte PARMENTIER 1781, dass Stärke in Gegenwart von Mineralsäuren in Traubenzucker gespalten werden kann.
Auch bei der Herstellung von Lebensmitteln werden aufgrund uralter Erfahrungen oft bestimmte Stoffe zugesetzt. So wird die Verwendung von Sauerteig beim Brotbacken schon in der Bibel erwähnt. Seit Jahrtausenden nutzt man auch die Wirkung von Hefe für die Herstellung alkoholischer Getränke.

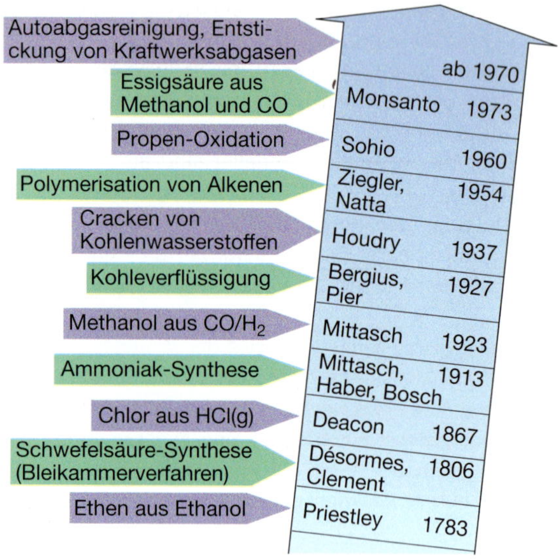

Meilensteine in der Geschichte der Katalyse

BERZELIUS erkannte 1835, dass sich die Zunahme der Reaktionsgeschwindigkeit in all diesen Fällen auf die Wirkung bestimmter Stoffe zurückführen lässt. Er führte dafür den Begriff **Katalysator** ein. Ein solcher Stoff ermöglicht durch seine bloße Gegenwart chemische Reaktionen, die ohne ihn nur langsam oder gar nicht ablaufen. Für BERZELIUS und seine Zeitgenossen waren die Katalysatoren jedoch noch geheimnisvolle Stoffe.
Spätere Experimente zeigten, dass die *Aktivierungsenergie* einer katalysierten Reaktion immer niedriger ist als die Aktivierungsenergie einer nicht katalysierten Reaktion. In Gegenwart eines Katalysators können deshalb auch Zusammenstöße zwischen Teilchen geringerer kinetischer Energie zur Reaktion führen. Dabei reagiert der Katalysator zunächst mit einem der Reaktionspartner zu einer reaktionsfähigen *Zwischenstufe*, die dann zum Produkt weiterreagiert. Hinterher liegt der Katalysator wieder unverändert vor.

Heterogene Katalyse. DÖBEREINER entdeckte 1823, dass sich Wasserstoff in Gegenwart von Platin an der Luft entzündet: An der Metalloberfläche dissoziieren zunächst Wasserstoff-Moleküle in Atome. Der *atomare* Wasserstoff reagiert dann leicht mit Sauerstoff-Molekülen aus der Luft. Die exotherme Reaktion erwärmt das Platin so stark, dass sich das Wasserstoff/Sauerstoff-Gemisch entzündet und die Reaktion ohne Katalysator weiterläuft.
Weist ein Katalysator wie in diesem System einen anderen Aggregatzustand auf als die Ausgangsstoffe, so spricht man von *heterogener Katalyse*.
Mit Hilfe der heterogenen Katalyse werden 80 % der Produkte in der technischen Chemie hergestellt. Die Ausgangsstoffe werden dabei kontinuierlich über einen Katalysator geleitet, der auf Trägermaterialien mit großer Oberfläche aufgebracht ist. So benötigt man weniger Energie und die Anlage kann ständig in Betrieb sein.

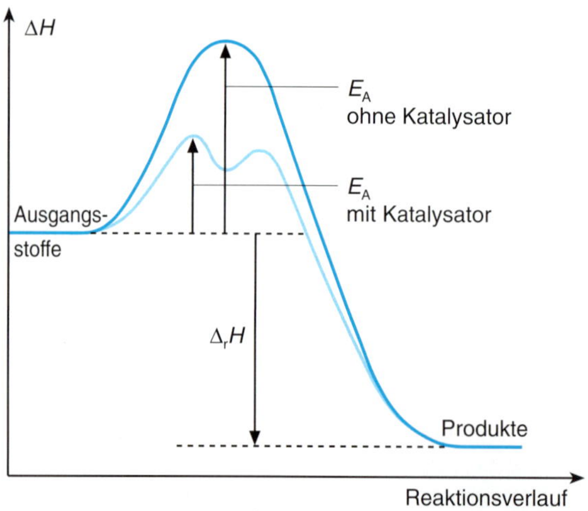

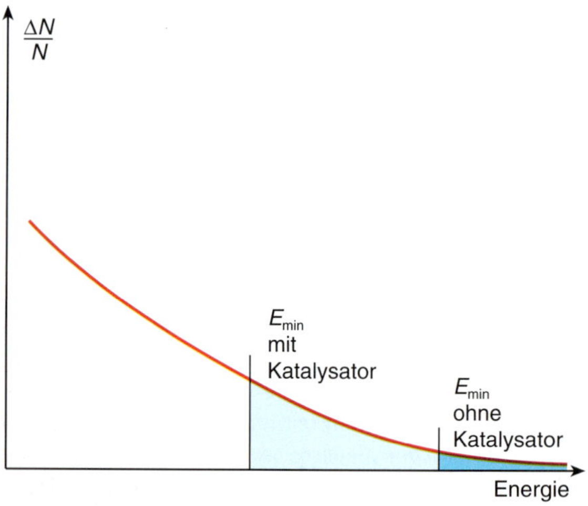

Herabsetzung der Aktivierungsenergie und der Mindestenergie durch einen Katalysator

Homogene Katalyse. Liegen Katalysator und Ausgangsstoffe in Lösung vor, so spricht man von *homogener Katalyse.* Ein Beispiel ist die Oxidation von Tartrat-Ionen durch Wasserstoffperoxid. Bei 40 °C stellt man keine nennenswerte Reaktion fest. Gibt man etwas Cobaltnitrat zu, kommt es dagegen zu einer stürmischen Gasentwicklung. Neben Kohlenstoffdioxid entstehen bei der Reaktion auch Formiat-Ionen (HCO_2^-):

$$3\,H_2O_2(aq) + C_4H_4O_6^{2-}(aq) \longrightarrow 4\,H_2O(l) + 2\,HCO_2^-(aq) + 2\,CO_2(g)$$

Die zuvor durch Cobalt-Ionen (Co^{2+}) rosa gefärbte Lösung wird dabei tiefgrün. Nach der Reaktion tritt wieder die ursprüngliche Rosafärbung auf. Dieser Farbwechsel weist auf die Bildung einer **Zwischenstufe** hin. Der Reaktionsweg der katalysierten Reaktion verläuft nicht über *eine einzige hohe,* sondern über *zwei niedrigere* Energiebarrieren.

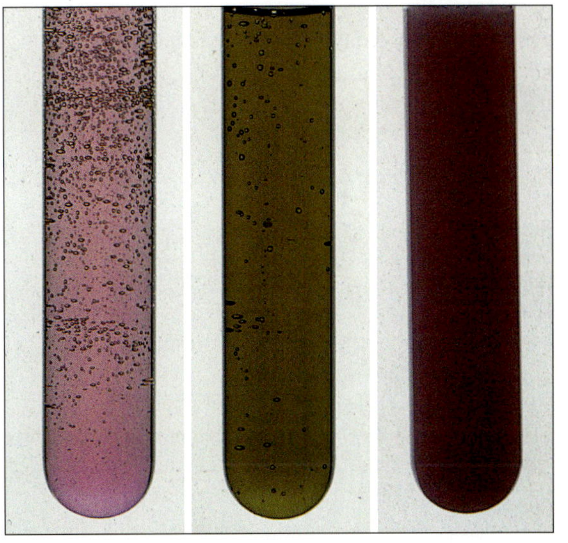

Bildung einer Zwischenstufe beim katalysierten Zerfall von Tartrat

Katalysatorgifte. Katalysatoren sind häufig sehr empfindliche Stoffe. Die reaktiven Stellen werden leicht mit Fremdmolekülen besetzt. Die Katalysatorwirkung lässt nach und der Katalysator muss regeneriert werden. Noch schädlicher sind *Katalysatorgifte*, die Katalysatoren auf Dauer unbrauchbar machen. Da Blei wie viele andere Schwermetalle ein Katalysatorgift ist, kann der Abgaskatalysator in Automobilen nur eingesetzt werden, wenn bleifreier Kraftstoff verwendet wird.

Enzymatische Katalyse. Die erstaunlichsten Katalysatoren sind die an allen Lebensvorgängen beteiligten **Enzyme** (griech. *enzymos:* Sauerteig). Diese Biokatalysatoren gehören zu den makromolekularen Eiweißstoffen, den Proteinen. Ein Beispiel ist das Enzym Katalase, das die Zersetzung von Wasserstoffperoxid in Wasser und Sauerstoff beschleunigt.

$$2\,H_2O_2(aq) \xrightarrow{\text{Katalase}} 2\,H_2O(l) + O_2(g)$$

Wasserstoffperoxid entsteht im Organismus bei vielen Reaktionen in geringen Mengen als Nebenprodukt. Es wirkt als Zellgift und muss daher schnell abgebaut werden. Ohne Katalysator läuft diese Reaktion erst bei höherer Temperatur ab. Das Enzym Katalase sorgt dafür, dass die Zersetzung schon bei Körpertemperatur sehr schnell verläuft.

Katalase ist auch im Saft roher Kartoffeln enthalten. Versuche haben gezeigt, dass die katalytische Reaktion im Reagenzglas ebenso abläuft wie in lebenden Zellen. Enzyme sind jedoch sehr hitzeempfindlich. Beim Kochen der Kartoffeln wird die Katalase zerstört; ein Auszug aus gekochten Kartoffeln zeigt daher keine katalytische Wirkung mehr. Auch die Ionen vieler Schwermetalle machen Enzyme unwirksam.

Katalysatoren beschleunigen chemische Reaktionen, indem sie einen Reaktionsweg mit niedrigerer Aktivierungsenergie ermöglichen. Sie gehen aus der Reaktion unverändert hervor. Enzyme sind temperaturempfindliche Biokatalysatoren. Katalysatoren können durch Katalysatorgifte unwirksam werden.

1. Benennen Sie die Produkte der katalytischen Oxidation von Tartrat-Ionen durch Wasserstoffperoxid.
2. Welchen Einfluss hat ein Katalysator auf die Reaktionsenthalpie? Begründen Sie Ihre Antwort.
3. Zeichnen Sie je ein Energiediagramm für eine exotherme und eine endotherme Reaktion. Tragen Sie den Reaktionsverlauf mit Katalysatoren in die Diagramme ein.
4. Recherchieren Sie weitere Beispiele für enzymatische Katalysen.
5. Warum werden in der chemischen Industrie Reaktionen bevorzugt durch heterogene Katalyse durchgeführt?
6. Im Alltagsgebrauch vermutet man oft, dass ein Katalysator eine Reaktion herbeiführe, aber nicht an ihr beteiligt sei. Nehmen Sie Stellung zu dieser Aussage.
7. Abgaskatalysatoren vermindern den Schadstoffausstoß bei Kraftfahrzeugen.
   a) Um welche Schadstoffe handelt es sich? Formulieren Sie die Reaktionsgleichungen.
   b) Welche Stoffe werden als Katalysatoren in der Autoindustrie eingesetzt?
   c) Informieren Sie sich, welche Kraftstoffbestandteile den Katalysator vergiften können.

PRAKTIKUM Katalyse

V1: Katalysierter Zerfall von Wasserstoffperoxid

Materialien: Gasbrenner, Erlenmeyerkolben (100 ml, weit), Holzspan;
Wasserstoffperoxid-Lösung (15 %; Xi), Kartoffel.

Durchführung:

1. Geben Sie 10 ml Wasserstoffperoxid-Lösung in den Erlenmeyerkolben. Geben Sie vorsichtig eine frisch geschnittene Kartoffelscheibe hinzu.
2. Untersuchen Sie das Gas mit einer Spanprobe.
3. Wiederholen Sie den Versuch mit einer Kartoffelscheibe, die zuvor über dem Brenner erhitzt wurde.

Aufgaben:

a) Notieren Sie Ihre Beobachtungen.
b) Formulieren Sie die Reaktionsgleichung für den Zerfall von Wasserstoffperoxid.
c) Erläutern Sie das abweichende Verhalten beim zweiten Versuch.

V2: Autokatalyse

Materialien: Kunststoffspritze (5 ml), 2 Tropfpipetten, Stoppuhr;
Oxalsäure-Lösung (1 g Oxalsäure-Dihydrat gelöst in 100 ml Schwefelsäure ($1 \text{ mol} \cdot l^{-1}$; Xi), Kaliumpermanganat-Lösung ($0{,}02 \text{ mol} \cdot l^{-1}$), Mangan(II)-sulfat-Lösung ($0{,}02 \text{ mol} \cdot l^{-1}$).

Durchführung:

1. Geben Sie 5 ml der schwefelsauren Oxalsäure-Lösung in ein Reagenzglas. Fügen Sie zwei Tropfen Kaliumpermanganat-Lösung hinzu und messen Sie die Zeit bis zur Entfärbung.
2. Fügen Sie anschließend zwei weitere Tropfen Kaliumpermanganat-Lösung hinzu.
3. Wiederholen Sie das Experiment mit 5 ml Oxalsäure-Lösung, der ein Tropfen Mangan(II)-sulfat-Lösung zugefügt wurde.

Aufgaben:

a) Stellen Sie die Teilgleichungen für die Oxidation und die Reduktion auf. Formulieren Sie die vollständige Redoxgleichung.
b) Erläutern Sie die Art der Katalyse bei dieser Reaktion. Inwiefern handelt es sich hier um eine Autokatalyse?

V3: Nachweis einer Zwischenstufe

Materialien: Erlenmeyerkolben (250 ml), Stopfen mit U-förmig gebogenem Gasableitungsrohr, Becherglas (150 ml, hoch), Messzylinder (100 ml), Thermometer, Laborhebebühne, Gasbrenner, Messpipette (10 ml), Waage;
Wasserstoffperoxid-Lösung (15 %; Xi), Kaliumnatriumtartrat, Cobaltnitrat-Lösung (2 %; Xn), Kalkwasser.

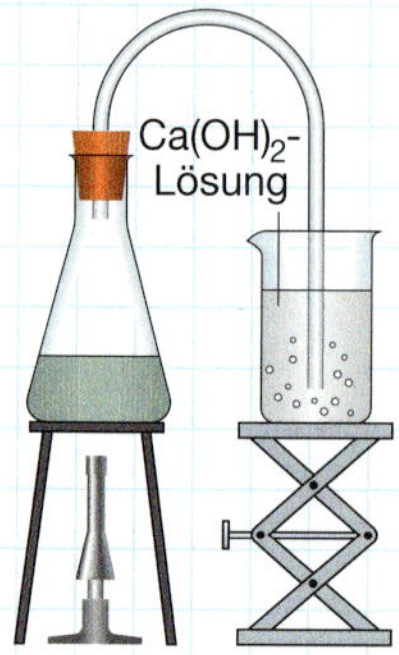

Durchführung:

1. Bereiten Sie die Versuchsanordnung vor, setzen Sie den Stopfen mit dem Gasableitungsrohr aber noch nicht auf.
2. Lösen Sie im Erlenmeyerkolben 3 g Kaliumnatriumtartrat in 40 ml Wasser und geben Sie 10 ml Wasserstoffperoxid-Lösung hinzu. Diese Mischung wird auf 40 °C erwärmt; danach wird der Gasbrenner abgestellt.
3. Geben Sie 10 ml der Cobaltnitrat-Lösung hinzu. Setzen Sie sofort den Stopfen mit dem Gasableitungsrohr auf und leiten Sie das entstehende Gas in das Becherglas mit Kalkwasser.

Hinweis: Nach Beendigung der Reaktion muss wegen der entstehenden Sogwirkung der Stopfen sofort abgenommen werden.

Aufgaben:

a) Notieren und erklären Sie Ihre Beobachtungen.
b) Geben Sie die Strukturformeln der Ausgangsstoffe und der Produkte an.

A1: Bei der Reaktion von Propen mit Sauerstoff können je nach Katalysator unterschiedliche Produkte wie Propenal oder Aceton erhalten werden.

a) Formulieren Sie die Reaktionsgleichungen für die genannten Reaktionen unter Verwendung von Strukturformeln.
b) Erläutern Sie, warum verschiedene Katalysatoren zu verschiedenen Produkten führen können.
c) Fertigen Sie Enthalpiediagramme als Handskizzen an, in denen Sie je einen möglichen Reaktionsablauf mit Katalysator dem Ablauf ohne Katalysator gegenüberstellen.
d) Kennzeichnen Sie in den Diagrammen die jeweilige Aktivierungsenergie.

Chemie-Recherche

Location: http://www.schroedel.de/chemie_heute.html

Suche:

Katalysatoren in Industrie und Umwelt

Ergebnisse:

Energieeinsparung

Mithilfe von Katalysatoren können Reaktionen bei niedrigerer Temperatur durchgeführt werden. So spart man erhebliche Energiekosten. Ein gutes Beispiel ist die Synthese von Stickstoffdioxid, das zur Herstellung von Salpetersäure benötigt wird. Früher wurde Stickstoff bei einer Temperatur von 3000 °C verbrannt. Heute stellt man Stickstoffdioxid auf einem zweistufigen Reaktionsweg her. Bei beiden Schritten verwendet man Katalysatoren bei Temperaturen unter 1000 °C. So konnte der Energieverbrauch pro Tonne Stickstoffdioxid von 60 000 kWh auf 10 000 kWh gesenkt werden.

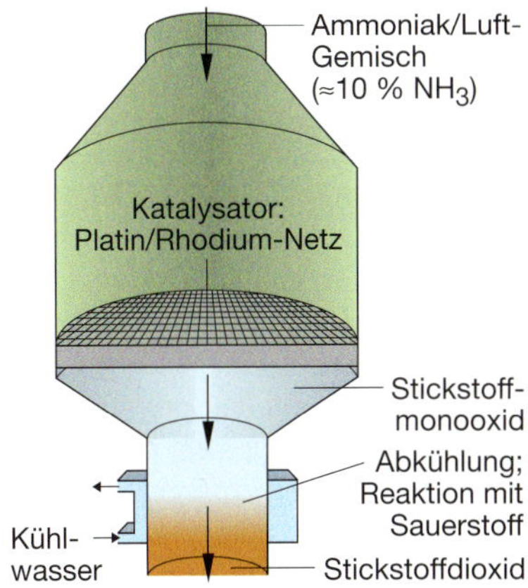

Rohstoffeinsparung

Phthalsäureanhydrid ist ein wichtiger Ausgangsstoff für Weichmacher, Farbstoffe und Kunststoffe. Bei der veralteten, nicht katalysierten Synthese lagen die Ausbeuten bei höchstens 15 %. Heute sind durch den Einsatz von Vanadiumoxid (V_2O_5) als Katalysator Ausbeuten zwischen 75 % und 87 % möglich.

Umweltschutz

Katalysatoren werden auch eingesetzt, um Schadstoffe abzubauen, damit sie erst gar nicht in die Umwelt gelangen. So wird beim Abgaskatalysator in Kraftfahrzeugen der Ausstoß an Stickstoffoxiden, an unverbrannten Kohlenwasserstoffen und an Kohlenstoffmonooxid auf ein Minimum gesenkt. Diskutiert wird allerdings ein Risiko für die Umwelt durch den Verschleiß der Abgaskatalysatoren, denn mit den Abgasen gelangen Platin und Rhodium als Staub in unsere Umwelt. Katalysatoren sorgen auch für eine vollständigere Reaktion bei der Verbrennung von Sondermüll.

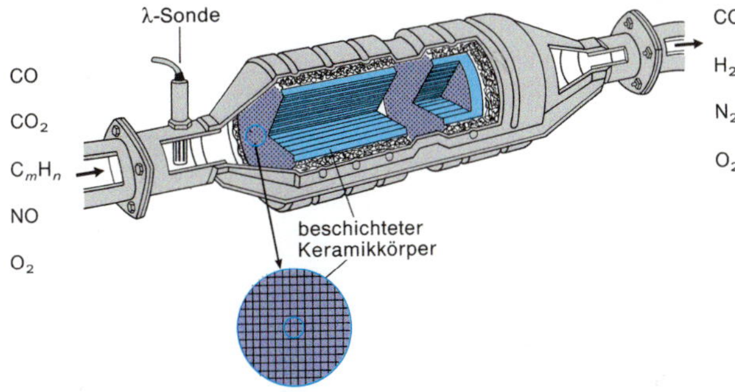

Katalysatoren für chemische Synthesen

heterogene Katalyse		homogene Katalyse	
Ammoniak-Synthese	$N_2 + 3\,H_2 \xrightarrow[480\,°C,\ 25\,MPa\ (250\,bar)]{Fe\ (Al_2O_3,\ K_2O)} 2\,NH_3$	Polyethylen-Synthese	$n\,CH_2{=}CH_2 \xrightarrow[800\,°C,\ 0{,}5\,MPa]{TiCl_4/(C_2H_5)_3Al} (-CH_2-CH_2-)_n$
Kontakt-Verfahren	$2\,SO_2 + O_2 \xrightarrow[500\,°C]{V_2O_5} 2\,SO_3$	WACKER-Verfahren	$2\,H_2C{=}CH_2 + O_2 \xrightarrow[120\,°C,\ 0{,}5\,MPa]{PdCl_2/CuCl_2} 2\,CH_3CHO$
Entstickung von Rauchgasen	$4\,NO + 4\,NH_3 + O_2 \xrightarrow[300\,°C,\ 0{,}8\,MPa]{V_2O_5} 4\,N_2 + 6\,H_2O$	alkoholische Gärung	$C_6H_{12}O_6 \xrightarrow{Hefe} 2\,C_2H_5OH + 2\,CO_2$
Entschwefelung von Erdöl	$R-SH + H_2 \xrightarrow[200\,°C,\ 3\,MPa]{Co/Mo} R-H + H_2S$	Isomerisierung von Glucose	$\text{Glucose} \xrightarrow{\text{Glucose-Isomerase}} \text{Fructose}$
Ethylenoxid-Synthese	$2\,H_2C{=}CH_2 + O_2 \xrightarrow[250\,°C,\ 1{,}5\,MPa]{Ag/Al_2O_3} 2\,H_2C-CH_2$ (über O verbrückt)	Oxo-Synthese	$R-CH{=}CH_2 \xrightarrow[CoH(CO)_4]{H_2,\ CO} R-CH_2CH_2CHO / R-CH(CHO)CH_3$

2.8 Esterbildung – ein chemisches Gleichgewicht

Ethanol reagiert mit Essigsäure zu Essigsäureethylester. Der Ablauf dieser Reaktion kann auf einfache Weise verfolgt werden: Man entnimmt von Zeit zu Zeit eine Probe und bestimmt den Anteil der noch nicht umgesetzten Essigsäure durch eine Titration. Das aus den Ergebnissen erstellte Zeit/Konzentrations-Diagramm zeigt erwartungsgemäß, dass die Reaktion im Verlauf der Zeit langsamer wird.

Auffällig ist aber, dass die Reaktion keineswegs vollständig verläuft. Vielmehr nähert sich die Konzentration der Essigsäure allmählich einem konstanten Wert; auch die Konzentrationen der anderen Stoffe ändern sich nicht mehr. In dem Reaktionsgemisch stellt sich somit ein Endzustand ein, in dem neben den Reaktionsprodukten noch ein Teil der Ausgangsstoffe vorliegt. Man spricht dann von einem **chemischen Gleichgewicht** oder einem *Gleichgewichtszustand*.

In zahlreichen Versuchsreihen zum Verlauf der Veresterung hatten die französischen Chemiker Pean DE SAINT-GILLES und Marcellin BERTHELOT bereits um 1860 die folgenden Beobachtungen gemacht:

- Der Endzustand wird bei Raumtemperatur erst nach mehr als einem Jahr erreicht, bei Siedetemperatur schon nach einer Woche.
- Die Reaktionstemperatur hat bei dieser Reaktion praktisch keinen Einfluss auf die im chemischen Gleichgewicht erreichten Konzentrationen.
- Das Ausmaß der Esterbildung wird vergrößert, wenn man den Alkohol im Überschuss einsetzt.

Schon früh hatte man erkannt, dass ein Zusatz von Schwefelsäure die Esterbildung katalytisch stark beschleunigt. Das gleiche beobachtet man auch bei der Esterspaltung: Gibt man etwas verdünnte Schwefelsäure zu reinem Essigsäureethylester, so stellt man einen allmählich stärker werdenden Geruch nach Essigsäure fest. Der Ester reagiert mit Wasser unter Rückbildung der Ausgangsstoffe. Esterbildung und Esterspaltung sind demnach **umkehrbare Reaktionen.** Man bezeichnet hier die Esterbildung als *Hinreaktion;* die Esterspaltung als *Rückreaktion.*

Dauer des Versuches	Anteil der umgesetzten Säure
15 Tage (Mai 1861)	10 %
20 Tage	14 %
70 Tage	37,8 %
128 Tage	46,8 %
154 Tage	48,1 %
277 Tage	53,7 %
368 Tage (Juni 1862)	55,0 %

Versuchsergebnisse von BERTHELOT und SAINT-GILLES

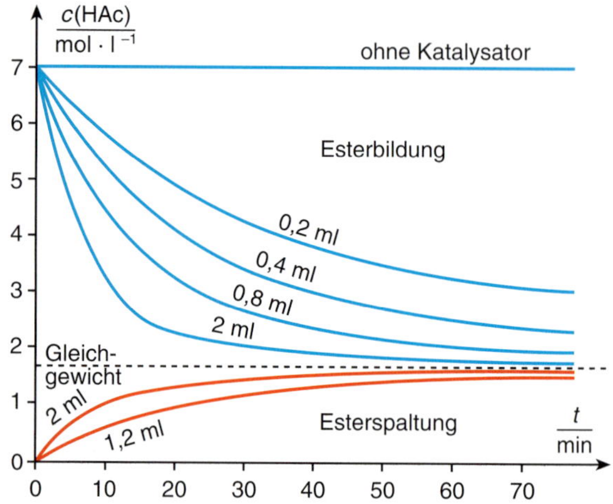

Zeit/Konzentrations-Diagramm: Esterbildung und Esterspaltung bei 70 °C mit unterschiedlichen Mengen an konzentrierter Schwefelsäure als Katalysator (0,2 ml bis 2 ml)

Auch die Esterspaltung verläuft unvollständig. Das im Gleichgewichtszustand erreichte Mischungsverhältnis stimmt dabei mit dem bei der Esterbildung überein. In der Reaktionsgleichung weist man durch einen Doppelpfeil $\rightleftharpoons$ darauf hin, dass Hinreaktion und Rückreaktion zu einem Gleichgewicht führen:

$$CH_3COOH + C_2H_5OH \rightleftharpoons CH_3COOC_2H_5 + H_2O$$

Im Gleichgewichtszustand sind insgesamt keine Konzentrationsänderungen mehr feststellbar. Trotzdem sind die Reaktionen nicht zum Stillstand gekommen; Hinreaktion und Rückreaktion laufen jetzt mit *gleicher* Geschwindigkeit ab. Man muss sich daher ein chemisches Gleichgewicht als einen *dynamischen* Gleichgewichtszustand vorstellen.

Derartige Gleichgewichte stellen sich bei allen umkehrbaren Reaktionen ein, wenn man sie bei geeigneter Temperatur in einem geschlossenen System ablaufen lässt.

> Viele chemische Reaktionen sind umkehrbar. Sie führen zu einem chemischen Gleichgewicht, bei dem Hinreaktion und Rückreaktion gleich schnell verlaufen. In Reaktionsgleichungen weist man durch einen Doppelpfeil darauf hin.

1. Wie kann man bei einer Reaktion entscheiden, ob die Reaktion nur sehr langsam läuft oder ob die Reaktion beendet ist?
2. Warum lässt sich ein Wasserstoff/Sauerstoff-Gemisch beliebig lange aufbewahren, obwohl eine praktisch vollständige Reaktion möglich wäre?

Ester-Gleichgewicht

PRAKTIKUM

V1: Gleichgewichtseinstellung bei der Veresterung

Materialien: Zweihalskolben (100 ml), Rückflusskühler, Heizhaube, Waage, Erlenmeyerkolben (100 ml) mit Stopfen, Vollpipetten (2 ml, 25 ml), Bürette (25 ml); Essigsäure (C), Ethanol (F), Schwefelsäure (1 mol · l^{-1}; Xi), Natronlauge (1 mol · l^{-1}; C), Phenolphthalein-Lösung (F).

Durchführung:

1. Mischen Sie im Zweihalskolben 15 g Essigsäure und 23 g Ethanol mit 25 ml Schwefelsäure.

2. Stellen Sie den Kolben in die Heizhaube, setzen Sie den Rückflusskühler auf und schalten Sie die Heizhaube ein.

3. Entnehmen Sie dann sofort 2 ml des Reaktionsgemischs und geben Sie diese Probe in einen Erlenmeyerkolben zu etwa 10 ml Wasser. Titrieren Sie dann nach Zugabe von einigen Tropfen Phenolphthalein-Lösung mit Natronlauge.

4. Entnehmen Sie weitere 2 ml-Proben bei Siedebeginn sowie 15 Minuten danach. Diese Proben werden ebenfalls titriert.

5. Eine weitere Titration wird mit einer Vergleichslösung durchgeführt, deren Schwefelsäure-Gehalt genau mit dem des Reaktionsgemisches übereinstimmt: Man mischt dazu 25 ml der verwendeten Schwefelsäure mit 43 ml Wasser. Für die Titration verwendet man wieder eine 2 ml-Probe.

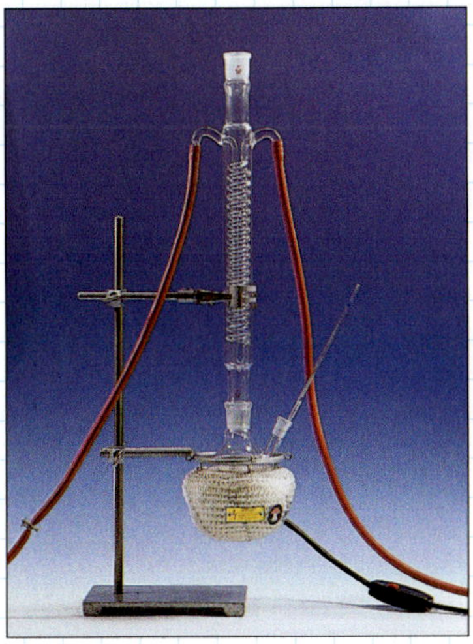

Aufgaben:

a) Formulieren Sie die Reaktionsgleichung.

b) Berechnen Sie die eingesetzten Stoffmengen. Berücksichtigen Sie dabei, dass in 25 ml Schwefelsäure 25 g Wasser enthalten sind.

c) Berechnen Sie die Stoffmenge der Schwefelsäure in der 2 ml-Probe der Vergleichslösung.

d) Berechnen Sie aus den Titrationsergebnissen die Stoffmenge an Essigsäure in der jeweiligen Probe.

e) Berechnen Sie dann die Stoffmengen von Ethanol, Essigsäureethylester und Wasser in den Proben.

	Dichte in g · ml^{-1}
Essigsäure	1,05
Ethanol	0,79
Wasser	1,0
Essigsäure-ethylester	0,9

V2: Gleichgewichtseinstellung bei der Esterspaltung

Materialien: Zweihalskolben (100 ml), Rückflusskühler, Heizhaube, Waage, Erlenmeyerkolben (100 ml) mit Stopfen, Vollpipetten (2 ml, 25 ml), Bürette (25 ml); Essigsäureethylester (F, Xi), Ethanol (F), Schwefelsäure (1 mol · l^{-1}; Xi), Natronlauge (1 mol · l^{-1}; C), Phenolphthalein-Lösung (F).

Durchführung:

1. Mischen Sie im Zweihalskolben 22 g Essigsäureethylester und 11,5 g Ethanol mit 25 ml Schwefelsäure.

2. Stellen Sie den Kolben in die Heizhaube, setzen Sie den Rückflusskühler auf und schalten Sie die Heizhaube ein.

3. Erhitzen Sie das Gemisch zum Sieden und entnehmen Sie eine 2 ml-Probe. Titrieren Sie dann nach Zugabe von einigen Tropfen Phenolphthalein-Lösung mit Natronlauge.

4. Entnehmen Sie weitere 2 ml-Proben in Abständen von fünf Minuten und führen Sie jeweils eine Titration durch.

Hinweis: Die Versuchsreihe wird beendet, sobald sich die Konzentration nicht mehr ändert.

5. Eine weitere Titration wird mit einer Vergleichslösung durchgeführt, deren Schwefelsäure-Gehalt genau mit dem des Reaktionsgemisches übereinstimmt: Man mischt dazu 25 ml der verwendeten Schwefelsäure mit 39 ml Wasser. Für die Titration verwendet man wieder eine 2 ml-Probe.

Aufgaben:

a) Berechnen Sie die eingesetzten Stoffmengen.

b) Berechnen Sie die Stoffmenge der Schwefelsäure in 2 ml-Probe der Vergleichslösung.

c) Berechnen Sie aus den Titrationsergebnissen die Stoffmenge an Essigsäure in der jeweiligen Probe.

d) Berechnen Sie dann die Stoffmengen von Ethanol, Essigsäureethylester und Wasser in den Proben.

e) Tragen Sie in einem Zeit/Stoffmengen-Diagramm die berechneten Werte für Essigsäureethylester und für Essigsäure ein.

f) Vergleichen Sie die für den Gleichgewichtszustand erhaltenen Ergebnisse mit den bei der Veresterung erreichten Werten.

g) Warum ist es zweckmäßig, die Esterspaltung unter Zusatz von Ethanol durchzuführen?

2.9 Verschiebung chemischer Gleichgewichte

In einem chemischen Gleichgewicht hängt der Anteil der Ausgangsstoffe und Produkte von den reagierenden Stoffen, der *Reaktionstemperatur* und der *Konzentration* ab. Bei Gleichgewichtsreaktionen, an denen Gase beteiligt sind, wird die Lage des Gleichgewichts meist auch noch vom Druck beeinflusst.

Temperaturabhängigkeit. Den Einfluss der verschiedenen Faktoren auf ein chemisches Gleichgewicht erkennt man besonders leicht, wenn sich Ausgangsstoffe und Reaktionsprodukte in ihrer Farbe unterscheiden. Die Temperaturabhängigkeit lässt sich gut am Beispiel des Zerfalls von farblosem Distickstofftetraoxid zeigen. In einer schwach endothermen Reaktion bildet sich daraus braunes Stickstoffdioxid:

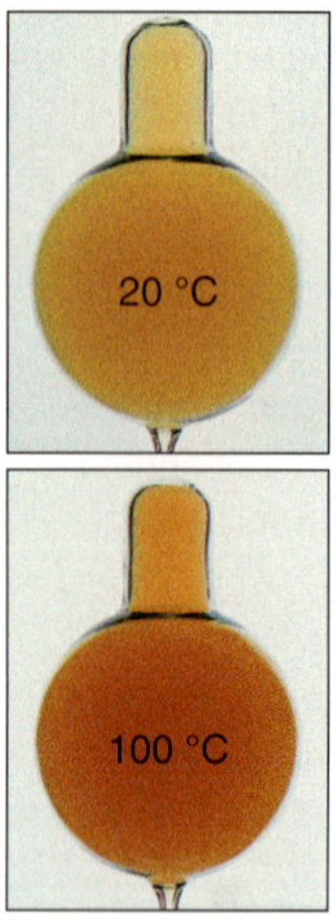

$$\underset{\text{farblos}}{N_2O_4(g)} \rightleftharpoons \underset{\text{braun}}{2\,NO_2(g)}; \quad \Delta_r H_m^0 = 57\ \text{kJ} \cdot \text{mol}^{-1}$$

Schreibt man die Gleichung in umgekehrter Richtung erhält der Energieumsatz das entgegengesetzte Vorzeichen:

$$\underset{\text{braun}}{2\,NO_2(g)} \rightleftharpoons \underset{\text{farblos}}{N_2O_4(g)} \quad \Delta_r H_m^0 = -57\ \text{kJ} \cdot \text{mol}^{-1}$$

Bei Raumtemperatur liegt ein hellbraunes Gasgemisch vor, in dem der Anteil des farblosen Distickstofftetraoxids überwiegt. Beim Erwärmen vertieft sich die Färbung, da braunes Stickstoffdioxid gebildet wird. Kühlt man das Gemisch ab, so bildet sich wiederum mehr farbloses Distickstofftetraoxid. Das Gleichgewicht verschiebt sich also zugunsten der Ausgangsstoffe.

Ähnlich wie in diesem Beispiel, gehört bei jeder Gleichgewichtsreaktion zu jeder Temperatur ein anderer Gleichgewichtszustand:

- Bei exotherm verlaufenden Reaktionen ($\Delta_r H_m^0 < 0$) führt eine Temperaturerhöhung zur Verschiebung des Gleichgewichts zugunsten der Ausgangsstoffe. Vielfach läuft dann bei sehr hohen Temperaturen die Reaktion praktisch nicht mehr ab.
- Bei endotherm verlaufenden Reaktionen ($\Delta_r H_m^0 > 0$) begünstigt eine Temperaturerhöhung die Bildung der Produkte.

In einigen Fällen lässt sich aus dem Einfluss einer Temperaturänderung auf die Lage des Gleichgewichts schließen, ob eine Reaktion exotherm oder endotherm verläuft: Die *Löslichkeit von Gasen* in Flüssigkeiten nimmt allgemein mit steigender Temperatur deutlich ab. Der Lösungsvorgang verläuft demnach exotherm. Der Temperatureffekt ist aber meist nur gering.

Bei *stark* exothermen Reaktionen liegt der Gleichgewichtszustand besonders weit auf der Seite der Reaktionsprodukte. In Reaktionsgleichungen kann das durch Pfeile unterschiedlicher Länge verdeutlicht werden. Ein Beispiel dafür ist die Bildung von Wasserdampf aus den Elementen:

$$H_2(g) + \tfrac{1}{2}\,O_2(g) \rightleftharpoons H_2O(g); \quad \Delta_r H_m^0 = -242\ \text{kJ} \cdot \text{mol}^{-1}$$

Bei 2000 K wird etwa 1 % des Wasserdampfs in Knallgas zerlegt, bei 2700 K sind es bereits 8 %.

Konzentrationsabhängigkeit. Chemische Gleichgewichte hängen auch von der Konzentration der Reaktionspartner ab. Dies lässt sich bei folgendem Beispiel direkt an Farbänderungen erkennen:
Gibt man etwas Kaliumthiocyanat in eine angesäuerte wässrige Eisennitrat-Lösung, so erhält man eine intensiv rote Lösung. Diese Reaktion kann schematisch vereinfacht als Anlagerung von Thiocyanat-Ionen (SCN^-) an Eisen-Ionen (Fe^{3+}) beschrieben werden:

$$\underset{\text{farblos}}{Fe^{3+}(aq)} + \underset{\text{farblos}}{SCN^-(aq)} \rightleftharpoons \underset{\text{rot}}{Fe(SCN)^{2+}(aq)}$$

Löst man in der gebildeten roten Lösung weiteres Eisennitrat oder weiteres Kaliumthiocyanat, so vertieft sich die Färbung. Beim Zusatz von Eisen-Ionen oder Thiocyanat-Ionen wird also das Gleichgewicht in Richtung der Produktbildung verschoben.

Verdünnt man die rote Lösung, so stellt sich das Gleichgewicht neu ein. Die Farbintensität nimmt deutlich stärker ab als beim Verdünnen von roter Tinte. Das Gleichgewicht verschiebt sich also zu Gunsten der Ausgangsstoffe.
Gleichgewichtsverschiebungen beim Verdünnen von Lösungen treten immer dann auf, wenn sich durch den Ablauf der Reaktion die Anzahl der Teilchen ändert. Beim Verdünnen wird immer diejenige Reaktionsrichtung begünstigt, die zu einer Vergrößerung der Teilchenzahl führt.

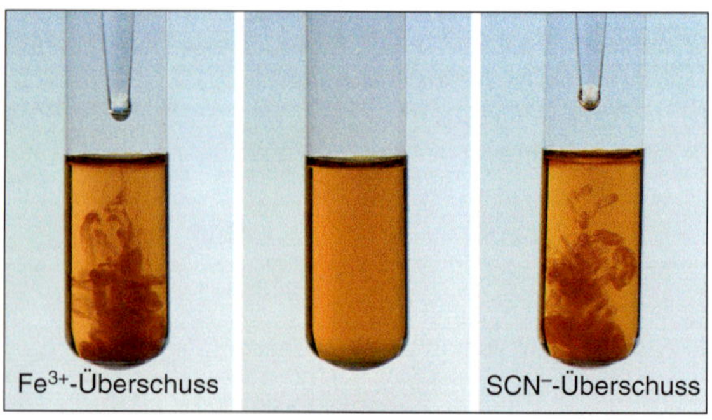

Konzentrationseinfluss auf das $Fe^{3+}(aq)/Fe(SCN)^{2+}(aq)$-Gleichgewicht

Dieser Effekt zeigt sich auch beim Verdünnen von Essigsäure (HAc). Der Anteil der Essigsäure-Moleküle nimmt ab und der Anteil der Wasserstoff-Ionen und der Acetat-Ionen nimmt zu:

$$HAc(aq) \rightleftharpoons H^+(aq) + Ac^-(aq)$$

Bei der Konzentration 1 mol · l^{-1} liegen 0,4 % der Essigsäure-Moleküle als Wasserstoff-Ionen und Acetat-Ionen vor. Bei $c = 0{,}1 \cdot mol \cdot l^{-1}$ zerfallen schon 1,3 % und bei $c = 0{,}01 \cdot mol \cdot l^{-1}$ sind es 4 %.

Druckabhängigkeit. Gasreaktionen, bei denen sich die Teilchenzahl ändert, lassen sich durch Änderung des Druckes beeinflussen. Dies entspricht der Wirkung von Konzentrationsänderungen bei Gleichgewichtsreaktionen in Lösungen.
Diese Druckabhängigkeit der Gleichgewichtslage wird häufig bei technischen Synthesen genutzt, in denen Gase eingesetzt werden: Da sich in den meisten Fällen die Teilchenzahl verringert, erhöht man den Druck, um die Ausbeute zu erhöhen. Ein Beispiel ist die wirtschaftlich wichtige Synthese von Methanol. Sie erfolgt großtechnisch durch Hydrierung von Kohlenstoffmonooxid bei einem Druck von 20 MPa:

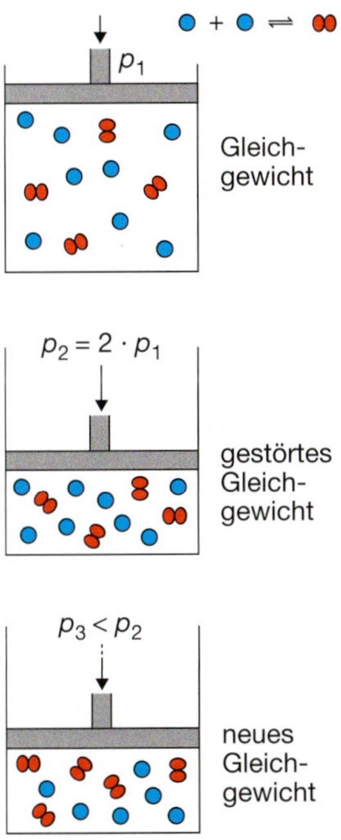

$$CO(g) + 2\,H_2(g) \rightleftharpoons CH_3OH(g); \quad \text{exotherm}$$

Durch den hohen Druck wird hier die Bildung des Stoffes mit geringerer Teilchenzahl begünstigt, und man erhält eine bessere Ausbeute an Methanol.

Bei Reaktionen in der Gasphase, die *ohne* Änderung der Teilchenzahl ablaufen, hat der Druck keinen Einfluss auf die Einstellung des Gleichgewichts. Die Reaktion von Kohlenstoffmonooxid mit Wasserdampf zu Kohlenstoffdioxid und Wasserstoff ist dafür ein Beispiel:

$$CO(g) + H_2O(g) \rightleftharpoons CO_2(g) + H_2(g); \quad \text{exotherm}$$

Die Lage eines Gleichgewichts ist abhängig von Temperatur und Konzentration der beteiligten Stoffe sowie vom Druck, sofern es sich um Gasreaktionen handelt, bei denen sich die Teilchenzahl ändert. Durch Veränderung dieser Bedingungen lässt sich die Lage eines Gleichgewichts verschieben.

1. Warum hellt sich eine durch $Fe(SCN)^{2+}$-Ionen rot gefärbte Lösung beim Verdünnen stärker auf als eine rote Farbstofflösung?
2. Erläutern Sie den Einfluss von Druck- und Konzentrationsänderungen auf chemische Gleichgewichtsreaktionen an Beispielen.
3. Kühlt man in einem Glaskolben braunes Stickstoffdioxid mit einer Kältemischung ab, hellt sich das Gasgemisch auf. Erläutern Sie die Farbänderung.
4. Erklären Sie folgende Beobachtungen:
Verdünnt man eine wässrige Natriumchlorid-Lösung mit der Stoffmengenkonzentration $c = 0{,}1$ mol · l^{-1} auf das Zehnfache, so nimmt die Leitfähigkeit auf $\frac{1}{10}$ des Anfangswertes ab.
Bei einem entsprechenden Experiment mit Essigsäure der gleichen Stoffmengenkonzentration verringert sich die Leitfähigkeit nur auf $\frac{1}{3}$ des Anfangswertes.
5. Verdünnt man eine grüne Lösung von Kupferchlorid mit Wasser, so färbt sich die Lösung hellblau. Erklären Sie die Farbänderung.
6. Warum arbeitet man bei der Hydrierung von Kohlenstoffmonooxid zu Methanol bei hohem Druck?
7. Erklären Sie folgende Beobachtung:
Das durch Erhitzen von Wasser ausgetriebene Gasgemisch ist wesentlich sauerstoffreicher (Volumenanteil etwa 35 %) als atmosphärische Luft.
8. Bei längeren Wärmeperioden im Sommer kommt es in manchen Seen und Flüssen zum Fischsterben. Erläutern Sie diesen Sachverhalt.

1. Temperaturänderung:

Temperatur**erniedrigung:** *exotherme Reaktion* →

$$2\,NO_2(g) \rightleftharpoons N_2O_4(g); \text{ exotherm}$$

← Temperatur**erhöhung:** *endotherme Reaktion*

2. Konzentrationsänderung:

Konzentrations**erhöhung:** *Verringerung der Teilchenzahl* →

$$Fe^{3+}(aq) + SCN^-(aq) \rightleftharpoons Fe(SCN)^{2+}(aq)$$

← Konzentrations**erniedrigung:** *Vergrößerung der Teilchenzahl*

3. Druckänderung (nur bei Reaktionen mit Gasen):

Druck**erhöhung:** *Verringerung der Teilchenzahl* →

$$CO(g) + 2\,H_2(g) \rightleftharpoons CH_3OH(g)$$

← Druck**erniedrigung:** *Vergrößerung der Teilchenzahl*

Verschiebung der Lage von Gleichgewichten durch Änderung von Temperatur, Konzentration und Druck

Umkehrbare Reaktionen

V1: Bildung von Calciumcarbonat und Calciumhydrogencarbonat

Materialien: Becherglas (400 ml, weit), Gasbrenner, Dreifuß, Filtrierpapier, Gaseinleitungsrohr, Leitfähigkeitsprüfer, Wechselspannungsquelle, Strommessgerät;
Calciumhydroxid-Lösung (gesättigt), Kohlenstoffdioxid.

Durchführung:

1. Füllen Sie 250 ml Wasser und 50 ml frisch filtrierte Calciumhydroxid-Lösung in das Becherglas.
2. Schalten Sie den Leitfähigkeitsprüfer in Reihe mit dem Strommessgerät und tauchen Sie ihn in die Lösung. Legen Sie eine Wechselspannung von 20 V an.
3. Leiten Sie langsam so lange Kohlenstoffdioxid in die Lösung ein, bis wieder eine klare Lösung vorliegt.
4. Nehmen Sie den Leitfähigkeitsprüfer heraus, und erhitzen Sie die klare Lösung bis zum Sieden.

Aufgaben:

a) Erläutern Sie, warum sich zunächst eine Fällung bildet, die sich dann auflöst und beim Erhitzen wieder auftritt.
b) Formulieren Sie die Reaktionsgleichungen.
c) Erklären Sie die Änderungen der Stromstärke.

V2: Gleichgewicht in Kupferchlorid-Lösungen

Materialien: Reagenzglas, Tropfpipette;
Kupferchlorid-Lösung (konz.; Xn), Salzsäure (konz.; C).

Durchführung:

1. Füllen Sie 5 ml Kupferchlorid-Lösung in ein Reagenzglas ein und geben Sie langsam Wasser hinzu, bis sich die Farbe deutlich verändert hat.
2. Fügen Sie nun langsam Salzsäure hinzu, bis sich der Farbton erneut ändert.

Hinweis: In wässrigen Lösungen hat das Kupfer-Ion in der Regel sechs nächste Nachbarn. In grünen Kupferchlorid-Lösungen liegen daher Teilchen vor, die durch die Formel $[CuCl(H_2O)_5]^+$ beschrieben werden können. In blauen Kupfersalz-Lösungen ist das Kupfer-Ion nur von Wasser-Molekülen umgeben: $[Cu(H_2O)_6]^{2+}$.

Aufgaben:

a) Notieren Sie Ihre Beobachtungen.
b) Formulieren Sie die Gleichgewichtsreaktion, die beim Verdünnen abläuft.
c) Warum färbt sich die Lösung nach Zusatz von Salzsäure wieder grün?

V3: Modellexperiment zum Gleichgewicht $A \rightleftharpoons B$

Das hier beschriebene Experiment veranschaulicht den zeitlichen Verlauf der Gleichgewichtseinstellung und den dynamischen Charakter des Gleichgewichtszustands.

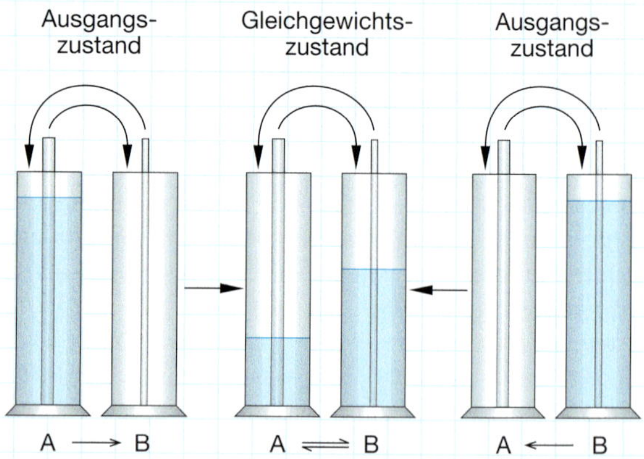

Materialien: 2 Messzylinder (50 ml), je ein Glasrohr mit 6 mm und mit 8 mm Außendurchmesser

Durchführung:

1. Füllen Sie 40 ml Wasser in einen der Messzylinder. Die Flüssigkeitsmenge in diesem Messzylinder stellt die Menge des Ausgangsstoffs A dar.
2. Für die „Reaktion" verwendet man die Glasrohre: Stellen Sie das 8-mm-Rohr im ersten Messzylinder und das 6-mm-Rohr im zweiten Messzylinder auf den Boden. Verschließen Sie die obere Öffnung der Glasrohre mit dem Daumen und übertragen Sie die in den Glasrohren enthaltenen Flüssigkeitsmengen in den jeweils anderen Zylinder. Lesen Sie nach jeder Übertragung den Flüssigkeitsstand in den Messzylindern ab; notieren Sie die Werte.
3. Geben Sie nach Erreichen des „Gleichgewichts" weitere 20 ml Wasser in einen der Messzylinder. Fahren Sie dann mit der Flüssigkeitsübertragung fort, bis sich erneut ein Gleichgewicht einstellt.

Aufgaben:

a) Tragen Sie die Werte in ein Diagramm ein. Verbinden Sie die Werte für Messzylinder A (Ausgangsstoff) und für Messzylinder B (Produkt) jeweils durch einen Kurvenzug.
b) Welche der im Modellsystem beobachtbaren Größen entsprechen der Momentangeschwindigkeit von Hinreaktion und von Rückreaktion, der Geschwindigkeitskonstante von Hinreaktion und von Rückreaktion, der Gleichgewichtskonzentrationen von A und von B?
c) Formulieren Sie eine Gleichgewichtsbedingung für das Modellsystem. Wie lautet eine entsprechende Gleichgewichtsbedingung für die Reaktion $A \rightleftharpoons B$?

2.10 Das Prinzip von LE CHATELIER

Ein chemisches Gleichgewicht kann durch die Änderung der Reaktionsbedingungen *Temperatur*, *Konzentration* und *Druck* beeinflusst werden. Katalysatoren haben auf die Lage des Gleichgewichts keinen Einfluss. Sie bewirken lediglich, dass sich der Gleichgewichtszustand schneller einstellt.

Bereits im Jahr 1884 hatte der französische Chemiker Henri LE CHATELIER allgemein beschrieben, wie sich die Änderung einer Reaktionsbedingung auf die Lage eines chemischen Gleichgewichts auswirkt: *„Die Neueinstellung eines Gleichgewichts führt jeweils dazu, dass die ursprüngliche Änderung teilweise rückgängig gemacht wird.“* Seine Erkenntnis wurde als Prinzip von LE CHATELIER bezeichnet; später wurde es auch als Prinzip *„vom kleinsten Zwang“* formuliert: *„Übt man auf ein im Gleichgewicht befindliches System durch Änderung der äußeren Bedingungen einen Zwang aus, so verschiebt sich das Gleichgewicht derart, dass es dem äußeren Zwange ausweicht“.*

Für Synthesen in Labor und Technik ergibt sich somit: Um die Ausbeute eines gewünschten Produktes zu steigern, müssen die Reaktionsbedingungen so gestaltet werden, dass das Gleichgewicht möglichst weit auf die Produktseite verlagert wird. So muss man in der Industrie viele Synthesen mit erheblichem technischen Aufwand bei hoher Temperatur oder unter großem Druck durchführen.

Nach dem Prinzip von LE CHATELIER führt die Störung eines Gleichgewichts durch Änderung der Reaktionsbedingungen zu einer Verschiebung des Gleichgewichts in die Richtung, die der Störung entgegen wirkt.

1. Die Reaktion von Iod und Wasserstoff zu Iodwasserstoff ist eine exotherme Reaktion.
   a) Formulieren Sie die Reaktionsgleichung.
   b) Welchen Einfluss haben eine Temperaturerhöhung oder eine Druckerhöhung auf das Gleichgewicht?
2. Beschreiben Sie den Einfluss einer Erhöhung der Konzentration eines der Ausgangsstoffe auf die Lage des Gleichgewichts.
3. Zwischen Eis, Wasser und Wasserdampf besteht ein temperatur- und druckabhängiges Gleichgewicht. So sinkt die Schmelztemperatur von Eis mit steigendem Druck und der Dampfdruck von Wasser nimmt mit steigender Temperatur zu. Erklären Sie anhand dieser Fakten als Folge von Gleichgewichtsverschiebungen:
   a) den Schlittschuheffekt auf der Eisoberfläche,
   b) die Bildung und Auflösung von Nebel.

Kalkablagerungen

EXKURS

In Heißwasserbereitern, Kaffeemaschinen, Rohrleitungen und Armaturen können Kalkablagerungen zu Problemen führen. Sie verzögern die Wärmeübertragung und behindern den Durchfluss des Wassers.

Leitungswasser enthält verschiedene gelöste Salze. Bei den Kationen überwiegen Ca^{2+}-Ionen; sie sind die Hauptursache für die **Wasserhärte.** Bei den Anionen handelt es sich vor allem um HCO_3^--Ionen. Der aus Calciumcarbonat bestehende Kesselstein bildet sich aufgrund einer Störung des folgenden Gleichgewichts:

$$Ca^{2+}(aq) + 2\ HCO_3^-(aq) \rightleftharpoons CaCO_3(s) + H_2O(l) + CO_2(aq)$$

Mit steigender Temperatur nimmt die Löslichkeit von Kohlenstoffdioxid in Wasser ab. Es entweicht gasförmig aus der Lösung. Damit nimmt die Konzentration eines Produkts ab, so dass weitere Hydrogencarbonat-Ionen unter Bildung von Carbonat-Ionen und Kohlenstoffdioxid zerfallen:

$$2\ HCO_3^-(aq) \rightleftharpoons CO_3^{2-}(aq) + CO_2(aq) + H_2O(l)$$

Die auf diese Weise gebildeten Carbonat-Ionen reagieren mit Calcium-Ionen zu Calciumcarbonat:

$$Ca^{2+}(aq) + CO_3^{2-}(aq) \rightleftharpoons CaCO_3(s)$$

Diese störenden Kalkablagerungen lassen sich durch Säurezusatz auflösen *(Entkalken):*

$$CaCO_3(s) + 2\ H^+(aq) \rightleftharpoons Ca^{2+}(aq) + H_2O(l) + CO_2(g)$$

Im Haushalt verwendete Entkalker enthalten meist Zitronensäure, Weinsäure, Essigsäure oder Ameisensäure.

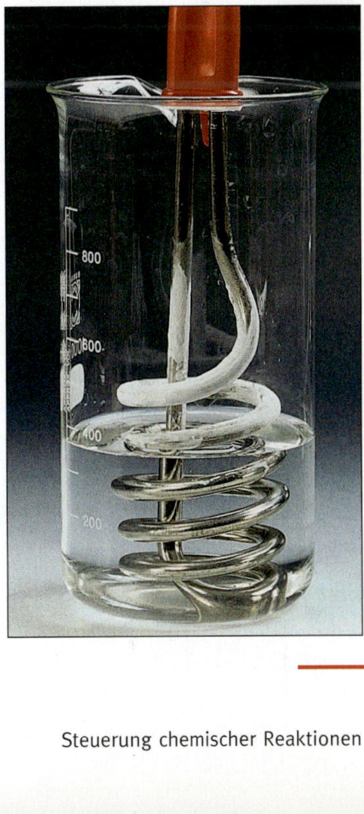

2.11 Von der Gleichgewichtsreaktion zur Gleichgewichtskonstanten

Für zahlreiche Reaktionen wurden die im chemischen Gleichgewicht vorliegenden Konzentrationen genau bestimmt. Dabei zeigte sich, dass aus den für eine bestimmte Temperatur ermittelten Gleichgewichtskonzentrationen eine **Gleichgewichtskonstante** K berechnet werden kann: Für eine Reaktion des Typs $A + B \rightleftharpoons C + D$ multipliziert man dazu also die Gleichgewichtskonzentrationen der Produkte und dividiert durch das Produkt der Gleichgewichtskonzentrationen der Ausgangsstoffe:

$$K = \frac{c(C) \cdot c(D)}{c(A) \cdot c(B)}$$

Je nach Reaktion können sich die Werte für K um viele Zehnerpotenzen unterscheiden.

Ester-Gleichgewicht. Eine bekannte Gleichgewichtsreaktion ist die Bildung von *Essigsäureethylester:*

$$\text{Säure} + \text{Ethanol} \rightleftharpoons \text{Ester} + \text{Wasser}$$

$$K = \frac{c(\text{Ester}) \cdot c(\text{Wasser})}{c(\text{Säure}) \cdot c(\text{Alkohol})}$$

Die im Gleichgewicht vorhandene Essigsäure lässt sich mit Natronlauge bekannter Konzentration bestimmen. Da Essigsäure und Ethanol im Verhältnis 1 : 1 miteinander reagieren, kann man aus der Differenz der Ausgangskonzentrationen und der Essigsäure-Konzentration im Gleichgewichtszustand die übrigen Gleichgewichtskonzentrationen berechnen.
Mit den in der Tabelle aufgeführten Versuchsergebnissen erhält man für die Gleichgewichtskonstante in beiden Fällen den gleichen Wert: $K = 4$

$$K_1 = \frac{(5{,}77\ \text{mol} \cdot \text{l}^{-1})^2}{(2{,}89\ \text{mol} \cdot \text{l}^{-1})^2} = 4$$

$$K_2 = \frac{(2{,}71\ \text{mol} \cdot \text{l}^{-1})^2}{0{,}158\ \text{mol} \cdot \text{l}^{-1} \cdot 11{,}64\ \text{mol} \cdot \text{l}^{-1}} = 4$$

Iodwasserstoff-Gleichgewicht. Eine besonders gut untersuchte Gleichgewichtsreaktion ist die Bildung von *Iodwasserstoff* aus den Elementen Iod und Wasserstoff:

$$H_2(g) + I_2(g) \rightleftharpoons 2\ HI(g); \qquad \Delta_R H^0_m = -10\ \text{kJ} \cdot \text{mol}^{-1}$$

Man lässt genau abgemessene Mengen von Wasserstoff und Iod in einem abgeschlossenen System bei konstanter Temperatur miteinander reagieren. Wenn sich das Gleichgewicht eingestellt hat, wird rasch abgekühlt, um den bei der hohen Temperatur erreichten Gleichgewichtszustand einzufrieren. Die im Gleichgewicht noch vorliegende Iodmenge kann dann bequem bei Raumtemperatur bestimmt werden.

Mit den für eine bestimmte Temperatur ermittelten Gleichgewichtskonzentrationen erhält man nur dann eine Gleichgewichts*konstante*, wenn man die Konzentration von Iodwasserstoff quadriert, entsprechend dem Faktor zwei in der Reaktionsgleichung:

$$K = \frac{c(HI) \cdot c(HI)}{c(H_2) \cdot c(I_2)} = \frac{(17{,}67 \cdot 10^{-3}\ \text{mol})^2}{3{,}13 \cdot 10^{-3}\ \text{mol} \cdot 1{,}83 \cdot 10^{-3}\ \text{mol}}$$

$$= 54{,}5$$

$$K = \frac{c(HI) \cdot c(HI)}{c(H_2) \cdot c(I_2)} = \frac{(3{,}54 \cdot 10^{-3}\ \text{mol})^2}{0{,}48 \cdot 10^{-3}\ \text{mol} \cdot 0{,}48 \cdot 10^{-3}\ \text{mol}}$$

$$= 54{,}4$$

Das Massenwirkungsgesetz. Wie sich allgemein aus den im Gleichgewichtszustand vorliegenden Konzentrationen die Gleichgewichtskonstante K berechnen lässt, wurde bereits 1867 von den norwegischen Wissenschaftlern GULDBERG und WAAGE formuliert.
Diese Gesetzmäßigkeit wird als *Massenwirkungsgesetz* bezeichnet, denn man sprach damals von der *wirksamen Masse*, wenn es um die Stoffmengenkonzentration im heutigen Sinne ging.

Ausgangskonzentrationen ($\text{mol} \cdot \text{l}^{-1}$)				
Versuch	c_0(HAc)	c_0(Ethanol)	c_0(Ester)	$c_0(H_2O)$
1	8,66	8,66	–	–
2	2,87	14,35	–	–

Gleichgewichtskonzentrationen ($\text{mol} \cdot \text{l}^{-1}$)				
Versuch	c(HAc)	c(Ethanol)	c(Ester)	$c(H_2O)$
1	2,89	2,89	5,77	5,77
2	0,158	11,64	2,71	2,71

Ergebnisse einer Versuchsreihe zum Ester-Gleichgewicht bei 25 °C

Gleichgewichtskonzentrationen ($\text{mol} \cdot \text{l}^{-1}$)			
Versuch	c(HI)	$c(I_2)$	$c(H_2)$
Bildung von Iodwasserstoff			
1	$17{,}67 \cdot 10^{-3}$	$3{,}13 \cdot 10^{-3}$	$1{,}83 \cdot 10^{-3}$
2	$16{,}48 \cdot 10^{-3}$	$1{,}71 \cdot 10^{-3}$	$2{,}91 \cdot 10^{-3}$
3	$13{,}54 \cdot 10^{-3}$	$0{,}74 \cdot 10^{-3}$	$4{,}56 \cdot 10^{-3}$
Zerfall von Iodwasserstoff			
4	$3{,}54 \cdot 10^{-3}$	$0{,}48 \cdot 10^{-3}$	$0{,}48 \cdot 10^{-3}$
5	$15{,}59 \cdot 10^{-3}$	$1{,}25 \cdot 10^{-3}$	$3{,}56 \cdot 10^{-3}$

Ergebnisse einer Versuchsreihe zum Iodwasserstoff-Gleichgewicht bei 700 K

Für die Gleichgewichtskonstante einer beliebigen Reaktion gilt folgender Zusammenhang:

$$iA + jB \rightleftharpoons mC + nD$$

$$K = \frac{c^m(C) \cdot c^n(D)}{c^i(A) \cdot c^j(B)}$$

Vorausgesetzt wurde dabei, dass alle Stoffe in einem *homogenen System*, also in einer Lösung oder in der Gasphase vorliegen.

Bei *heterogenen Systemen* bleiben feste Stoffe im Term zur Berechnung der Gleichgewichtskonstanten unberücksichtigt. Für die Reaktion von Silber-Ionen mit Eisen(II)-Ionen beispielsweise kommt es nicht darauf an, in welcher Menge festes Silber vorliegt:

$$Ag^+(aq) + Fe^{2+}(aq) \rightleftharpoons Ag(s) + Fe^{3+}(aq)$$

$$K = \frac{c(Fe^{3+})}{c(Ag^+) \cdot c(Fe^{2+})}$$

Zur mathematischen Beschreibung einer Gleichgewichtsreaktion bestimmt man die Gleichgewichtskonstante. Sie ist definiert als Quotient aus dem Produkt der Gleichgewichtskonzentrationen der Produkte und dem Produkt der Gleichgewichtskonzentrationen der Ausgangsstoffe.

1. Geben Sie den Term zur Berechnung der Gleichgewichtskonstanten für eine Reaktion des folgenden Typs an: $3\,A_2 + B_2 \rightleftharpoons 2\,A_3B$
2. Berechnen Sie die Gleichgewichtskonstanten aus den Messwerten für die Versuche 2, 3 und 5 der Versuchreihe zum Iodwasserstoff-Gleichgewicht.
3. Welchen Einfluss hat eine Erhöhung der Reaktionstemperatur auf den Betrag der Gleichgewichtskonstanten K im Falle einer endothermen Reaktion?
4. Die Bildung von Jodwasserstoff aus den Elementen führt bei 700 K zu einem Gleichgewicht, das neben 16,4 mmol HI noch 1,7 mmol I_2 und 2,9 mmol H_2 aufweist. Berechnen Sie daraus den Wert für K.
5. Bei der folgenden Reaktion wurde die Einstellung des Gleichgewichts bei 1300 K abgewartet:
$CO_2(g) + H_2(g) \rightleftharpoons CO(g) + H_2O(g)$
Das Gasgemisch enthielt je 22,72 mol CO und H_2O sowie 48,5 mol CO_2. Welche Stoffmenge an Wasserstoff enthält das Gemisch, wenn die Gleichgewichtskonstante $K = 1{,}25$ beträgt?
6. Zur Herstellung von Essigsäureethylester werden 2 mol Ethanol und 3 mol Essigsäure eingesetzt. Welcher Anteil des Ethanols wird umgesetzt, wenn $K = 4$ ist?
7. Die Gleichgewichtskonstante für die Dissoziation von Essigsäure beträgt $K = 1{,}76 \cdot 10^{-5}\ mol \cdot l^{-1}$.
Berechnen Sie die Konzentration der H^+-Ionen einer wässrigen Lösung mit der Stoffmengenkonzentration $c = 0{,}1\ mol \cdot l^{-1}$.

Massenwirkungsgesetz und Kinetik

THEORIE

Das sehr allgemein anwendbare Massenwirkungsgesetz wurde zu einer Zeit formuliert, in der neben dem Estergleichgewicht nur sehr wenige Reaktionen genauer untersucht waren.
Eine wesentliche Stütze für die Aufstellung des Massenwirkungsgesetzes war eine aus heutiger Sicht unzulässige Annahme: Man ging davon aus, dass sich die Geschwindigkeitsgleichung einer Reaktion immer direkt aus der Reaktionsgleichung ableiten lässt.

Für eine Reaktion des Typs $iA + jB \rightleftharpoons mC + nD$ wurden also die folgenden Geschwindigkeitsgleichungen angesetzt:

Hinreaktion: $\vec{v} = \vec{k} \cdot c^i(A) \cdot c^j(B)$

Rückreaktion: $\overleftarrow{v} = \overleftarrow{k} \cdot c^m(C) \cdot c^n(D)$

Da im Gleichgewicht $\vec{v} = \overleftarrow{v}$ gilt, sollte der Quotient der Geschwindigkeitskonstanten die Gleichgewichtskonstante K ergeben:

$$\vec{k} \cdot c^i(A) \cdot c^j(B) = \overleftarrow{k} \cdot c^m(C) \cdot c^n(D)$$

$$\frac{\vec{k}}{\overleftarrow{k}} = \frac{c^m(C) \cdot c^n(D)}{c^i(A) \cdot c^j(B)} = K$$

Untersuchungen an einigen Reaktionen führten tatsächlich zu einer relativ guten Übereinstimmung zwischen den aus den Gleichgewichtskonzentrationen berechneten Werten $K(T)$ und den aus kinetischen Messungen ermittelten Werten für die Gleichgewichtskonstante. Ein berühmtes Beispiel sind BODENSTEINS Untersuchungen am Iodwasserstoff-Gleichgewicht:

$$H_2(g) + I_2(g) \rightleftharpoons 2\,HI(g)$$

T in K	$\vec{k}$ in $\frac{mol}{l \cdot min}$	$\overleftarrow{k}$ in $\frac{mol}{l \cdot min}$	$\frac{\vec{k}}{\overleftarrow{k}}$	$K(T)$
629	$3{,}02 \cdot 10^{-4}$	$3{,}61 \cdot 10^{-3}$	83,6	66,6
661	$1{,}69 \cdot 10^{-3}$	$2{,}63 \cdot 10^{-5}$	64,3	55,8
721	$1{,}67 \cdot 10^{-2}$	$2{,}99 \cdot 10^{-4}$	55,8	50,0

PRAKTIKUM

Essigsäure-Gleichgewicht

V1: Ermittlung der Gleichgewichtskonstanten durch Leitfähigkeitsvergleich

Bei Reaktionen in wässrigen Lösungen lassen sich die im Gleichgewichtszustand vorliegenden Ionenkonzentrationen oft einfach mit ausreichender Genauigkeit durch einen Leitfähigkeitsvergleich bestimmen. Zum Vergleich verwendet man Lösungen mit genau bekannten Ionenkonzentrationen. Die Ionen in der Vergleichslösung und in der Probe sollten sich in ihrer Ionenbeweglichkeit möglichst wenig unterscheiden.
Untersucht wird hier der Zerfall von Essigsäure (HAc) in wässriger Lösung:

$$HAc\,(aq) \rightleftharpoons H^+\,(aq) + Ac^-\,(aq)$$

Als Vergleichslösungen verwendet man Salzsäure; für sie gilt: $c(H^+) = c(Cl^-) = c_0(HCl)$.
Als Näherung wird angenommen, dass bei gleicher Leitfähigkeit auch die Ionenkonzentrationen in Salzsäure und Essigsäure übereinstimmen.

Materialien: Leitfähigkeitsmessgerät, 5 Bechergläser (100 ml), Messzylinder (100 ml), Kunststoffspritzen (10 ml, 1 ml);
Salzsäure ($0{,}1\ mol \cdot l^{-1}$), Essigsäure ($1\ mol \cdot l^{-1}$).

Durchführung:

1. Mischen Sie 1 ml Salzsäure mit 100 ml demineralisiertem Wasser und messen Sie die Leitfähigkeit.

2. Geben Sie dreimal je 1 ml Salzsäure hinzu und notieren Sie jeweils den Messwert.

3. Bereiten Sie Essigsäure-Lösungen mit den Konzentrationen $0{,}1\ mol \cdot l^{-1}$, $0{,}01\ mol \cdot l^{-1}$ und $0{,}001\ mol \cdot l^{-1}$ vor. Messen Sie die Leitfähigkeiten dieser Lösungen sowie der Ausgangslösung.

Aufgaben:

a) Stellen Sie in einem Diagramm dar, wie die Leitfähigkeit von der Konzentration der Salzsäure abhängt.

b) Ermitteln Sie mithilfe dieser Kurve die Ionenkonzentrationen in den Essigsäure-Lösungen.

c) Berechnen Sie dann für alle Essigsäure-Konzentrationen die folgenden Größen: den Anteil der zerfallenen Essigsäure-Moleküle, das Produkt der Ionenkonzentrationen und die Gleichgewichtskonstante *K*.

d) Stellen Sie die Ergebnisse in einer Tabelle nach folgendem Muster zusammen:

$c(HAc)$ in $\frac{mol}{l}$	$c(H^+) = c(Ac^-)$ in $\frac{mol}{l}$	$\frac{c(H^+)}{c_0(HAc)}$	$c(H^+) \cdot c(Ac^-)$ in $\frac{mol^2}{l^2}$	K in $\frac{mol}{l}$
1	$4{,}1 \cdot 10^{-3}$	$4{,}1 \cdot 10^{-3}$	$1{,}7 \cdot 10^{-5}$	$1{,}7 \cdot 10^{-5}$
0,1				

EXKURS

Höhenkrankheit

Ungeübte leiden im Hochgebirge oft unter Kopfschmerzen, Herzklopfen und Atemnot. Grund ist ein Sauerstoffmangel im Körper. Mit zunehmender Höhe sinkt der Luftdruck in der Atmosphäre ab und damit sinkt auch der Teildruck des Sauerstoffs in der Atemluft. In Meereshöhe beträgt der mittlere Luftdruck 1013 hPa. Bei einem Sauerstoffanteil von 21 % entspricht das einem Teildruck des Sauerstoffs von rund 210 hPa. Auf dem Mount Everest (8848 m) beträgt der Luftdruck nur noch ein Drittel des Wertes in Meereshöhe; der Sauerstoff-Teildruck liegt also bei 70 hPa.

Im Blut wird der Sauerstoff an Hämoglobin (Hb) gebunden. Dabei stellt sich folgendes Gleichgewicht ein:

$$O_2\,(aq) + Hb\,(aq) \rightleftharpoons HbO_2\,(aq)$$

Die Konzentration des gelösten Sauerstoffs hängt vom Teildruck des Sauerstoffs ab. Die untere Grenze des für den Menschen verträglichen Sauerstoffdrucks liegt bei 160 hPa. Das entspricht einer Höhe von 2200 m.

Der Körper kann sich jedoch bis zu einem Sauerstoff-Teildruck von etwa 100 hPa (5500 m) an ein geringeres Sauerstoffangebot anpassen, indem mehr Hämoglobin im Blut gebildet wird.

Leistungssportler nutzen dieses Phänomen beim *Höhentraining*: Innerhalb einiger Wochen in Höhen von 2000 bis 3000 Meter erhöht sich der Hämoglobinanteil im Blut so weit, dass die Sauerstoffversorgung trotz des niedrigen Luftdrucks wieder normal ist. Bei der Rückkehr in geringere Höhen ist dann für eine Zeit von zwei bis drei Wochen eine Leistungssteigerung zu erwarten: Muskeln und Organen steht über den Blutkreislauf mehr Sauerstoff zur Verfügung.

Chemie-Recherche

Location: http://www.schroedel.de/chemie_heute.html

Suche:

Gleichgewichte in Wissenschaft und Gesellschaft

Ergebnisse:

Nicht nur in der Chemie sondern auch in anderen Naturwissenschaften sowie in Politik, Soziologie, Ökonomie und Ökologie spricht man von Gleichgewichtszuständen. Hierbei handelt es sich, im Gegensatz zum dynamischen chemischen Gleichgewicht, jedoch überwiegend um **Fließgleichgewichte:** In einem offenen System greifen verschiedene Kreisläufe so ineinander, dass insgesamt *Zufluss-* und *Abflussgeschwindigkeiten* gleich groß sind. Der erreichte Gleichgewichtszustand ist aber nur scheinbar unveränderlich. Schon kleine Eingriffe in die Kreisläufe können zu gewaltigen Umgestaltungen solcher Gleichgewichte führen.

→ Physikalische Gleichgewichte

Viele physikalische Gesetzmäßigkeiten lassen sich auf Gleichgewichtszustände zurückführen:

- Ein starrer Körper, an dem mehrere Kräfte angreifen, bleibt im Gleichgewicht, wenn die Vektorsumme der angreifenden Kräfte null ist. Diese Gleichgewichtsbedingung bildet den Hintergrund für das *Hebelgesetz* und das *Kräfteparallelogramm.*
- Das Volumen eines aufgeblasenen Luftballons vergrößert sich, wenn der äußere Luftdruck vermindert wird. Es stellt sich ein Gleichgewicht zwischen Druck und Volumen ein.

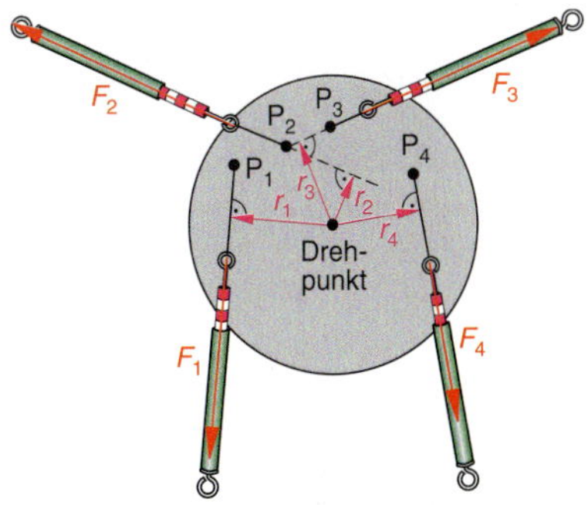

→ Biologische Gleichgewichte

Ein traditionelles Beispiel für ein *biologisches Gleichgewicht* ist die *Räuber-Beute-Beziehung* in einem Ökosystem. Steigt durch günstige äußere Bedingungen wie Klima, Nahrungsangebot und geringe Krankheitsrate die Population der Beutetiere an, so vermehren sich in der Folgezeit wegen des günstigen Nahrungsangebots auch die Räuber. Die Population der Beutetiere nimmt dadurch wieder ab. Aufgrund des mangelnden Nahrungsangebotes reduziert sich wiederum die Anzahl der Räuber. In einem gesunden Ökosystem herrscht dann langfristig ein Gleichgewicht zwischen Räubern und Beutetieren.

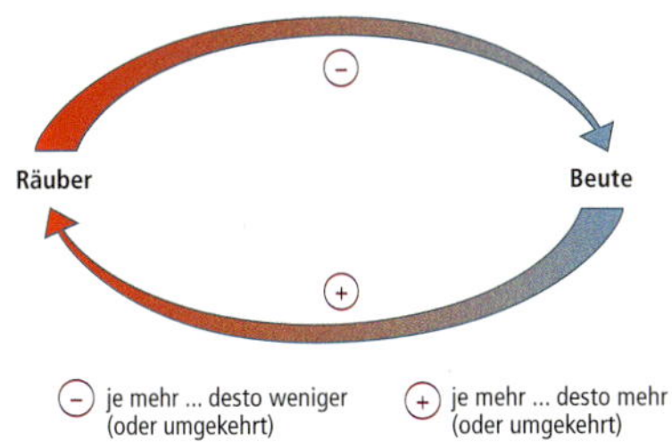

→ Politische Gleichgewichte

In der *Innenpolitik* einer parlamentarischen Demokratie zählt die Gleichgewichtsidee zu den wesentlichen Elementen von Gleichheit und Freiheit. Die Abstimmung und Finanzierbarkeit der sozialen Sicherungssysteme mit unterschiedlichen Interessengruppen der Bevölkerung und der Finanzausgleich in einem föderativen Staat sind maßgebliche Grundlagen des *innenpolitischen Gleichgewichts*.

In der *Außenpolitik* versuchte man bis zum 1. Weltkrieg die Hegemonie eines einzelnen Staates durch Bündnissysteme zu verhindern. Nach dem Scheitern dieser Politik wurde durch den *Völkerbund* bzw. durch die *Vereinten Nationen* ein System kollektiver Sicherheit angestrebt. Nach dem 2. Weltkrieg entwickelte sich ein *bipolares Gleichgewicht* zwischen den USA und der UdSSR und ihren Blöcken. Nach dem Zusammenbruch der UdSSR muss sich ein neues Gleichgewicht einstellen.

Aufgaben

1. 2,5 Liter eines idealen Gases stehen unter einem Druck von 100 kPa. Welches Volumen nimmt das Gas ein, wenn man den Druck auf 30 kPa erniedrigt?
2. Formulieren Sie das Hebelgesetz und benennen Sie drei alltägliche Anwendungsbeispiele.
3. Zeigen Sie, dass sich die Idee des Prinzips von LE CHATELIER auf die *Räuber-Beute-Beziehung* anwenden lässt.
4. Im Zusammenhang mit dem Irak-Krieg von 2003 gab es zwischen den USA, einigen europäischen Staaten, Russland und China politische Differenzen im Sicherheitsrat der Vereinten Nationen. Erläutern Sie, inwieweit dies als Folge der Verschiebung des weltpolitischen Gleichgewichts angesehen werden könnte.

2.12 Ammoniak-Synthese

Chemische Anlage zur großtechnischen Herstellung von Ammoniak

Weltweit werden jährlich etwa 120 Millionen Tonnen Ammoniak hergestellt, davon fast 2,6 Millionen in Deutschland. Ammoniak gehört damit zu den zehn Grundchemikalien mit der größten Produktionsmenge.
Die großtechnische Synthese erfolgt ausschließlich nach dem HABER-BOSCH-Verfahren. Es geht von den Elementen Stickstoff und Wasserstoff aus, die bei hohem Druck in einer Gleichgewichtsreaktion umgesetzt werden; als Katalysator dient Eisen:

$$N_2(g) + 3\,H_2(g) \rightleftharpoons 2\,NH_3(g); \quad \Delta_r H_m^0 = -92\ kJ \cdot mol^{-1}$$

Entwickelt wurde das Verfahren durch den Chemiker HABER und den Ingenieur BOSCH. Die erste Anlage ging 1913 in Ludwigshafen in Betrieb. Im frühen zwanzigsten Jahrhundert, als das Verfahren entwickelt wurde, war die Hochdrucksynthese im großtechnischen Maßstab noch Neuland. Die chemischen und technischen Probleme, die sich dabei ergaben, waren so ungewöhnlich und schwierig, dass für ihre Bewältigung an beide Forscher Nobelpreise vergeben wurden. Fritz HABER erhielt 1918 den Preis für die Untersuchung der Gleichgewichtsreaktion. Carl BOSCH wurde 1931 für die Entwicklung der Hochdrucktechnik geehrt.

Fast 80 % des Ammoniaks werden für die Produktion von Düngemitteln benötigt. Der Rest dient zur Herstellung von Vorprodukten für Kunststoffe, von Pflanzenschutzmitteln, Salpetersäure und Sprengstoffen.

Bereitstellung der Ausgangsstoffe. Wasserstoff wird heute überwiegend durch katalytische Umsetzung von Erdgas mit Wasserdampf gewonnen:

$$CH_4(g) + H_2O(g) \xrightleftharpoons[750\,°C,\ 30\ MPa]{Katalysator} CO(g) + 3\,H_2(g); \quad \Delta_r H_m^0 = 206\ kJ \cdot mol^{-1}$$

Der noch nicht umgesetzte Anteil des Methans reagiert in einem zweiten Reaktor mit Luftsauerstoff zu Kohlenstoffmonooxid und Wasserstoff, während der Stickstoff aus der Luft unverändert bleibt:

$$2\,CH_4(g) + O_2(g) + 4\,N_2(g) \rightleftharpoons 2\,CO(g) + \ + 4\,H_2(g) + 4\,N_2(g); \quad \Delta_r H_m^0 = -71\ kJ \cdot mol^{-1}$$

Da Kohlenstoffmonooxid bei der Ammoniak-Synthese als Katalysatorgift wirkt, wird es mit Wasserdampf katalytisch zu Kohlenstoffdioxid und Wasserstoff umgesetzt:

$$CO(g) + H_2O(g) \xrightleftharpoons{Kat.} CO_2(g) + H_2(g); \quad \Delta_r H_m^0 = -41\ kJ \cdot mol^{-1}$$

Das Kohlenstoffdioxid wird anschließend aus dem Gasgemisch ausgewaschen.
Die einzelnen Reaktionsschritte werden so gesteuert, dass Stickstoff und Wasserstoff schließlich im Volumenverhältnis 1 : 3 vorliegen.

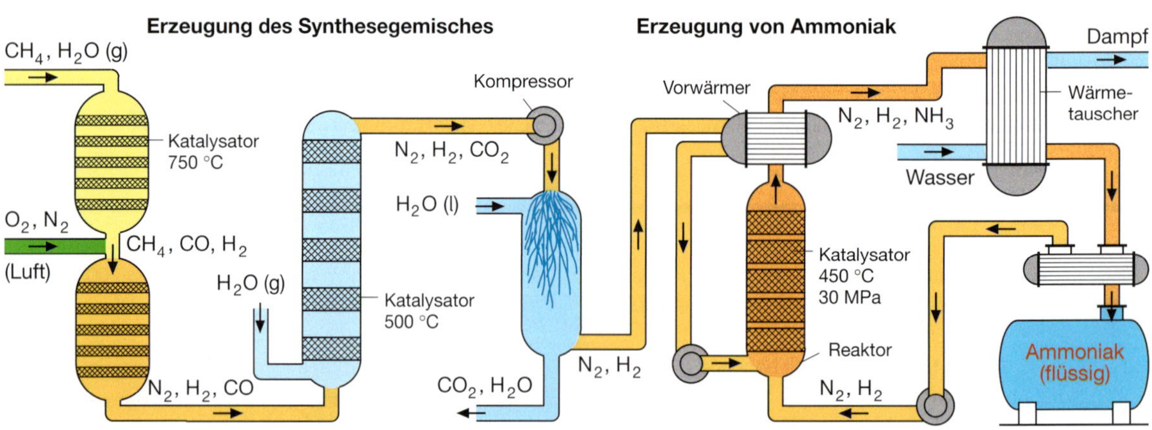

Technische Herstellung von Ammoniak

Steuerung der Ammoniak-Synthese. Die Bildung von Ammoniak erfolgt in einer exothermen Reaktion bei der sich die Teilchenzahl verringert. Nach dem Prinzip von LE CHATELIER wäre es daher günstig, wenn man die Reaktion bei *niedriger Temperatur* und *hohem Druck* durchführen könnte.

Da das Stickstoff-Molekül aufgrund der Dreifachbindung aber sehr reaktionsträge ist, lässt sich die für ein wirtschaftliches Verfahren erforderliche Reaktionsgeschwindigkeit, auch bei Einsatz guter Katalysatoren, nur bei höheren Temperaturen erreichen. Man führt die Reaktion daher bei 450 °C durch.
Der Katalysator aus Eisen, mit Zusatz kleiner Mengen von Oxiden, wird in dem Reaktor in bis zu zehn Schichten angeordnet, zwischen denen sich Wärmetauscher befinden. Sie entziehen dem Gasgemisch die bei der Bildung von Ammoniak freigesetzte Wärmeenergie. Gleichzeitig wird das einströmende Synthesegas in den Wärmetauschern auf die Reaktionstemperatur erwärmt.

Die hohen Drücke, die für eine bessere Ausbeute notwendig sind, werden durch aufwändige Apparaturen erzeugt. Heute arbeitet man meist mit Drücken von 30 MPa.
Bei diesem Druck und einer Temperatur von 450 °C enthielte das Gasgemisch im Gleichgewichtszustand einen Volumenanteil von 38 % Ammoniak. Da aber die Verweilzeit sehr kurz ist, beträgt der Ammoniak-Anteil nach einmaligem Durchgang durch den Reaktor nur 15 %. Die Synthese findet daher in einem Kreislaufprozess statt: Der gebildete Ammoniak wird durch Verflüssigung laufend aus dem Gasgemisch entfernt und den nicht umgesetzten Teil leitet man zusammen mit frischem Synthesegas wieder durch den Reaktor.

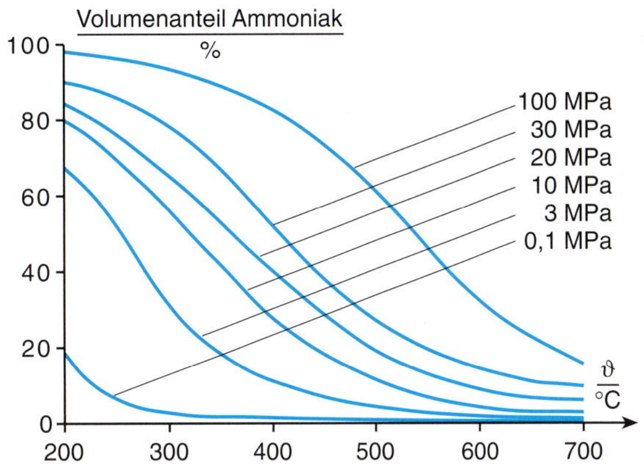

Ammoniakanteile im Gleichgewicht

Moderne Reaktoren sind etwa 30 Meter hoch; bei einem Innendurchmesser von 2,40 Meter beträgt ihre Masse etwa 400 Tonnen. Die Tagesproduktion liegt bei 1500 Tonnen.

Ammoniak ist ein wesentlicher Grundstoff für die chemische Industrie. Bei der Synthese aus den Elementen nach dem HABER-BOSCH-Verfahren benötigt man hohe Temperaturen, hohe Drücke und einen geeigneten Katalysator.

1. Die Synthese von Ammoniak aus den Elementen ist eine exotherme Reaktion. Warum arbeitet man dennoch bei einer Temperatur von 450 °C?
2. Warum benötigt man bei der Ammoniak-Synthese den hohen Druck von 30 MPa?
3. Begründen Sie, warum man bei der Ammoniak-Synthese die Gleichgewichtseinstellung nicht abwartet.

Ammoniak-Synthese ohne Energieaufwand?

EXKURS

Drei Prozent des Weltenergieverbrauchs entfallen auf die Produktion von Ammoniak nach dem HABER-BOSCH-Verfahren. Einigen Bakterien gelingt es dagegen schon unter normalen Bedingungen, Ammoniak zu produzieren. Sie besitzen einen viel wirksameren Katalysator.
Die biologische Stickstoff-Fixierung wird durch das Enzym *Nitrogenase* möglich. Das aktive Zentrum dieses Enzyms enthält mehrere an Schwefel-Gruppen gebundene Eisen-Ionen und Molybdän-Ionen. Die Aktivierung des reaktionsträgen Stickstoffs verläuft über die Bildung eines Distickstoff-Metall-Komplexes, der dann schrittweise reduziert wird:

$[Me-N{\equiv}N|]^{n+} \dashrightarrow [Me-\overline{N}=\overline{N}H]^{n+} \dashrightarrow$

$[Me=\overline{N}-\overline{N}H_2]^{n+} \dashrightarrow [Me{\equiv}\overline{N}|]^{n+} + NH_3 \dashrightarrow Me^{n+} + 2\ NH_3$

In der Forschung werden heute zwei Wege eingeschlagen: Einerseits versucht man die Natur zu imitieren und metallorganische Komplexe zu synthetisieren, die sich als Katalysatoren eignen. Andererseits ist man dabei, die für die Stickstoff-Fixierung verantwortlichen Gene der Bakterien zu lokalisieren. Eine denkbare Entwicklung wäre die direkte Übertragung dieser Gene in Pflanzen, so dass diese den von ihnen benötigten Stickstoff selbst fixieren könnten.

2.13 Schwefelsäure-Synthese

Weltweit werden jährlich etwa 140 Millionen Tonnen Schwefelsäure hergestellt, davon rund drei Millionen Tonnen in Deutschland. Damit gehört Schwefelsäure zusammen mit Natriumhydroxid und Chlor zu den wichtigsten anorganischen Grundchemikalien.

Der größte Teil der Schwefelsäure wird zur Herstellung von Düngemitteln verbraucht. Beträchtliche Mengen werden auch für die Produktion des Weißpigments Titandioxid sowie für die Herstellung von waschaktiven Substanzen, Farbstoffen und Arzneimitteln benötigt. Die bekannte Verwendung als *Akkusäure* in Bleiakkumulatoren spielt mengenmäßig nur eine geringe Rolle.

Als Rohstoff für die *großtechnische Herstellung* von Schwefelsäure dient meist elementarer Schwefel. Genutzt wird heute hauptsächlich Schwefel, der als Abfallprodukt bei der Entschwefelung von Erdgas und Erdölprodukten anfällt.
Im ersten Schritt des Verfahrens wird der elementare Schwefel zu Schwefeldioxid verbrannt:

$$S(s) + O_2(g) \longrightarrow SO_2(g); \quad \Delta_r H^0_m = -297\ kJ \cdot mol^{-1}$$

Der entscheidende Schritt der Schwefelsäure-Herstellung ist die katalytische Oxidation von Schwefeldioxid zu Schwefeltrioxid in einer exothermen Gleichgewichtsreaktion:

$$2\ SO_2(g) + O_2(g) \rightleftharpoons 2\ SO_3(g); \quad \Delta_r H^0_m = -197\ kJ \cdot mol^{-1}$$

Das gebildete Schwefeltrioxid reagiert nur langsam mit Wasser zu Schwefelsäure. Es wird deshalb zunächst in konzentrierter Schwefelsäure gelöst. Dabei bildet sich Oleum (rauchende Schwefelsäure), das hauptsächlich Dischwefelsäure enthält:

$$SO_3(g) + H_2SO_4(l) \longrightarrow H_2S_2O_7(l)$$

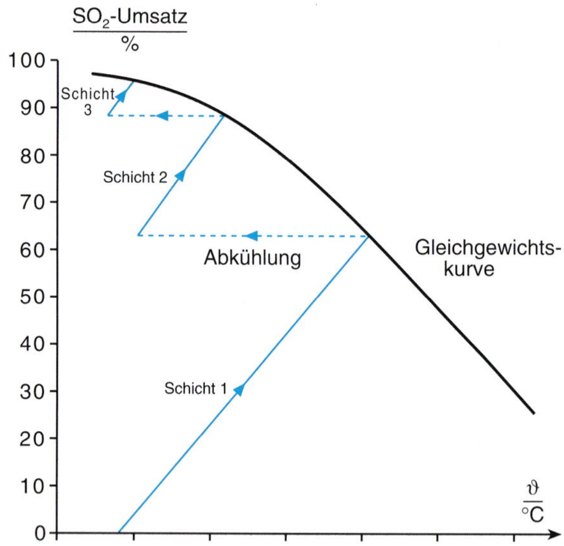

Oxidation von Schwefeldioxid an drei Kontaktschichten

Durch kontinuierliche Zugabe von Wasser erhält man 98 %-ige Schwefelsäure:

$$H_2S_2O_7(l) + H_2O(l) \longrightarrow 2\ H_2SO_4(l)$$

Steuerung des SO_2/SO_3-Gleichgewichts. Da die Oxidation von Schwefeldioxid exotherm verläuft, verringert sich der Anteil an Schwefeltrioxid im Gleichgewicht mit steigender Temperatur. Um eine möglichst vollständige Umsetzung zu erreichen, wäre also eine niedrige Reaktionstemperatur günstig. Mit sinkender Temperatur verringert sich aber auch die Reaktionsgeschwindigkeit. Man nimmt deshalb Vanadiumoxid (V_2O_5) als Katalysator zu Hilfe, um die Reaktion zu beschleunigen; die optimale Reaktionstemperatur liegt dann bei etwa 450 °C.

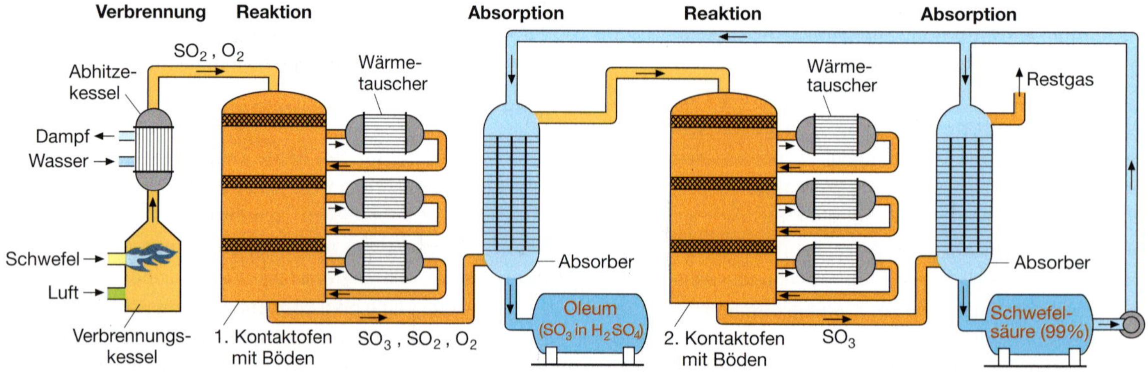

Technische Herstellung von Schwefelsäure nach dem Doppelkontaktverfahren

Das als Katalysator verwendete Vanadiumoxid wirkt als Sauerstoffüberträger. Dabei laufen folgende Reaktionen ab:

$$SO_2(g) + V_2O_5(s) \longrightarrow SO_3(g) + V_2O_4(s)$$

$$2\ V_2O_4(s) + O_2(g) \longrightarrow 2\ V_2O_5(s)$$

Das Gasgemisch strömt in einem Kontaktofen durch mehrere übereinander angeordnete Siebböden, auf denen jeweils eine Katalysatorschicht liegt. Da sich das Gasgemisch während der Reaktion stark erhitzt, kann Schwefeldioxid in der ersten Schicht nur zu etwa 60 % umgesetzt werden. Vor Eintritt in eine weitere Katalysatorschicht wird das Gasgemisch jeweils an Wärmeaustauschern abgekühlt, damit sich wieder eine günstige Reaktionstemperatur einstellt.

Schon aus Gründen des Umweltschutzes muss Schwefeldioxid möglichst vollständig umgesetzt werden. Man erreicht dies durch das bereits seit Jahrzehnten übliche *Doppelkontaktverfahren:*
Vor Durchströmen der letzten Kontaktschicht wird eine Zwischenabsorption durchgeführt. Insgesamt wird auf diese Weise Schwefeldioxid zu 99,6 % in Schwefeltrioxid überführt.

Zur Herstellung von Schwefelsäure wird Schwefel zunächst zu Schwefeldioxid verbrannt. In einer Gleichgewichtsreaktion wird Schwefeldioxid anschließend im Doppelkontaktverfahren zu Schwefeltrioxid oxidiert. Beim Lösen in konzentrierter Schwefelsäure erhält man Oleum, das mit Wasser zu Schwefelsäure reagiert.

1. Geben Sie die Strukturformeln von Schwefelsäure und Dischwefelsäure an.
2. Erläutern Sie den Verlauf der blauen Kurve in dem Diagramm zur Oxidation des Schwefeldioxids.
3. Die hohe Reaktionstemperatur bei der Oxidation bedingt eine für die Bildung von Schwefeltrioxid ungünstige Gleichgewichtslage. Warum wählt man dennoch eine Temperatur von etwa 450 °C?
4. Welche Bedeutung und Wirkungsweise hat der Katalysator bei der Oxidation von Schwefeldioxid?
5. Schwefeltrioxid reagiert mit Wasser zu Schwefelsäure. Warum leitet man das Schwefeltrioxid jedoch in konzentrierte Schwefelsäure ein?
6. Früher stellte man Schwefeldioxid für die Schwefelsäure-Synthese durch Abrösten schwefelhaltiger Erze her. Recherchieren Sie, warum es günstiger ist, Schwefeldioxid durch direkte Verbrennung von Schwefel zu gewinnen.
7. Warum wäre es günstig, für die Herstellung von Schwefeltrioxid ein Gasgemisch mit einem Überschuss an Sauerstoff einzusetzen?
8. Warum wirkt sich die im Doppelkontaktverfahren durchgeführte Zwischenabsorption günstig auf den Stoffumsatz aus?
9. Erläutern Sie unter ökologischen Gesichtspunkten, warum Abgase möglichst kein Schwefeldioxid enthalten sollten.
10. Schwefelsäure wird beim Einsatz in der Industrie meist nicht vollständig verbraucht. Es bleibt verdünnte und verunreinigte Schwefelsäure zurück. Recherchieren Sie Recycling-Möglichkeiten dieser *Dünnsäure.*

Regelkreise

EXKURS

In der industriellen Produktion werden die eingesetzten Maschinen *gesteuert:* Bei einer **Steuerung** senden Computer Befehle an eine Maschine, die diese ausführt; sie bekommen aber keine Informationen zurück.
Bei chemischen Produktionsprozessen reicht eine einfache Steuerung meist nicht aus. Solche Prozesse werden *geregelt.* Im Unterschied zur Steuerung wird bei der **Regelung** der Zustand des Systems an den Computer zurückgemeldet. Die *Istwerte* werden so erfasst, mit den *Sollwerten* verglichen und für eine Nachregelung genutzt. Die Informationskette ergibt einen **Regelkreis.**

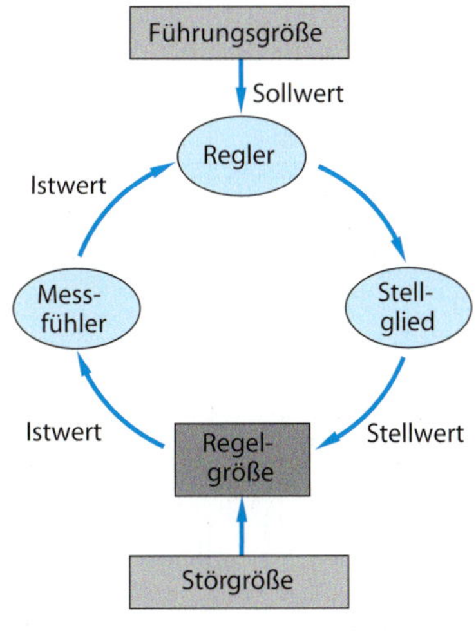

Die Herstellung von Schwefelsäure wird stark von der Temperatur beeinflusst. Die Reaktionstemperatur ist deshalb die *Führungsgröße* der Regelung: Ein Messfühler erfasst den Istwert der Gastemperatur und vergleicht ihn mit dem Sollwert von 450 °C. Es wird ein Signal an den Wärmetauscher *(Stellglied)* gegeben. Ist die Gastemperatur zu niedrig, wird die Kühlwasserzufuhr verringert (Stellwert). Die Temperatur steigt an.
Weitere Störungen ergeben sich auch durch abnehmende Aktivität des Katalysators oder durch zu niedrigen Sauerstoff-Anteil im Reaktionsgemisch.

TRAINING

A1 Welche Faktoren beeinflussen die Reaktionsgeschwindigkeit? Erklären Sie, warum sich der jeweilige Faktor auf die Reaktionsgeschwindigkeit auswirkt. Geben Sie an, wie stark die Reaktionsgeschwindigkeit jeweils beeinflusst wird.

A2 Zink reagiert mit Salzsäure:

$Zn(s) + 2\ HCl(aq) \longrightarrow ZnCl_2(aq) + H_2(g)$

Bei einem Experiment mit 20 ml Lösung wurden innerhalb von zehn Minuten 48 ml Wasserstoff ($V_m = 24\ l \cdot mol^{-1}$) gebildet. Berechnen Sie die durchschnittlichen Reaktionsgeschwindigkeiten bezogen auf Salzsäure und auf Zinkchlorid.

A3 1-Iodpropan reagiert mit Chlorid-Ionen zu 1-Chlorpropan, das als Gas aus dem Reaktionsgemisch entweicht. Die beiden Ausgangsstoffe wurden mit einer Konzentration von jeweils $0{,}1\ mol \cdot l^{-1}$ in 100 ml Lösung zur Reaktion gebracht. Das Volumen des entstandenen Chlorpropans wurde über einige Zeit gemessen:

V(Chlorpropan) in ml	*t* in min	*V*(Chlorpropan) in ml	*t* in min
10	2	60	17
20	4	70	21
30	7	80	26
40	10	90	31
50	13	100	37

a) Ergänzen Sie die Tabelle mit Spalten für die Stoffmenge an Chlorpropan ($V_m = 24\ l \cdot mol^{-1}$) und für die Konzentration an Iodpropan.

b) Tragen Sie in einem Diagramm die Konzentration an Iodpropan gegen die Zeit auf.

c) Bestimmen Sie mit Hilfe des Diagramms die Anfangsgeschwindigkeit der Reaktion.

d) Bestimmen Sie die Momentangeschwindigkeit nach 30 Minuten.

e) Berechnen Sie die Konzentration der Ausgangsstoffe nach einer Reaktionszeit von 30 Minuten.

f) Formulieren Sie die Geschwindigkeitsgleichung für diese Reaktion.

g) Berechnen Sie die Geschwindigkeitskonstante.

A4 Um Reaktionen katalytisch zu beschleunigen, werden vielfach *Trägerkatalysatoren* eingesetzt. Sie enthalten den katalytisch wirksamen Stoff auf der Oberfläche eines porösen Trägermaterials.

a) Erläutern Sie, welchen Vorteil ein Trägerkatalysator bietet.

b) Welche Eigenschaften müssen die Trägermaterialien aufweisen? Nennen Sie Beispiele für häufig verwendete Stoffe.

A5 Bei der Reaktion von Salzsäure mit Magnesium-Band wurde das Volumen des entstandenen Wasserstoffs kontinuierlich gemessen. Daraus ergab sich das folgende Diagramm:

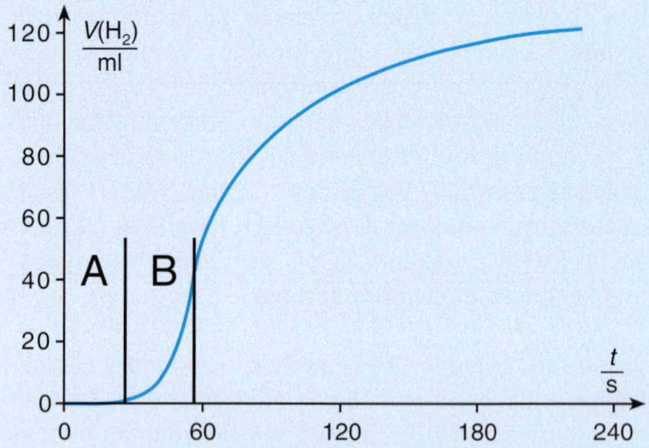

a) In den Bereichen A und B zeigt das Diagramm Versuchsfehler an. Erläutern Sie die Fehler und geben Sie an, wie man diese vermeiden kann.

b) Zeichnen Sie einen Reaktionsverlauf, wie Sie ihn erwarten.

A6 In der quantitativen Analyse werden reduzierende Stoffe häufig durch Titration mit einer Permanganat-Lösung bestimmt. Die Reaktion von Permanganat mit Oxalsäure verläuft nach folgender Gleichung:

$$2\ MnO_4^-(aq) + 5\ H_2C_2O_4(aq) + 6\ H^+(aq) \longrightarrow 2\ Mn^{2+}(aq) + 10\ CO_2(g) + 8\ H_2O(l)$$

Die Abhängigkeit der Reaktionsgeschwindigkeit von der Zeit wird durch folgende Skizze dargestellt:

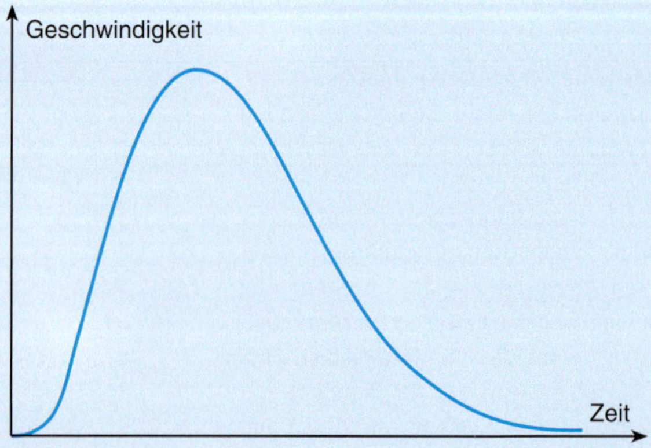

a) Welcher Stoff beschleunigt in der Anfangsphase die Reaktion?

b) Warum spricht man bei solchen Reaktionen von *Autokatalyse?*

A7 Die Geschwindigkeit chemischer Reaktionen ist vielfach proportional zu den Konzentrationen der Ausgangsstoffe. Man könnte daher annehmen, dass der Stoffumsatz erst dann beendet ist, wenn ein Ausgangsstoff völlig verbraucht ist. Dennoch findet häufig keine Reaktion mehr statt, obwohl jeder Ausgangsstoff noch im Reaktionsgemisch vorhanden ist.

a) Erklären Sie den Widerspruch.

b) Nennen Sie drei Beispiele für solche Reaktionen. Geben Sie dazu die Reaktionsgleichungen an.

c) Wie könnte man in diesen Fällen einen weitergehenden Stoffumsatz erreichen?

d) Erläutern Sie den Unterschied zwischen einem dynamischen und einem statischem Gleichgewicht.

e) In einem Stausee ist ein Gleichgewichtszustand erreicht, wenn der Wasserstand unverändert bleibt. Wie stellt sich hier ein Gleichgewicht ein? Vergleichen Sie dieses Gleichgewicht mit einem chemischen Gleichgewicht.

A8 Bei einer Veresterung wurden 23 g Ameisensäure mit 16 g Methanol zur Reaktion gebracht. Nach einem Tag wurde ein Zehntel des Gemisches als Probe entnommen und titriert. Der Verbrauch an Natronlauge ($c(NaOH) = 1\ mol \cdot l^{-1}$) bis zum Farbumschlag des Indikators betrug 32 ml.

a) Formulieren Sie die Reaktionsgleichung.

b) Berechnen Sie die eingesetzten Stoffmengen.

c) Berechnen Sie aus dem Titrationsergebnis die Stoffmenge an Ameisensäure im gesamten Gemisch.

d) Geben Sie die Stoffmengen an Wasser, Methanol und Ameisensäuremethylester nach der Reaktion an.

e) Welcher Arbeitsschritt muss zusätzlich durchgeführt werden, wenn dem Reaktionsgemisch Schwefelsäure als Katalysator zugesetzt wurde?

A9 Kohlenstoffmonooxid reagiert exotherm mit Wasserdampf zu Kohlenstoffdioxid und Wasserstoff. Bei 500 K stellt sich ein Gleichgewicht mit den folgenden Stoffmengen ein:

$n(H_2O) = 0{,}02\ mol,\ n(CO) = 0{,}01\ mol$
$n(H_2) = 0{,}25\ mol,\ n(CO_2) = 0{,}1\ mol$

a) Formulieren Sie die Reaktionsgleichung.

b) Stellen Sie den Term für die Gleichgewichtskonstante dieser Reaktion auf.

c) Berechnen Sie die Gleichgewichtskonzentrationen wenn das Gesamt-Volumen 100 l beträgt.

d) Berechnen Sie den Wert der Gleichgewichtskonstanten.

e) Wie ändern sich die Konzentrationen, wenn man das Gemisch stärker erhitzt? Wie wirkt sich die Temperaturveränderung auf die Gleichgewichtskonstante aus?

f) Welchen Einfluss hat der Druck auf die Lage des Gleichgewichts? Begründen Sie.

A10 Schwefelsäure wird in einem mehrstufigen Prozess aus Schwefel, Sauerstoff und Wasser hergestellt.

a) Geben Sie die Reaktionsgleichungen für die einzelnen Schritte an.

b) Bei welchem Reaktionsschritt ist die Gleichgewichtslage entscheidend?

c) Welche der Reaktionen läuft nur langsam ab?

d) Warum ist es nicht sinnvoll, die Geschwindigkeit dieser Reaktion durch Temperaturerhöhung steigern zu wollen?

e) Aufgrund welcher Reaktionsschritte wird die Bildung von Schwefeltrioxid durch Vanadiumoxide beschleunigt?

f) Welche Maßnahmen werden bei der Herstellung von Schwefelsäure getroffen, um Schwefeldioxid nahezu vollständig in Schwefelsäure zu überführen?

A11 Die technische Synthese von Ammoniak ist eine der wichtigsten Erfindungen in der Chemie. Die Ausgangsstoffe sind Wasserstoff und Stickstoff, die im Verhältnis 3 : 1 an einem Katalysator reagieren.

a) Formulieren Sie die Reaktionsgleichung.

b) Wie gewinnt man die Ausgangsstoffe für die Synthese von Ammoniak?

c) Die Synthese wird bei einem Druck von 30 MPa und einer Temperatur von 450 °C durchgeführt. Ermitteln Sie aus der Grafik den Volumenanteil an Ammoniak im Gleichgewichtszustand.

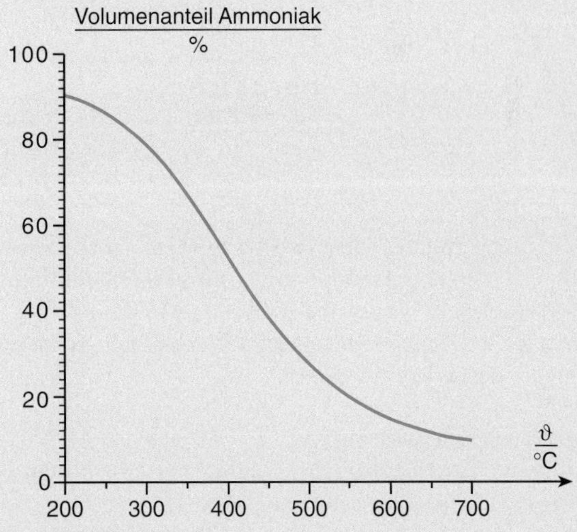

d) Stellen Sie den Term für die Gleichgewichtskonstante für die Bildung von Ammoniak aus den Elementen auf.

e) Berechnen Sie die Gleichgewichtskonstante für 30 MPa und 450 °C ($V_m = 0{,}2\ l \cdot mol^{-1}$).

f) Erläutern Sie, inwiefern die Wahl der Reaktionstemperatur einen Kompromiss darstellt.

g) Warum wird die Reaktion unter hohem Druck durchgeführt?

Steuerung chemischer Reaktionen

Der Ablauf chemischer Reaktionen wird nicht nur durch die Art der Stoffe, sondern auch durch ihre Konzentrationen und durch die Reaktionstemperatur beeinflusst.

Ziel der Steuerung chemischer Reaktionen ist es, die Reaktionsbedingungen so einzustellen, dass mit möglichst geringem technischem Aufwand kostengünstig hohe Ausbeuten in kurzer Zeit erreicht werden. Die Maßnahmen richten sich einerseits auf eine Optimierung der *Reaktionsgeschwindigkeit*, andererseits auf eine Vergrößerung der Ausbeute durch eine *Verschiebung des chemischen Gleichgewichts*.

1. Reaktionsgeschwindigkeit

Momentangeschwindigkeit v und Durchschnittsgeschwindigkeit $\bar{v}$

Die Definition der Begriffe wird durch das folgende Zeit/Konzentrationsdiagramm beispielhaft für die Bildung eines Reaktionsprodukts verdeutlicht:

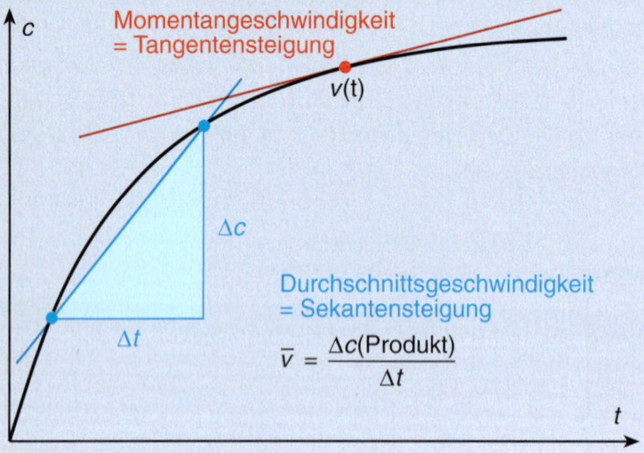

Reaktionsgeschwindigkeiten können auch auf die zeitliche Änderung der Konzentration eines Ausgangsstoffes bezogen werden. In diesem Fall ist Δc negativ, da die Konzentration im Verlauf der Reaktion abnimmt. Statt Δc wird dann der Betrag $|\Delta c|$ eingesetzt.

Geschwindigkeitsgleichung

Durch eine Geschwindigkeitsgleichung lässt sich die Abhängigkeit der Reaktionsgeschwindigkeit von der Konzentration beschreiben.

Für Reaktionen des Typs A + B ⟶ C gilt vielfach:

$$v = k \cdot c(\text{A}) \cdot c(\text{B})$$

Der Proportionalitätsfaktor k ist die *Geschwindigkeitskonstante der Reaktion.*

Bei Reaktionen, die in mehreren Schritten verlaufen, weist die experimentell ermittelte Geschwindigkeitsgleichung auf den langsamsten Reaktionsschritt hin.

Reaktionsgeschwindigkeit und Temperatur

Für viele Reaktionen gilt die **R**eaktions**g**eschwindigkeit/**T**emperatur-Regel (**RGT-Regel**). Danach steigt die Reaktionsgeschwindigkeit auf das Doppelte bis Vierfache, wenn man die Temperatur um 10 K erhöht.

Energieverteilung und Aktivierungsenergie

- Die durchschnittliche Geschwindigkeit mit der sich die Teilchen einer Stoffportion bewegen, nimmt mit steigender Temperatur zu.

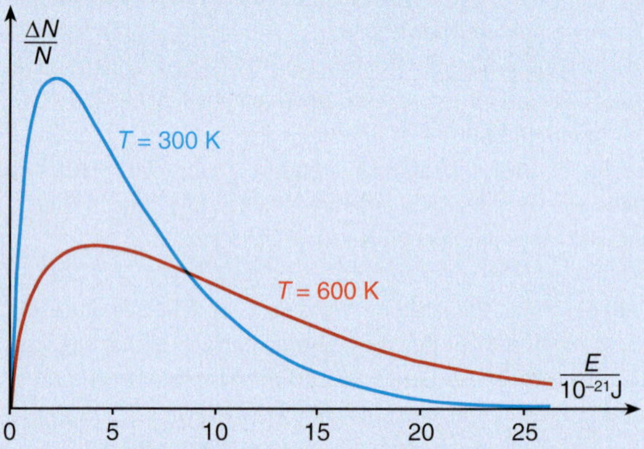

- Auch bei einer bestimmten Temperatur weisen die einzelnen Teilchen sehr unterschiedliche Geschwindigkeiten auf. Es gibt eine *Geschwindigkeitsverteilung* und somit auch eine *Energieverteilung.*
- Der Anteil der energiereichen Teilchen nimmt mit steigender Temperatur stark zu.
- Eine Reaktion kann nur stattfinden, wenn die entsprechenden Teilchen mit der notwendigen **Mindestenergie** E_{min} zusammenstoßen. Der Mindestenergie auf der Teilchenebene entspricht auf der Stoffebene die **Aktivierungsenergie**.
- Nur ein sehr kleiner Teil aller Zusammenstöße führt zu einer Reaktion. Der Anteil wächst mit steigender Temperatur, da immer mehr Teilchen Energien oberhalb von E_{min} aufweisen.

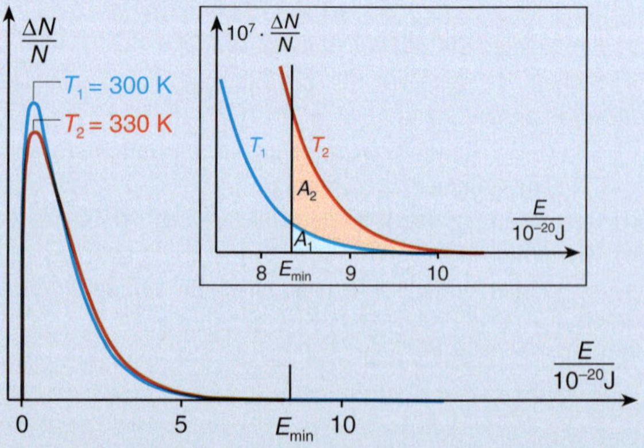

Katalyse

Katalysatoren beschleunigen chemische Reaktionen, ohne sich dabei dauerhaft zu verändern. Sie ermöglichen generell Reaktionswege mit niedriger Aktivierungsenergie. Eine besondere Rolle spielen **Enzyme,** die als *Biokatalysatoren* lebenswichtige Stoffwechselprozesse ermöglichen.

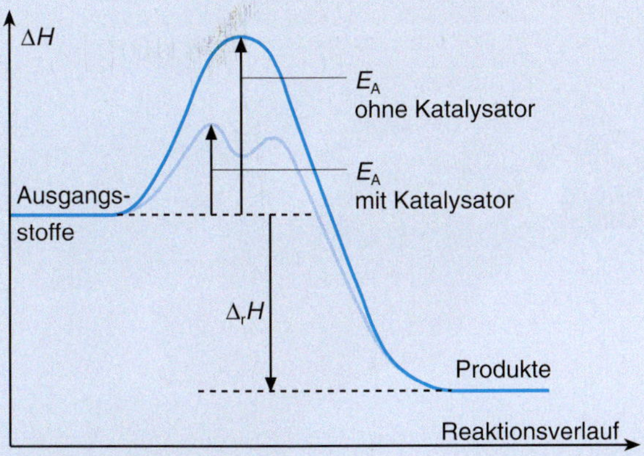

2. Chemisches Gleichgewicht

Viele chemische Reaktionen verlaufen nicht vollständig: Es stellt sich ein Gleichgewicht ein, bei dem Reaktionsprodukte und Ausgangsstoffe nebeneinander vorliegen. Ein Doppelpfeil in der Reaktionsgleichung weist darauf hin:

$$\underset{\text{Essigsäure}}{CH_3COOH} + \underset{\text{Ethanol}}{C_2H_5OH} \rightleftharpoons \underset{\text{Essigsäureethylester}}{CH_3COOC_2H_5} + H_2O$$

Ein chemisches Gleichgewicht ist ein *dynamischer Gleichgewichtszustand*: Die Bildung der Produkte (Hinreaktion) und deren Zerfall (Rückreaktion) verlaufen mit gleicher Geschwindigkeit.

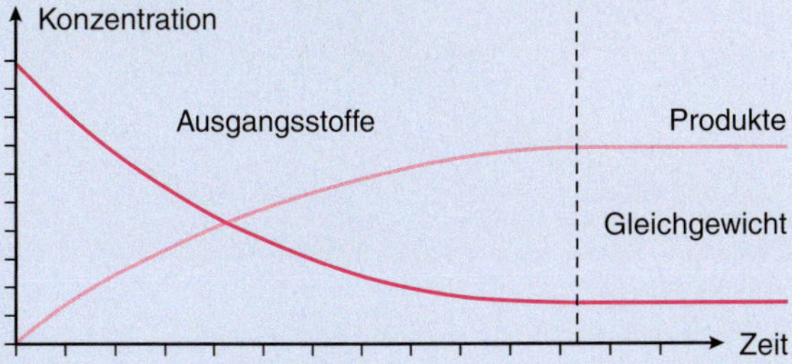

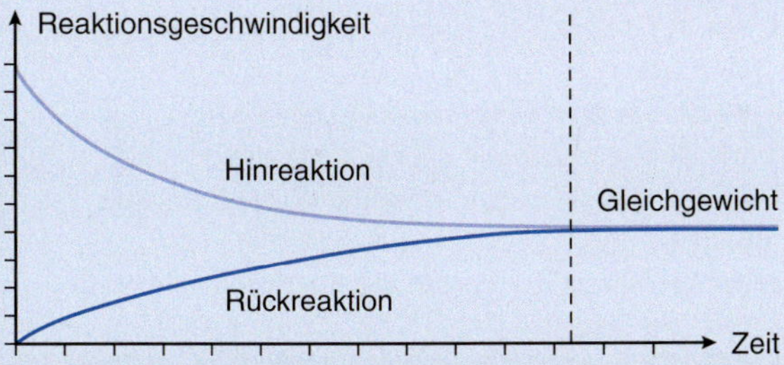

Verschiebung des Gleichgewichts

Die Lage eines dynamischen Gleichgewichts hängt von den Reaktionsbedingungen ab: Stört man das Gleichgewicht durch eine Änderung der *Temperatur* oder der *Konzentration* der Stoffe, so ändern sich auch die Konzentrationsverhältnisse und es stellt sich ein neues Gleichgewicht ein.

Falls sich bei Reaktionen mit Gasen die Teilchenzahl im Gasraum ändert, hängt die Lage des Gleichgewichts auch vom *Druck* ab.

Der Einfluss der Reaktionsbedingungen wird durch das Prinzip von LE CHATELIER beschrieben:

Jede Störung eines chemischen Gleichgewichts führt zu einer Verschiebung der Gleichgewichtslage, die der Störung entgegenwirkt und diese teilweise wieder aufhebt.

Beispiele:

1. Temperaturänderung:

Temperatur**erniedrigung:** *exotherme Reaktion* →

$$2\ NO_2(g) \rightleftharpoons N_2O_4(g);\ \text{exotherm}$$

← Temperatur**erhöhung:** *endotherme Reaktion*

2. Konzentrationsänderung:

Konzentrations**erhöhung:** *Verringerung der Teilchenzahl* →

$$Fe^{3+}(aq) + SCN^-(aq) \rightleftharpoons Fe(SCN)^{2+}(aq)$$

← Konzentrations**erniedrigung:** *Vergrößerung der Teilchenzahl*

3. Druckänderung (nur bei Reaktionen mit Gasen):

Druck**erhöhung:** *Verringerung der Teilchenzahl* →

$$CO(g) + 2\ H_2(g) \rightleftharpoons CH_3OH(g)$$

← Druck**erniedrigung:** *Vergrößerung der Teilchenzahl*

Massenwirkungsgesetz und Gleichgewichtskonstante *K*

Aus den Konzentrationen der Stoffe im Gleichgewicht lässt sich mithilfe des Massenwirkungsgesetzes die Gleichgewichtskonstante *K* berechnen.

Für eine beliebigen Reaktion gilt dabei folgender Zusammenhang:

$$iA + jB \rightleftharpoons mC + nD \qquad K = \frac{c^m(C) \cdot c^n(D)}{c^i(A) \cdot c^j(B)}$$

Liegen die beteiligten Stoffe in einem *homogenen System* vor, also in Lösung oder als Gase, so sind für die Berechnung der Gleichgewichtskonstanten die Konzentrationen aller Stoffe zu berücksichtigen. Bei *heterogenen Systemen* bleiben im Term für die Gleichgewichtskonstante die festen Stoffe unberücksichtigt.

3 Stoffkreisläufe in Natur und Umwelt

Die chemischen Elemente treten auf der Erde in unterschiedlichen Verbindungen auf, die durch chemische Reaktionen ineinander umgewandelt werden. An diesen Vorgängen sind auch Organismen beteiligt. Für manche Elemente kann man die Umwandlungen in Kreisprozessen darstellen.
Der Mensch ist als Lebewesen in diese Stoffkreisläufe eingebunden und beeinflusst sie. Seit der industriellen Revolution hat sich der Einfluss der Menschen deutlich verstärkt.

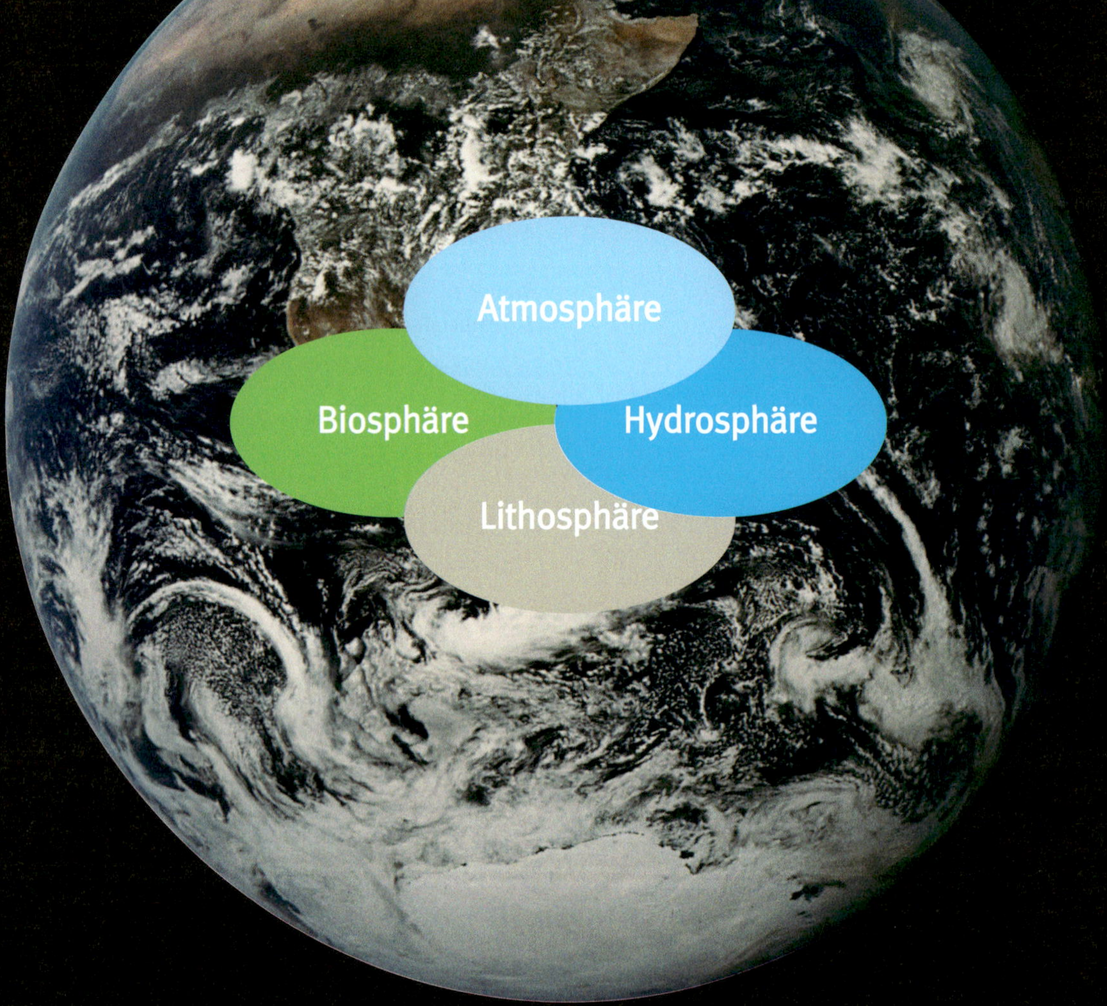

Grundlagen
- anorganische Säuren und ihre Salze
- chemisches Gleichgewicht
- Nachweisreaktionen von Ionen

zentrale Fragen
- Was versteht man unter einem Stoffkreislauf?
- Welche Stoffkreisläufe sind von besonderer Bedeutung?
- Welche Verbindungen sind an den jeweiligen Kreisläufen beteiligt?
- Welche Faktoren wirken auf Kreisläufe ein?
- Wie sind Lebewesen in die Kreisläufe eingebunden?
- Welche Mengen werden in welchen Zeiträumen transportiert?
- Wie beeinflusst der Mensch durch technische Prozesse diese Kreisläufe?

3.1 Elemente in Stoffkreisläufen

Das Leben auf der Erde läuft in einem riesigen chemischen System ab, das man auch als *Geosphäre* bezeichnet. Die Geosphäre umfasst die *Atmosphäre* (Lufthülle der Erde), die *Hydrosphäre* (Wasser an der Erdoberfläche), die *Lithosphäre* (äußerer Gesteinsmantel) und die *Biosphäre* (von Lebewesen besiedelter Bereich der Erde).

Vorkommen der Elemente. In der *Geosphäre* kommen ungefähr 90 chemische Elemente vor. Fünf davon, Sauerstoff, Silicium, Aluminium, Eisen und Calcium, bilden mehr als 90 % der Masse der Erde.
Am chemischen Aufbau eines *Lebewesens* sind nur etwa 20 chemische Elemente beteiligt. Die Masse des menschlichen Körpers besteht zu mehr als 90 % aus den drei Elementen Sauerstoff, Kohlenstoff und Wasserstoff.

Stoffkreislauf. In der Geosphäre laufen ständig Umwandlungsprozesse ab: Einerseits ändern Stoffe ihre Aggregatzustände; anderseits werden sie durch chemische Reaktionen in andere Stoffe überführt. Beide Vorgänge sind häufig mit einem Transport von einer Sphäre in eine andere verbunden: Wasser gelangt beim Verdunsten von der Hydrosphäre in die Atmosphäre. Kohlenstoffdioxid wird von Pflanzen aus der Atmosphäre oder der Hydrosphäre aufgenommen. Bei der Fotosynthese wird es in organische Verbindungen wie Glucose überführt und wechselt so in die Biosphäre.
Bei chemischen Reaktionen geht Materie nicht verloren und wird auch nicht neu geschaffen. Es entstehen lediglich neue Verbindungen, in denen ein Element mit unterschiedlichen anderen Elementen verbunden ist. Kehrt das Element nach einer Anzahl von Umwandlungsschritten zu anderen Verbindungen wieder in die Ausgangsverbindung zurück, so spricht man von einem *Stoffkreislauf.*
Praktisch alle chemischen Reaktionen, die in der Natur ablaufen, sind Teilprozesse von Stoffkreisläufen.

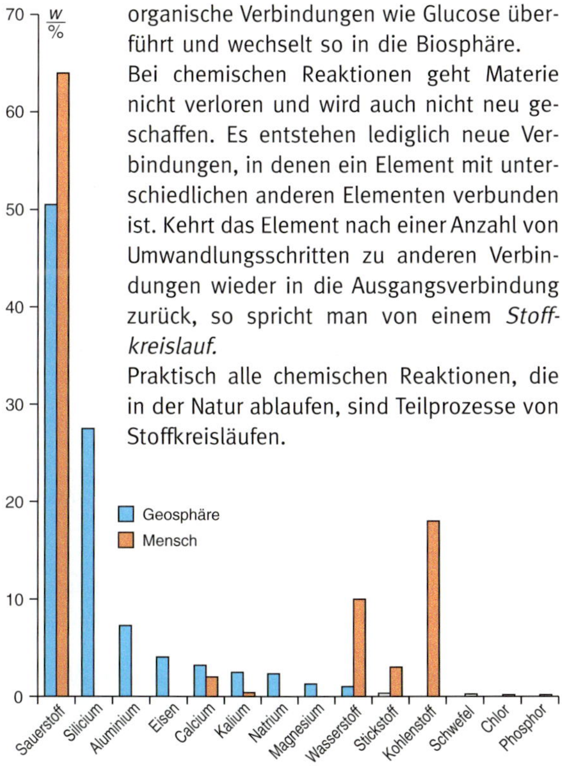

Massenanteil w der häufigsten Elemente in der Geosphäre und im menschlichen Körper

Kreisläufe kann man mit den Begriffen *Reservoir*, *Quelle* und *Senke* beschreiben: Bei der Verbrennung von Kraftstoffen im Motor entsteht Kohlenstoffdioxid. Das Auto ist damit eine Kohlenstoffdioxid-*Quelle*. Das Kohlenstoffdioxid wird an die Atmosphäre abgegeben, die große Mengen an Kohlenstoffdioxid enthält. Sie ist also ein *Reservoir*. Die Pflanzen nehmen Kohlenstoffdioxid aus der Atmosphäre auf und wirken als Kohlenstoffdioxid-*Senke*.

Die Stoffkreisläufe der Elemente Sauerstoff, Kohlenstoff, Stickstoff und Phosphor wurden besonders gut untersucht, da sie von existentieller Bedeutung für das Leben auf der Erde sind. Verbindungen dieser Elemente spielen für das Wachstum der Pflanzen eine bedeutende Rolle. Verbindungen des Kohlenstoffs und des Stickstoffs haben zudem noch einen starken Einfluss auf unser Klima.

Ein Stoffkreislauf beschreibt eine Reaktionsfolge, bei der der Ausgangsstoff nach einer Anzahl von Schritten wieder zurückgebildet wird. Häufig ist damit ein Wechsel zwischen Atmosphäre, Lithosphäre, Hydrosphäre oder Biosphäre verbunden.

1. Ein Mensch besteht zu etwa 70 % aus Wasser.
   a) Berechnen Sie die Masse an Wasserstoff im Wasser Ihres Körpers.
   b) In welchen anderen Verbindungen des Organismus ist ebenfalls Wasserstoff gebunden?
2. Skizzieren Sie in einem einfachen Schema den Wasserkreislauf zwischen Lithosphäre, Atmosphäre und Hydrosphäre.
3. Geben Sie Verbindungen an, in denen Silicium, Aluminium, Eisen und Calcium in der Natur vorkommen.

3.2 Der Sauerstoffkreislauf

Das häufigste Element in der Erdkruste ist der Sauerstoff; dabei sind Silicate und Carbonate die mengenmäßig wichtigsten Sauerstoff-Verbindungen. Charakteristisch für unseren Planeten ist aber vor allem das Vorkommen des Sauerstoffs in Form von Wasser und elementarem Sauerstoff.

Geschichte der Atmosphäre. Aussagen über die *Uratmosphäre* der Erde lassen sich aus Vergleichen mit Atmosphären anderer Planeten machen: Die Uratmosphäre bestand wahrscheinlich hauptsächlich aus Wasserdampf, Kohlenstoffdioxid und Stickstoff, daneben spielten Schwefelwasserstoff, Methan, Ammoniak und anfänglich auch Wasserstoff eine Rolle.
Aus der Tatsache, dass in den ältesten Gesteinen Eisenoxide fehlen, schließt man, dass zu dieser Zeit kein freier Sauerstoff vorhanden war. Die Atmosphäre war also nicht – wie heute – oxidierend, sondern reduzierend. Der leichte Wasserstoff entwich langsam in den Weltraum und die Atmosphäre verlor nach und nach ihre stark reduzierende Wirkung.

Durch das Abkühlen der Erde und die Bildung der Meere wurde das *Auftreten von Lebewesen* möglich. Die ersten Lebensformen waren heute noch existierende anaerobe Bakterien und Blaualgen, die in sauerstofffreiem Milieu leben können. Erst später traten fotosynthetisch aktive Organismen auf, die mithilfe des Sonnenlichtes elementaren Sauerstoff freisetzten. Man vermutet, dass dieser Sauerstoff am Anfang noch nicht frei in der Atmosphäre verfügbar war, sondern zunächst die noch reichlich vorhandenen Eisen(II)-Verbindungen zu Eisen(III)-Verbindungen oxidierte und so chemisch gebunden wurde. Erst danach gelangte freier Sauerstoff in die Atmosphäre.
In den letzten 200 bis 300 Millionen Jahren pendelte sich der Sauerstoffgehalt auf etwa 21 % ein. Die Erdatmosphäre enthält heute insgesamt $1{,}2 \cdot 10^{15}$ Tonnen Sauerstoff.

Sauerstoffproduktion. Bei der *Fotosynthese* werden Wasser-Moleküle mithilfe des Sonnenlichtes gespalten: Coenzyme in den Pflanzenzellen übertragen Wasserstoff-Atome auf Kohlenstoffdioxid-Moleküle. Dabei wird Kohlenstoffdioxid reduziert; in einer komplizierten Reaktionsfolge entsteht daraus Traubenzucker (Glucose). Als Nebenprodukt der Spaltung der Wasser-Moleküle wird molekularer Sauerstoff freigesetzt:

$$6\,CO_2 + 12\,H_2O \longrightarrow \underset{\text{Glucose}}{C_6H_{12}O_6} + 6\,O_2 + 6\,H_2O; \quad \text{endotherm}$$

Die fotosynthetisch aktiven Pflanzen produzieren etwa 94 Milliarden Tonnen Sauerstoff im Jahr.

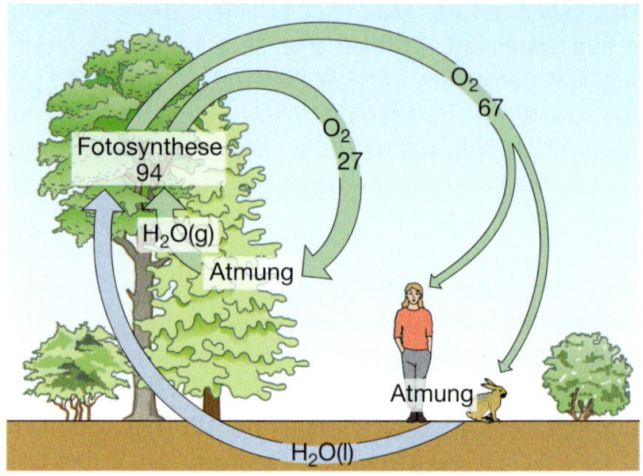

Sauerstoffkreislauf in 10^9 t Sauerstoff pro Jahr

Sauerstoffverbrauch. Die sauerstoffhaltige Atmosphäre ermöglichte die Entwicklung von Organismen, die ihren Energiebedarf durch die Atmung deckten. Diese Lebewesen benötigen Sauerstoff für ihren Stoffwechsel: Energiereiche Verbindungen wie Glucose werden stufenweise zu Kohlenstoffdioxid oxidiert. Bei dieser Reaktionsfolge treten Wasser-Moleküle sowohl als Ausgangsstoff als auch als Reaktionsprodukt auf:

$$\underset{\text{Glucose}}{C_6H_{12}O_6} + 6\,H_2O + 6\,O_2 \longrightarrow 6\,CO_2 + 12\,H_2O; \quad \text{exotherm}$$

Durch die Atmungsprozesse von Mikroorganismen, Pflanzen und Tieren wird ebensoviel Sauerstoff verbraucht wie durch die Fotosynthese gebildet wird. Die Gesamtmenge des Sauerstoffs in der Atmosphäre bleibt somit unverändert.

Im Sauerstoffkreislauf erfolgt ein Stoffaustausch zwischen Biosphäre und Atmosphäre: Bei der Fotosynthese setzen pflanzliche Organismen aus Wasser Sauerstoff frei. Bei den Atmungsprozessen wird Sauerstoff für die Oxidation energiereicher Verbindungen verbraucht. Dabei entsteht wieder Wasser.

1. **a)** Erklären Sie den Begriff reduzierende Atmosphäre.
   b) Wie hat sich aus der Uratmosphäre eine oxidierende Atmosphäre entwickelt?
2. Berechnen Sie den Sauerstoffanteil – bezogen auf den Sauerstoffvorrat der Atmosphäre, der pro Jahr durch die Fotosynthese gebildet wird.
3. Jährlich werden $13 \cdot 10^9$ t Sauerstoff durch die Aktivitäten des Menschen umgesetzt.
   a) Welche Masse an Sauerstoff wandelt jeder Mensch damit täglich im weltweiten Durchschnitt um?
   b) Warum ist nicht der Sauerstoffverbrauch, sondern die Kohlenstoffdioxid-Produktion das eigentliche Problem?

Erdatmosphäre

EXKURS

Die *Atmosphäre* ist eine relativ dünne Gashülle von 100 km Höhe. Sie ist damit, im Verhältnis zur Erde betrachtet, nicht dicker als die Haut eines aufgeblasenen Luftballons. Die Atmosphäre wird durch die Anziehungskraft der Erde gehalten. Diese Anziehungskraft verringert sich mit zunehmender Höhe, sodass die Dichte der Atmosphäre abnimmt. Der Druck sinkt entsprechend von 1013 hPa in Meereshöhe auf 1 hPa in 50 km Höhe. In diesem Bereich befinden sich mehr als 99,9 % der Masse der Atmosphäre.
In der Meteorologie teilt man die Atmosphäre aufgrund des Temperaturverlaufs und der Zusammensetzung ein in: *Troposphäre, Stratosphäre, Mesosphäre* und *Ionosphäre.*
Bis in etwa 85 km Höhe ändert sich die Zusammensetzung der Luft kaum: Sie enthält 78,09 % Stickstoff, 20,95 % Sauerstoff und 0,93 % Argon. Der Kohlenstoffdioxid-Gehalt beträgt 0,037 %. In größerer Höhe nimmt der Anteil der leichteren Elemente erheblich zu; im äußersten Bereich der Atmosphäre gibt es nur noch Wasserstoff-Atome.

Troposphäre. Die Troposphäre (gr. *tropos:* Wechsel, Änderung; *sphaira:* Kugel) ist gekennzeichnet durch vielschichtige Bewegungsvorgänge der Luftmassen. Die Ursache hierfür ist die Sonnenstrahlung, die die Atmosphäre nahezu ungehindert durchdringt und den Erdboden erwärmt. Die erwärmte Erdoberfläche emittiert nun wiederum Wärmestrahlung, die die Troposphäre von unten heizt. Die Lufttemperatur der Erdoberfläche liegt deshalb im Mittel bei 15 °C und fällt dann kontinuierlich auf −60 °C in etwa 12 km Höhe ab. Da in der Tropopause eine konstante Temperatur herrscht und somit nur eine geringe thermische Bewegung stattfindet, bildet sie eine Barriere für Stofftransporte von der Troposphäre in die Stratosphäre.

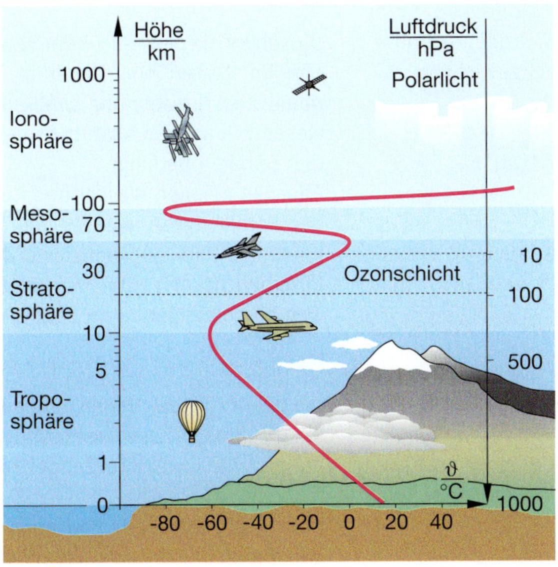

Stratosphäre. Im Gegensatz zur Troposphäre weist die Stratosphäre (gr. *stratos:* Schicht) eine stabile Schichtung auf. Eine besondere Rolle spielt die Ozonschicht in 20 bis 40 km Höhe. In diesem Bereich wird der für Lebewesen gefährliche UV-C-Anteil aus dem Sonnenlicht durch die Spaltung von Sauerstoff-Molekülen absorbiert; dabei werden Ozon-Moleküle gebildet:

$$O_2 \xrightarrow{\lambda < 242\ nm} 2 \cdot O \cdot$$
$$\cdot O \cdot + O_2 \longrightarrow O_3 \quad | \cdot 2, \quad \text{exotherm}$$
$$3\ O_2 \longrightarrow 2\ O_3$$

Durch die Spaltung von Ozon wird die Einstrahlung von UV-Licht in tiefere Schichten der Atmosphäre vermindert:

$$O_3 \xrightarrow{\text{Licht}} O_2 + \cdot O \cdot$$
$$\cdot O \cdot + O_3 \longrightarrow 2\ O_2, \quad \text{exotherm}$$
$$2\ O_3 \longrightarrow 3\ O_2$$

Die exothermen Teilreaktionen führen zu einer Erwärmung der Stratosphäre; die Temperatur steigt bis in 50 km Höhe wieder auf etwa 10 °C.

Mesosphäre. In einer Höhe von über 50 km ist die Konzentration an Sauerstoff-Molekülen so gering, dass kein Ozon mehr gebildet wird. In der Mesosphäre herrscht somit die niedrigste Temperatur der Atmosphäre.

Ionosphäre. Ab etwa 90 km steigt die Temperatur wieder an. Dort werden Atome durch Absorption von kurzwelliger Strahlung (<200 nm) ionisiert. Die Teilchen werden dabei so stark beschleunigt, dass ihre Geschwindigkeit einer Temperatur von mehreren hundert Grad Celsius entspricht. Aufgrund der geringen Teilchendichte kann man diese Temperatur jedoch nicht in gewohnter Weise mit einem Thermometer messen.

1. Beschreiben und begründen Sie den Höhenverlauf der Temperatur in der Atmosphäre.
2. Erläutern Sie die Ursachen für die Bewegung der Luftmassen in der Troposphäre.
3. Informieren Sie sich, in welcher Höhe sich geostationäre Satelliten im äquatorialen Umlauf bewegen.
4. Warum bildet sich in der oberen Troposphäre kein Ozon? Nehmen Sie die Abbildung zur Hilfe.
5. a) Welche Wellenlängenbereiche sind der UV-B-Strahlung und der UV-C-Strahlung zuzuordnen?
   b) Welche Vorgänge führen zur Absorption von UV-B- bzw. UV-C-Strahlung?

3.3 Der Kohlenstoffkreislauf

Der Kohlenstoffkreislauf umfasst die Atmosphäre, die Hydrosphäre, die Biosphäre und die Lithosphäre. Dabei sind sowohl organische als auch anorganische Kohlenstoffverbindungen beteiligt. Die wichtigste Verbindung dabei ist das Kohlenstoffdioxid, da der Kohlenstoff in dieser Form zwischen den Sphären transportiert wird. Außerdem spielt Kohlenstoffdioxid im Wärmehaushalt der Erde eine besonders wichtige Rolle.

Atmosphäre. Das in der Atmosphäre enthaltene Kohlenstoffdioxid entspricht einer Menge von $765 \cdot 10^9$ t Kohlenstoff. Diese erstaunlich große Masse ist jedoch nur ein Bruchteil eines Prozents des gesamten Kohlenstoffs in der Geosphäre. Dennoch ist die Atmosphäre ein bedeutender *Zwischenspeicher*. Von der Atmosphäre aus gelangt das Kohlenstoffdioxid in die Hydrosphäre und in die Biosphäre.

Hydrosphäre. In den Ozeanen ist der größte Teil des Kohlenstoffs in Form von *Hydrogencarbonat-Ionen* (HCO_3^-) gelöst. Gasförmiges Kohlenstoffdioxid steht über gelöstes Kohlenstoffdioxid mit Hydrogencarbonat-Ionen und mit Carbonat-Ionen im Gleichgewicht:

$$CO_2(g) \rightleftharpoons CO_2(aq)$$

$$CO_2(aq) + H_2O(l) \rightleftharpoons HCO_3^-(aq) + H^+(aq)$$

$$HCO_3^-(aq) \rightleftharpoons CO_3^{2-}(aq) + H^+(aq)$$

Durch Calcium-Ionen werden Carbonat-Ionen als schwer lösliches Calciumcarbonat gebunden und aus dem Gleichgewicht entfernt:

$$Ca^{2-}(aq) + CO_3^{2-}(aq) \rightleftharpoons CaCO_3(s)$$

Ob Kohlenstoffdioxid aus der Atmosphäre in das Wasser aufgenommen wird oder aus dem Wasser in die Atmosphäre entweicht, hängt im Wesentlichen von der Temperatur ab, da Gas sich im kalten Wasser besser löst als im warmen: Wenn das relativ warme Wasser des Golfstromes im Nördlichen Polarmeer abkühlt, nimmt es Kohlenstoffdioxid aus der Atmosphäre auf. Durch die Abkühlung steigt auch die Dichte des Meerwassers. Die Bildung von Eis führt zu einer weiteren Erhöhung der Dichte: Da Eis kein Salz enthält, steigt der Salzgehalt und damit die Dichte des zurückbleibenden Wassers. Das nun schwerere und kohlenstoffdioxidhaltige Wasser sinkt in die Tiefe und strömt dort in Richtung Äquator. Durch diese Tiefenwasserzirkulation ist das Kohlenstoffdioxid für über tausend Jahre der Atmosphäre entzogen. Die kälteren Teile der Ozeane wirken somit als *Kohlenstoffdioxid-Senke*.

Erwärmt sich das Wasser in tropischen Regionen, gelangt das Kohlenstoffdioxid wieder in die Atmosphäre. Wärmere Teile der Ozeane sind somit *Kohlenstoffdioxid-Quellen*.

Neben der Tiefenwasserzirkulation erfolgt die Verteilung des Kohlenstoffs in den Ozeanen auch durch die jahreszeitlich bedingte Durchmischung der Ozeandeckschicht.

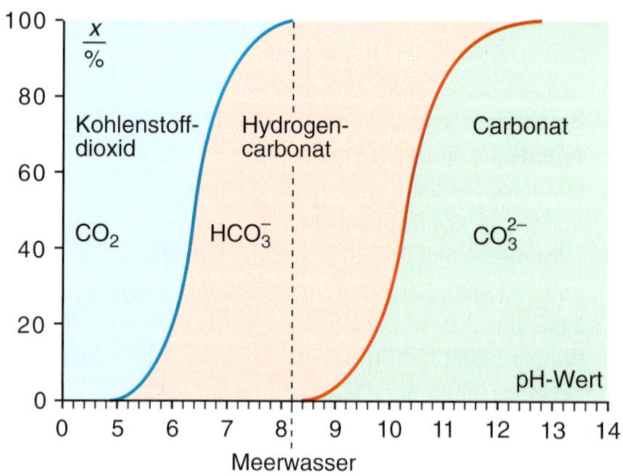

Stoffmengenanteile $x(HCO_3^-)$ und $x(CO_3^{2-})$ in Abhängigkeit vom pH-Wert

Biosphäre. Lebewesen kommen in der Luft, im Boden und im Wasser vor. Daher ist die Biosphäre in ihrer räumlichen Ausdehnung *sphärenübergreifend* und damit wesentlich an dem Austausch des Kohlenstoffs zwischen den Sphären beteiligt.

Pflanzen nehmen Wasser und Kohlenstoffdioxid auf. Bei der Fotosynthese werden die Kohlenstoff-Atome des Kohlenstoffdioxids reduziert; dabei entsteht Glucose (Traubenzucker). Die Sauerstoff-Atome des Wassers werden zu elementarem Sauerstoff oxidiert:

$$6\ CO_2 + 12\ H_2O \longrightarrow C_6H_{12}O_6 + 6\ O_2 + 6\ H_2O$$

Die bei der Fotosynthese gebildete Glucose ist die Basis für die Biosynthese vieler anderer organischer Verbindungen wie Eiweißstoffe oder Fette.

Tiere und Pflanzen gewinnen die Energie, die sie benötigen, durch die Oxidation energiereicher organischer Verbindungen wie Glucose. Dabei entsteht wiederum Kohlenstoffdioxid und Wasser:

$$C_6H_{12}O_6 + 6\ H_2O + 6\ O_2 \longrightarrow 6\ CO_2 + 12\ H_2O$$

Im *Ökosystem Meer* ist das Plankton ganz wesentlich an der Aufnahme von Kohlenstoffdioxid aus der Atmosphäre beteiligt. Bei hoher Fotosynthese-Aktivität sinkt die CO_2-Konzentration im Wasser. Das Meerwasser kann dann weiteres Kohlenstoffdioxid lösen, bis sich das ursprüngliche Gleichgewicht wieder einstellt. Würde sich die Leistungsfähigkeit der Algen des Planktons um nur etwa 10 % verringern, würde aus den Ozeanen die gleiche Menge an Kohlenstoffdioxid freigesetzt, die heute durch die Verbrennung fossiler Brennstoffe in die Atmosphäre gelangt.

Sterben die Organismen ab, wird die Biomasse zum großen Teil zu Kohlenstoffdioxid oxidiert. Zurückbleibende anorganische Kohlenstoffverbindungen sinken auf den Meeresboden. Kohlenstoff, der so sedimentiert, ist für Jahrmillionen dem Kreislauf entzogen.
Im *Ökosystem Wald* befindet sich der größte Anteil des Kohlenstoffs in der Laubstreu, im Humus sowie in mineralischen Böden unterhalb der Humusschicht. Diese Kohlenstoffverbindungen sind ständig in den Kreislauf einbezogen, denn durch biologische Zersetzungsprozesse oder Verwitterung entsteht Kohlenstoffdioxid, das in die Atmosphäre entweicht.
Moore hingegen sind Kohlenstoffsenken, in denen sich durch *Torfbildung* sehr langsam Kohlenstoff-Verbindungen anreichern. Dieser Vorgang beruht auf einer unvollkommenen Verwesung abgestorbener Organismen in saurem Milieu unter Ausschluss von Luftsauerstoff.

Lithosphäre. Von der Gesamtmasse des Kohlenstoffs befinden sich 99,8 % in der Erdkruste. Im Sedimentgestein findet man ihn als *Kalkstein* ($CaCO_3$) und als *Dolomit* ($CaMg(CO_3)_2$), in fossilen Schichten als *Erdöl, Erdgas, Braunkohle und Steinkohle*. Dieser Kohlenstoff ist ohne Zutun des Menschen langfristig gebunden und wird nur langsam umgesetzt. Vor allem vulkanische Aktivitäten fördern Kohlenstoff aus carbonathaltigen Sedimenten als Kohlenstoffdioxid in die Atmosphäre. Der gleiche Vorgang läuft auch beim technischen Prozess des Kalkbrennens ab.

$$CaCO_3(s) \xrightarrow{\text{Erhitzen}} CaO(s) + CO_2(g)$$

Die Verwitterung von Carbonat-Gestein überführt Kohlenstoff von der Lithosphäre in die Hydrosphäre. Eine wesentliche Rolle spielt dabei gelöstes Kohlenstoffdioxid aus der CO_2-reichen Bodenluft:

$$CaCO_3(s) + CO_2(aq) + H_2O(l) \rightleftharpoons Ca(HCO_3)_2(aq)$$

Der Kohlenstoffkreislauf beschreibt den Transport von Kohlenstoff in Form von Kohlenstoffdioxid zwischen Biosphäre, Atmosphäre, Hydrosphäre und Lithosphäre. In der Biosphäre tritt Kohlenstoff überwiegend in organischen Verbindungen auf, in der Lithosphäre in Carbonaten und in der Hydrosphäre in Hydrogencarbonat-Ionen.

1. Skizzieren Sie in einer Schemazeichnung den Kohlenstoffkreislauf zwischen Pflanzen und Tieren.
2. Nennen Sie Beispiele für Kohlenstoff-Senken und Kohlenstoff-Quellen.
3. Welche Faktoren beeinflussen den Kohlenstoffdioxid-Austausch zwischen Ozean und Atmosphäre? Erklären Sie den Austauschmechanismus.
4. Worin besteht der wesentliche Unterschied zwischen der Verbrennung von Brennholz und der Verbrennung von Erdöl oder Erdgas bezogen auf den Kohlenstoffkreislauf.
5. Das Gleichgewicht zwischen Kohlenstoffdioxid, Hydrogencarbonat-Ionen und Carbonat-Ionen ist pH-Wert abhängig. Beschreiben Sie die Lage des Gleichgewichts bei pH = 5 und bei pH = 7.

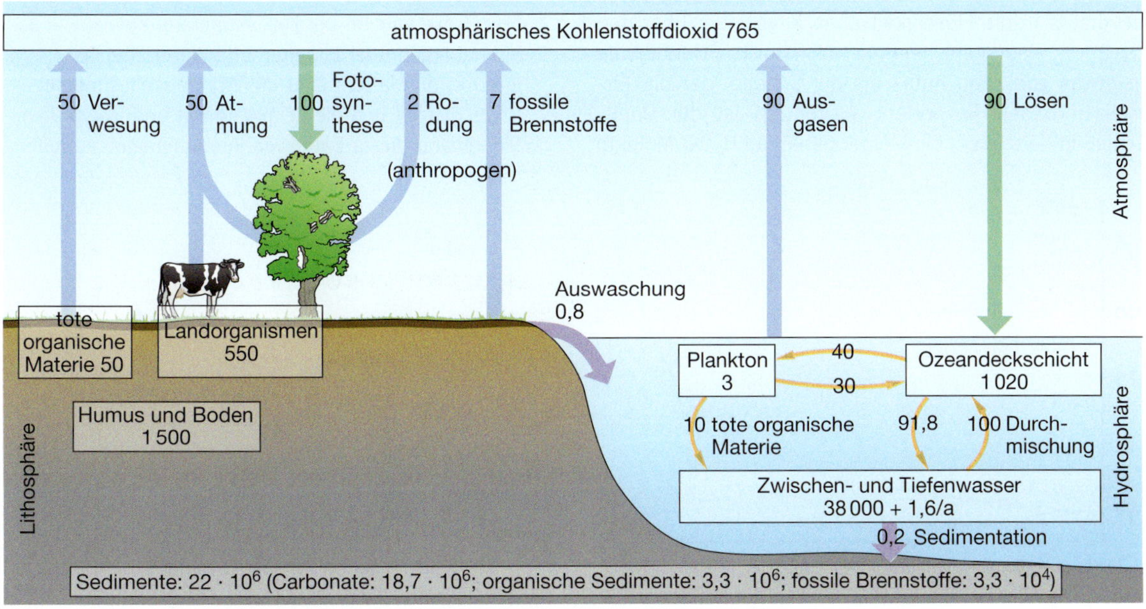

Kohlenstoffkreislauf in 10^9 Tonnen pro Jahr

3.4 Atmosphäre im Wandel?

Die Zusammensetzung der Atmosphäre wird von Messstationen am Boden und auch von erdnahen Satelliten sehr genau erfasst. Damit lassen sich auch Veränderungen der Konzentration einzelner Gase wie Kohlenstoffdioxid feststellen. Die Werte werden als Volumenanteil in ppm (parts per million) angegeben. Der Volumenanteil von Kohlenstoffdioxid in der Atmosphäre beträgt rund 380 ppm; das heißt, dass auf eine Million Teilchen in der Luft 380 CO_2-Moleküle kommen.

Schwankungen des CO_2-Gehalts. Die Eisflächen Grönlands und der Antarktis sind wichtige Archive für die Zusammensetzung der Atmosphäre der letzten 400 000 Jahre: Das Eis besteht aus den Niederschlägen dieser Zeit und die Luftblasen im Eis enthalten noch heute die atmosphärischen Gase in der ursprünglichen Zusammensetzung. An mehreren Stellen der Antarktis und Grönlands hat man einige Kilometer tief Eisbohrkerne entnommen, um den Kohlenstoffdioxid-Gehalt der Atmosphäre vergangener Jahrtausende zu rekonstruieren. Dazu werden die im Eis enthaltenen Luftblasen ausgetrieben und der Anteil an Kohlenstoffdioxid in diesem Gas bestimmt. Dabei stellt man fest, dass es in der Vergangenheit sehr große Schwankungen im *CO_2-Gehalt* der Atmosphäre gab.

Über die Messung des ^{18}O-Anteils lassen sich aus Eisbohrkernen Informationen über Klimaänderungen ableiten: Die feuchte Luft über den Ozeanen enthält neben normalen Wassermolekülen mit dem Sauerstoff-Isotop ^{16}O zu einem kleinen Anteil auch ^{18}O-haltige Wassermoleküle. Da sich diese schwereren Moleküle langsamer bewegen, gehen sie bei der Bildung von Regentropfen bevorzugt in die Flüssigkeit über. Regen, der über den Ozeanen niedergeht, enthält deshalb $H_2{}^{18}O$-Moleküle in etwas größerem Anteil als der Schnee, der die Eismassen bildet. Besonders ausgeprägt ist der Unterschied in Kaltzeiten. Ein kleiner Gehalt an $H_2{}^{18}O$-Molekül im Eis lässt daher auf niedrige mittlere Jahrestemperaturen schließen. Die Untersuchungen haben gezeigt, dass die Temperatur einen ähnlichen Verlauf genommen hat wie der Kohlenstoffdioxid-Gehalt der Atmosphäre.

Eingriffe des Menschen. Seit Beginn der Industrialisierung im 19. Jahrhundert steigt der Anteil des Kohlenstoffdioxids in der Atmosphäre an; seit 1950 sogar sehr stark. In den 200 Jahren von 1750 bis 1950 erhöhte sich der Kohlenstoffdioxid-Gehalt um 34 ppm. Die gleiche Zunahme beobachtet man heute in nur 20 Jahren. Hauptursache ist die zunehmende Verbrennung von Kohle, Erdgas und Erdöl. Diese vom Menschen verursachten (anthropogenen) Emissionen setzen derzeit jährlich ungefähr $8 \cdot 10^9$ t Kohlenstoff als Kohlenstoffdioxid frei. Rund 80 % kommen aus Schornsteinen und Auspuffrohren; der Rest entsteht bei Brandrodungen.
Knapp die Hälfte der anthropogenen Kohlenstoffdioxid-Emissionen verbleibt in der Atmosphäre. Der Rest wird zu etwa gleichen Teilen von der Biosphäre und von der Hydrosphäre aufgenommen und gespeichert. Es ist allerdings nur teilweise erforscht, wie die Aufnahme von so großen Mengen im Meer vor sich geht.

Über die Jahrtausende beobachtet man starke Schwankungen im Kohlenstoffdioxid-Gehalt der Atmosphäre. Im gleichen Rhythmus ändert sich die Temperatur. Seit Beginn der Industrialisierung nimmt der Kohlenstoffdioxid-Anteil der Luft stark zu.

1. Um wie viel Prozent hat der Kohlenstoffdioxid-Gehalt in der Atmosphäre von 1750 bis heute zugenommen?
2. Stellen Sie anhand der Zeit/Temperatur-Kurve Vermutungen über Eiszeiten und Warmzeiten an. Informieren Sie sich über die Würmeiszeit, Jüngere Dryas-Kaltzeit und die Eem-Warmzeit und überprüfen Sie anhand dieser Daten, ob Ihre Annahmen zutreffen.

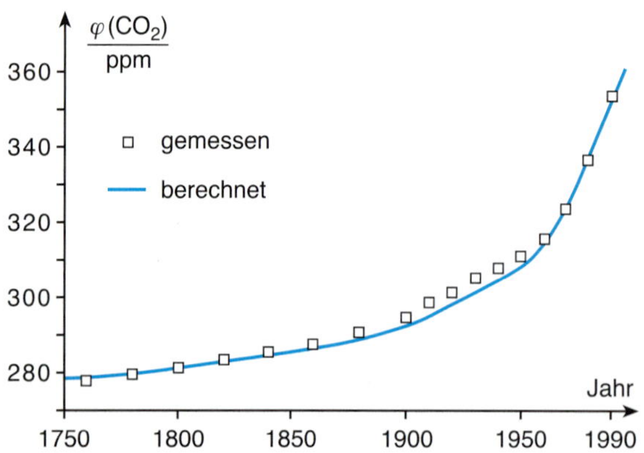

Anstieg des Volumenanteils φ (CO_2) in der Atmosphäre seit der Industrialisierung

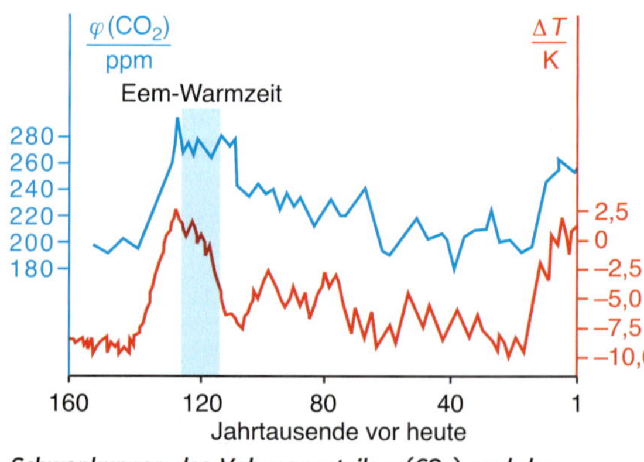

Schwankungen des Volumenanteils φ (CO_2) und der Temperatur der Atmosphäre

Klimaschutz – eine globale Aufgabe

EXKURS

Seit 1950 steigt die mittlere Temperatur in der Atmosphäre alle zehn Jahre um etwa 0,1 °C an. Mit dieser Erwärmung werden auch folgende Phänomene in Zusammenhang gebracht: der Rückgang der schneebedeckten Flächen um etwa 10 % seit 1960, das Abschmelzen des Eises in der Arktis seit 1950 um bis zu 15 % und der Anstieg des Meeresspiegels durch die Ausdehnung des erwärmten Meerwassers um 10 bis 20 cm. Für alle diese Veränderungen wird die Erhöhung des Kohlenstoffdioxidgehalts in der Atmosphäre verantwortlich gemacht, da Kohlenstoffdioxid Wärmestrahlung absorbiert und damit das Klima der Erde beeinflusst.

Im Zuge der Diskussion dieser langfristigen globalen Veränderungen wurde klar, dass international koordinierte Maßnahmen zum Schutz der Erdatmosphäre getroffen werden müssen. Diese Problematik war dann 1992 das zentrale Thema der **Konferenz von Rio de Janeiro,** einer weltweiten, von den Vereinten Nationen ausgerichteten Umweltkonferenz. Auf dieser historischen „Konferenz von Rio" wurde eine Klimarahmenkonvention verabschiedet, die die völkerrechtliche Vertragsgrundlage für den internationalen Klimaschutz bilden sollte. Bisher haben 160 Staaten die Klimakonvention ratifiziert. Ihr Ziel ist es, „die Treibhausgaskonzentration in der Atmosphäre auf einer Höhe zu stabilisieren, die gefährliche, störende Einwirkungen des Menschen auf das Klima verhindert". Die Industriestaaten vereinbarten in Rio, die CO_2-Emissionen bis zum Jahr 2000 auf den Stand von 1990 zurückzuführen. Die Reduktion der Emissionen sollte durch eine größere Effizienz bei der Erzeugung, der Umwandlung und der Verteilung von Energie sowie durch einen Umstieg auf umweltverträgliche Energieträger erreicht werden.

Bei einer Folgekonferenz in Kyoto (Japan) wurde 1997 das **Kyoto-Protokoll** verabschiedet. In diesem Dokument verpflichten sich die Industriestaaten, die Emissionen von sechs Treibhausgasen im Zeitraum 2008 bis 2012 um mindestens 5 % unter das Niveau von 1990 zu senken. Dabei haben die einzelnen Länder unterschiedliche Verpflichtungen zur Reduktion der Emissionen akzeptiert. Damit das Protokoll in Kraft treten kann, muss es allerdings von mindestens 55 Staaten ratifiziert werden. Außerdem müssen so viele Industriestaaten beitreten, dass damit 55 % der Kohlenstoffdioxid-Emissionen der Industrienationen von 1990 erfasst sind. Diese Bedingungen sind mit dem Beitritt Russlands im Herbst 2004 erfüllt worden. Der Hauptemittent USA mit knapp 30 % Emission ist bislang nicht bereit, das Kyoto-Protokoll zu unterschreiben.

Für die wichtigsten Ländergruppen ergeben sich folgende Reduktionsziele: EU 8 %, USA 7 %, Japan 6 %, Kanada 6 %. Die europäischen Länder haben untereinander sehr unterschiedliche Emissionsvorgaben ausgehandelt: So muss Deutschland 21 % reduzieren, während industriell schwächere Länder wie Portugal oder Irland ihre Emissionen erhöhen dürfen.

Auf der Grundlage des Kyoto-Protokolls sind die Regierungen verpflichtet, Richtlinien zum **Emissionshandel** zu erlassen. Dabei ist der Handel mit Kohlenstoffdioxid-Emissionsrechten sowohl zwischen einzelnen Unternehmen als auch zwischen Staaten möglich. Industriestaaten können durch in den Entwicklungsländern finanzierte Projekte Emissionsgutschriften erwerben oder in Ländern, die unter ihrer Emissionsgrenze liegen, Emissionsrechte aufkaufen.

1. Erstellen Sie mithilfe der Abbildung eine Tabelle mit den prozentualen Veränderungen der CO_2-Emissionen. Welche Hauptgründe kann man für die Veränderung angeben.
2. Informieren Sie sich über den aktuellen Stand der Ratifizierung des Kyoto-Protokolls.
3. Welche Maßnahmen sind geeignet, Emissionen von Treibhausgasen zu reduzieren?
4. Bewerten Sie in einer Pro- und Contra-Diskussion die Vorteile und die Nachteile des Handels mit Kohlenstoffdioxid-Emissionsrechten.

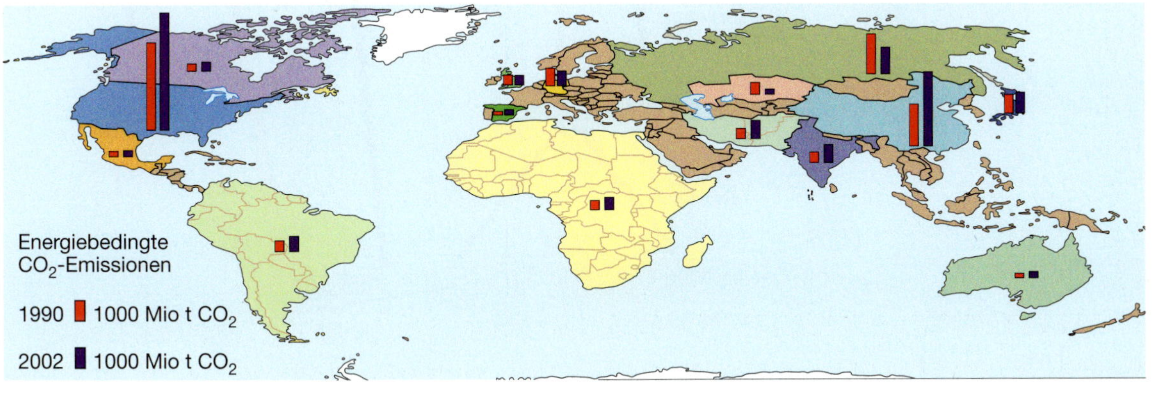

3.5 Der Treibhauseffekt

Die Sonne ist die Energiequelle, die fast alle Vorgänge auf unserem Planeten antreibt. Im Durchschnitt strahlt sie pro Quadratmeter und pro Sekunde eine Energie von 342 J in die Geosphäre ein. Rund 30 % dieser Strahlung werden unmittelbar von der Atmosphäre und von Wolken in den Weltraum reflektiert. Stratosphärisches Ozon, Wolken, Wasserdampf und Staub in der Atmosphäre nehmen 20 % der Energie auf. Die Erdoberfläche absorbiert 50 %. Die absorbierte Energie wird als langwellige Wärmestrahlung wieder emittiert.

Natürlicher Treibhauseffekt. Für eine Atmosphäre ohne Wolken und Spurengase ergäbe sich nach Modellrechnungen aus der Energieeinstrahlung der Sonne und der Energieabstrahlung der Erde eine mittlere Oberflächentemperatur von –18 °C. Tatsächlich beträgt die Temperatur +15 °C und ist damit 33 K höher als berechnet.
Die Ursache dieser Temperaturdifferenz liegt an einer Eigenschaft von Wasserdampf, Kohlenstoffdioxid, bodennahem Ozon, Distickstoffoxid und Methan: Diese Gase lassen die kurzwellige Strahlung der Sonne nahezu ungehindert passieren, absorbieren aber die langwellige Wärmestrahlung der Erdoberfläche. Ähnlich wie das Glas eines Treibhauses verzögern diese *Treibhausgase* die Energieabgabe der Erde und führen so zu einem Wärmestau. Nur ein kleiner Teil der Wärmestrahlung wird direkt in den Weltraum emittiert, der weitaus größere Teil wird dagegen in Richtung Erdoberfläche zurückgestrahlt. Hierdurch kommt es zu der zusätzlichen Erwärmung der Atmosphäre um 33 K. Dieser *natürliche Treibhauseffekt* wirkt wie eine zusätzliche Einstrahlung von 324 $J \cdot s^{-1} \cdot m^{-2}$. Zusammen mit der direkten Sonneneinstrahlung von 171 $J \cdot s^{-1} \cdot m^{-2}$ wirkt damit insgesamt auf jeden Quadratmeter der Erdoberfläche pro Sekunde eine Energie von 495 J ein.

Treibhausgas	Konzentration in der Atmosphäre	Beitrag zum natürlichen Treibhauseffekt	
Wasserdampf	1–4%	20,6 K	62,0 %
Kohlenstoffdioxid	370 ppm	7,2 K	22,0 %
Ozon (bodennah)	0,03 ppm	2,4 K	7,0 %
Distickstoffoxid	0,31 ppm	1,4 K	4,0 %
Methan	1,72 ppm	0,8 K	2,5 %
andere	–	0,6 K	2,5 %
Summe	–	33,0 K	100,0 %

Beitrag von Spurengasen zum Treibhauseffekt

Da die mittlere Temperatur in der Atmosphäre konstant bleibt, muss die Energie, die auf die Erdoberfläche auftrifft, auch wieder vollständig abgestrahlt werden. Ein Teil dieser Energie entweicht direkt in den Weltraum, da er nicht absorbiert wird. Ein anderer Teil wird durch das Aufsteigen von warmer Luft an die untere Atmosphäre abgegeben. Ein weiterer Teil wird in Form von Wasserdampf in die Atmosphäre transportiert und dort in größerer Höhe bei der Kondensation freigesetzt. Letztendlich entweicht aber auch diese Wärme in den Weltraum.

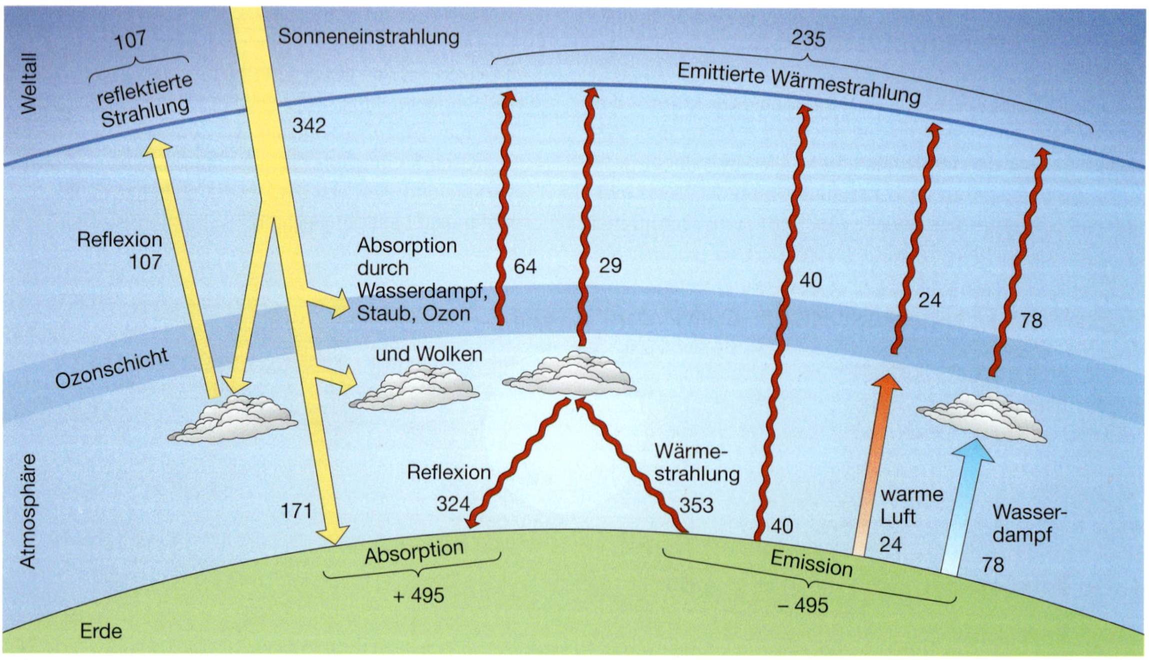

Modell für die Strahlungsbilanz der Erde

Anthropogener Treibhauseffekt. Der natürliche Anteil an Treibhausgasen in der Atmosphäre wird durch Aktivitäten des Menschen verändert. Zum einen steigen die Anteile von Kohlenstoffdioxid, Distickstoffoxid (Lachgas) und Methan in der Atmosphäre an. Zum anderen sind in den letzten Jahrzehnten zu diesen natürlichen Treibhausgasen teilhalogenierte und vollhalogenierte Kohlenwasserstoffe als neue treibhauswirksame Stoffe hinzugekommen. Durch beide Veränderungen wird die Absorption von Wärmestrahlung in der Atmosphäre erhöht. Die damit einhergehende zusätzliche, durch den Menschen verursachte, Temperaturerhöhung bezeichnet man als *anthropogenen Treibhauseffekt.*

Treibhausgase nehmen IR-Strahlung bestimmter Wellenlänge im Bereich von 1 µm bis 20 µm auf. Das Spektrum von Wasserdampf zeigt besonders breite Absorptionsbanden: besonders auffällig ist die bei einer Wellenlänge von etwa 15 µm beginnende Bande. Das Spektrum von Kohlenstoffdioxid besitzt drei Absorptionsbanden; ihre Maxima liegen bei 2,7 µm, 4,3 µm und bei 15 µm. Eine besonders große Rolle wird dabei der Bande im Wellenlängenbereich um 15 µm zugeschrieben, da hier praktisch die gesamte Absorption der Atmosphäre auf Kohlenstoffdioxid zurückzuführen ist. Andere Treibhausgase absorbieren in diesem Bereich nicht.

Die Auswirkungen einer Erhöhung der Konzentration an Treibhausgasen muss differenziert betrachtet werden: Im Falle des Kohlenstoffdioxids wird die Strahlung beim Absorptionsmaximum selbst bereits durch den heutigen Kohlenstoffdioxid-Anteil der Atmosphäre praktisch vollständig absorbiert. Eine weitere Erhöhung des CO_2-Gehalts der Atmosphäre führt nur dazu, dass die Energieaufnahme auch in den Randbereichen dieser Absorptionsbande ansteigt. Im Spektrum macht sich das als Verbreiterung der Bande bemerkbar.
Zusätzlicher Wasserdampf hat für die Energieaufnahme durch die Atmosphäre nur eine geringe Bedeutung, denn in den entsprechenden Wellenlängenbereichen wird die Strahlung ohnehin bereits vollständig absorbiert.
Anders verhält es sich bei den übrigen anthropogenen Treibhausgasen: Im Bereich ihrer Absorptionsmaxima ist die Strahlungsabsorption durch die Atmosphäre bisher nicht vollständig. Eine zusätzliche Emission dieser Gase verstärkt den Treibhauseffekt daher viel deutlicher als eine weitere Erhöhung des Kohlenstoffdioxid-Gehalts der Atmosphäre.
Von großer Bedeutung für die Treibhauswirkung ist auch die mittlere *Verweildauer* der emittierten Treibhausgase in der Atmosphäre. Für Kohlenstoffdioxid kann allerdings kein eindeutiger Wert für die Verweildauer ermittelt werden, da es durch Fotosynthese, Lösen im Ozean oder Aufnahme in den Boden recht schnell aus der Atmosphäre entfernt wird. Methan hingegen wird so langsam abgebaut, dass jedes Molekül im Mittel zwölf Jahre in der Atmosphäre verbleibt. Das reaktionsträge Distickstoffoxid hat mit 120 Jahren eine besonders lange Verweildauer: Dieses Treibhausgas steigt bis in die Stratosphäre auf und wird erst dort durch energiereiche Strahlung abgebaut.

Der natürliche Treibhauseffekt beruht auf der Absorption von Wärmestrahlung durch bestimmte Spurengase in der Atmosphäre. Er bewirkt eine Erhöhung der Temperatur. Unter dem anthropogenen Treibhauseffekt versteht man die Verstärkung des natürlichen Treibhauseffektes durch Gase, die durch Aktivitäten des Menschen in die Atmosphäre gelangen.

1. Warum gelangt nur etwa die Hälfte der eingestrahlten Sonnenenergie auf die Erdoberfläche?
2. Welche Ursachen hat der natürliche Treibhauseffekt?
3. Die einzelnen Spurengase absorbieren in unterschiedlichen Spektralbereichen.
   a) Zeichnen Sie *in einem* Spektrum die Absorptionsbanden aller Treibhausgase ein.
   b) In welchen Bereichen wird nicht absorbiert?
4. Ordnen Sie die Gase aufgrund des Absorptionsspektrums nach ihrer Wirksamkeit und vergleichen Sie ihre Abschätzung mit den angegebenen Werten in der Tabelle auf der linken Seite.
5. Informieren Sie sich über das elektromagnetische Spektrum. In welchem Wellenlängenbereich liegen IR-Strahlung, sichtbares Licht und UV-Licht.

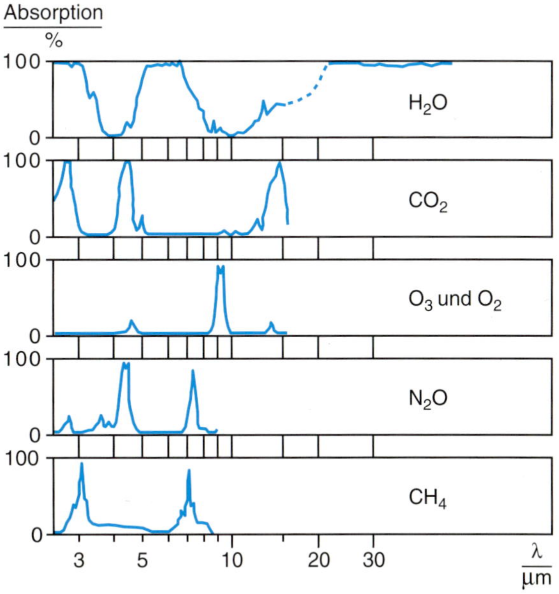

Absorptionsspektren der Treibhausgase

EXKURS

Treibhauseffekt – kontrovers diskutiert

Seit etwa 50 Jahren erscheinen immer wieder Meldungen über den menschlichen Einfluss auf das Klima. Sensationsmeldungen heizen die Diskussion an; teilweise schaden sie mit übertriebenen Szenarien der Glaubwürdigkeit der Berichterstattung. In den Medien wird nicht immer sorgfältig zwischen Fakten und Modellszenarien unterschieden. Auch Wissenschaftler diskutieren dieses komplexe Thema kontrovers. Die folgenden Artikel geben unterschiedliche Meinungen in der Diskussion des Treibhauseffektes wieder.

Klimakiller Kohlendioxid?

An der Rolle des Kohlenstoffdioxids als Klimakiller hat der kanadische Wissenschaftler Jan Velzer erhebliche Zweifel geäußert. Der in Ottawa und Bochum lehrende Professor führte Untersuchungen an Millionen Jahre alten fossilen Material und an antarktischen Eiskernen durch. Diese würden zeigen, dass der Anstieg der CO_2-Konzenration in der Atmosphäre in den letzten 500000 Jahren nicht einem Temperaturanstieg vorausging, sondern diesem folgte. Atmosphärisches Kohlendioxid scheint eher ein Symptom als die Ursache des Klimas zu sein.

Die Wechselwirkungen der Treibhausgase seien vielfältig, betonte Velzer. Deshalb dürfe man sich nicht ausschließlich auf einen „Sündenbock“ konzentrieren.

(Berliner Morgenpost 7. 12. 2000)

Klimakatastrophe: Nordpol ohne Eis?

Die erschreckende Nachricht ging am Wochenende um die Welt: Nordpol eisfrei! Der amerikanische Ozeanograph James McCarthy und der Paleontologe Malcom McKenna waren bass erstaunt, als sie mit dem russischen Eisbrecher „Tamal“ den Nordpol erreichten und sich dort, wo sich sonst meterdicke Eisschichten ausbreiten, plötzlich nichts als Wasser befand. Seit Millionen von Jahren hat es das nicht gegeben.

Schuld ist – da ist sich Mojib Lahtif (45) vom Hamburger Max-Planck-Institut ganz sicher – der Treibhauseffekt. Trotz immer neuer Klimakonferenzen steige der Ausstoß an Kohlendioxid weltweit um ein Prozent pro Jahr. Schwerwiegende Folge: „In den vergangenen 20 Jahren hat sich die Eismasse am Nordpol um rund 500000 Quadratkilometer verringert.“ Zum Vergleich: Deutschland ist rund 356000 Quadratkilometer groß.

Wie kann die Menschheit gegensteuern? „Wir haben noch eine Chance“, sagt Mojib Lahtif: „Weniger Auto fahren; weniger Öl, Gas und Kohle verbrauchen“.

Und was, wenn uns das nicht gelingt? Dann wird das Eis weiter schmelzen, der Meeresspiegel wird weiter steigen, Unwetterkatastrophen werden zunehmen.

Die Erde wird das überleben. Die Menschheit vermutlich nicht.

(Hamburger Morgenpost 22. 8. 2000)

Bedrohliche Erwärmung des Klimas

Küstenregion in großer Gefahr

Mit erschreckenden Zahlen gingen gestern die Vereinten Nationen an die Öffentlichkeit: Im jüngsten Klimabericht des Intergovernmental Panel on Climate Change (IPCC) heißt es, bis 2100 würden die Durchschnittstemperaturen auf der Erde um bis zu 5,8 Grad Celsius ansteigen – mehr als in den vergangenen 10000 Jahren. Dadurch könnte der Meeresspiegel um 88 Zentimeter ansteigen: flache Inselgruppen wie die Malediven würden einfach versinken.

Neue Analysen von Baumringen, Korallen und Eiskernen ergaben dem IPCC nach, dass das 20. Jahrhundert das wärmste der vergangenen tausend Jahre war. Die Konzentration des Treibhausgases Kohlendioxid in der Atmosphäre sei seit 1750 um mehr als ein Drittel gestiegen – ungefähr so viel wie insgesamt in den 20000 Jahren zuvor. Seit den 60er-Jahren seien die mit Schnee bedeckten Flächen der Erde um zehn Prozent weniger geworden. Es werde immer deutlicher, dass der Temperaturanstieg direkt auf die Umweltverschmutzung durch den Menschen zurückzuführen sei, sagte der IPCC-Vorsitzende Robert Watson gestern in Schanghai. Laut Leiter des UN-Umweltprogramms müsse der IPCC-Bericht „in jeder Hauptstadt die Alarmglocken läuten lassen.“

(Berliner Morgenpost 23. 1. 2001)

Methodenkritik

Ein Kritiker des IPCC, Peter Dietze, einer der offiziellen Gutachter für den Dritten IPCC-Bericht, hat in einer detaillierten Kritik der Methoden, Vereinfachungen und Vernachlässigungen des IPCC vorgerechnet, daß eine CO_2-Verdoppelung einen (im Vergleich zum IPCC) etwa um den Faktor 4 geringeren Temperatureffekt bewirken würde – also nur 0,7 °C Erwärmung der Atmosphäre bei Verdoppelung des CO_2-Gehalts.

Dies ist aber nur ein Punkt der Kritik. Weitere Punkte beziehen sich auf die vom IPCC in Modellrechnungen angenommene jährliche Zunahme des CO_2-Gehalts um 1 % – obwohl die gemessene Zunahme nur 0,4 % beträgt. Ferner kritisiert Dietze die vom IPCC angesetzte Extrapolation bis zum Jahre 2100 beim globalen Verbrauch von Kohle, Öl und Gas. Dort wird nicht berücksichtigt, dass die Vorräte in der Erde begrenzt sind, und dass mit schwindenden Vorräten und steigenden Preisen die Rate des Verbrauchs zurückgehen wird.

Ähnliche Kritiken wie die von Dietze haben auch andere Experten vorgebracht.

(Wochenschau Sonderausgabe Seite I + II Dez. 2003)

1. Lesen Sie die Artikel und stellen Sie die unterschiedlichen Meinungen tabellarisch zusammen.

3.6 Kalkkreislauf in Natur und Technik

Kalk ist chemisch gesehen Calciumcarbonat ($CaCO_3$). In der Natur ist diese Verbindung weit verbreitet; man findet Calciumcarbonat als *Kalkstein*, *Kreide* und *Marmor*. Auch Korallenriffe bestehen aus Calciumcarbonat.

Natürlicher Kalkkreislauf. Obwohl Calciumcarbonat in Wasser sehr schwer löslich ist, enthält Grundwasser geringe Mengen an Calcium-Ionen und an Carbonat-Ionen.
Die Löslichkeit von Calciumcarbonat in Wasser wird erheblich erhöht, wenn Kohlenstoffdioxid im Wasser gelöst ist. Mit dem Kohlenstoffdioxid, das überwiegend aus dem Stoffwechsel von Bodenorganismen stammt, stellt sich in kalkhaltigen Böden ein Gleichgewicht zwischen leicht löslichem Calciumhydrogencarbonat und schwer löslichem Calciumcarbonat ein:

$$CaCO_3(s) + CO_2(aq) + H_2O(l) \rightleftharpoons Ca^{2+}(aq) + 2\ HCO_3^-(aq)$$

Die entstehende Lösung enthält stets auch noch restliches Kohlenstoffdioxid. Entweicht dieses Gas aus dem Wasser, so verschiebt sich das Gleichgewicht auf die Seite der Ausgangsstoffe: Calciumcarbonat fällt wieder aus. In der kohlenstoffdioxidarmen Luft einer Tropfsteinhöhle vergrößern sich auf diese Weise Stalagmiten und Stalaktiten. Mit der Rückbildung von Calciumcarbonat schließt sich der Kalkkreislauf.

Technischer Kalkkreislauf. Bereits seit der Römerzeit spielt Kalk eine wichtige Rolle für die Herstellung von *Kalkmörtel*. Im ersten Schritt des Prozesses wird Calciumcarbonat in Drehrohröfen bei Temperaturen von rund 1000 °C gebrannt. Bei diesem **Brennen von Kalk** entstehen Calciumoxid (*Branntkalk*) und Kohlenstoffdioxid:

$$CaCO_3(s) \longrightarrow CaO(s) + CO_2(g); \quad \Delta_rH = 178\ kJ \cdot mol^{-1}$$

Im zweiten Schritt setzt man Branntkalk mit Wasser um:

$$CaO(s) + H_2O(l) \longrightarrow Ca(OH)_2(s); \quad \Delta_rH = -65\ kJ \cdot mol^{-1}$$

Diese Reaktion ist stark exotherm. Die Reaktionswärme bewirkt, dass das Wasser, ähnlich wie beim Löschen eines Brandes, verdampft. Deshalb prägte man für den Vorgang den Begriff **Löschen von Kalk** und für das Produkt den Namen *Löschkalk*.

Aus Calciumhydroxid und Sand wird Fertigmörtel hergestellt, der auf der Baustelle nur noch mit Wasser vermischt werden muss. Beim Aushärten nimmt der Mörtel allmählich Kohlenstoffdioxid aus der Luft auf. Dabei bilden sich Calciumcarbonat und Wasser. In der Fachsprache heißt dieser Vorgang **Abbinden.**

$$Ca(OH)_2(s) + CO_2(g) \longrightarrow CaCO_3(s) + H_2O(l)$$

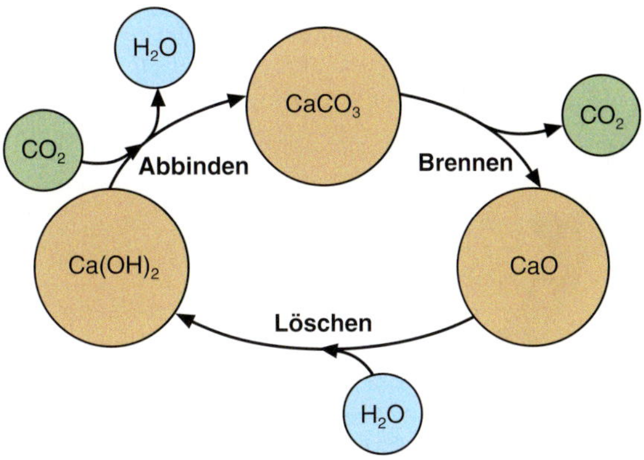

Der gesamte Prozess wird als *technischer Kreislauf des Kalkes* bezeichnet, weil Calciumcarbonat sowohl am Anfang als auch am Ende der Reaktionen steht.

Sowohl der natürliche als auch der technische Kalkkreislauf gehen von Calciumcarbonat aus. In einer Folge von Reaktionen wird Calciumcarbonat wieder zurückgebildet.

1. Stellen Sie den natürlichen Kalkkreislauf in einem Schema als Kreisprozess dar.
2. **a)** Wie viel Calciumoxid erhält man beim Brennen von einer Tonne Calciumcarbonat?
   b) Welches Volumen an Kohlenstoffdioxid entsteht dabei? ($V_m = 24\ l \cdot mol^{-1}$)
3. Pro Jahr werden viele Millionen Tonnen Branntkalk hergestellt. Welchen Einfluss könnte dieser Prozess auf den Kohlenstoffdioxidgehalt der Atmosphäre haben?
4. Der durch Destillation gewonnene Alkohol enthält noch 4 % Wasser. Erläutern Sie den Einsatz von Calciumoxid für die Gewinnung von reinem Alkohol.

3.7 Der Stickstoffkreislauf

In der Lithosphäre und in der Hydrosphäre kommt Stickstoff in Form von Ammonium-Ionen, Nitrit-Ionen und Nitrat-Ionen vor. In der Biosphäre dagegen ist er in organischen Stoffen gebunden. Das größte Reservoir bildet die Atmosphäre mit elementarem Stickstoff. Die Verbindungen, die am Stickstoffkreislauf beteiligt sind, umfassen das gesamte Spektrum der Oxidationszahlen des Stickstoff-Atoms von –III, wie im Ammoniak-Molekül, bis hin zur Oxidationszahl V in Nitrat-Ionen.

Bildung von Ammoniak. Die einzigen Lebewesen, die direkt auf das Stickstoffreservoir der Atmosphäre zugreifen, sind Mikroorganismen: Knöllchenbakterien, die symbiotisch in den Wurzeln von Schmetterlingsblütlern leben, sowie einige Arten freilebender Bakterien reduzieren elementaren Stickstoff zu Ammoniak (NH_3). Diese Mikroorganismen besitzen ein Enzymsystem, das diese endotherme Reaktion katalysiert. Hierbei werden Elektronen und Wasserstoff-Ionen aus dem Bakterienstoffwechsel auf Stickstoff-Atome übertragen:

$$N_2(aq) + 6\,e^- + 6\,H^+(aq) \xrightarrow{\text{Enzyme}} 2\,NH_3(aq)$$

Ammoniak ist sehr gut wasserlöslich. Im Boden reagiert Ammoniak praktisch vollständig zu *Ammonium-Ionen* (NH_4^+). Nur ein kleinerer Teil der Ammonium-Ionen wird von den Pflanzen direkt aufgenommen, der größte Teil wird durch andere Bakterien zu Nitrat-Ionen oxidiert.

Nitrat-Ionen. Die mikrobielle Oxidation der Ammonium-Ionen im Boden erfolgt in zwei Schritten. Bei dieser *Nitrifikation* entstehen zunächst Nitrit-Ionen (NO_2^-) und in einem zweiten Schritt Nitrat-Ionen (NO_3^-):

$$2\,NH_4^+(aq) + 3\,O_2(aq) \longrightarrow 2\,H^+(aq) + 2\,NO_2^-(aq) + 2\,H_2O\,(l)$$

$$2\,NO_2^-(aq) + O_2(aq) \longrightarrow 2\,NO_3^-(aq)$$

Nitrat-Ionen gelangen aber auch mit Niederschlägen in den Boden: Durch elektrische Entladungen bei Gewittern entstehen aus Stickstoff und Sauerstoff der Luft Stickstoffoxide, die mit Wasser und Sauerstoff zu Salpetersäure reagieren.

Viele Bakterien nutzen unter sauerstoffarmen Verhältnissen die Oxidationswirkung der Nitrat-Ionen zur Energiegewinnung: Sie oxidieren damit organische Verbindungen zu Kohlenstoffdioxid und Wasser. Gleichzeitig reduzieren sie Nitrat-Ionen oder Nitrit-Ionen zu Distickstoffmonooxid (N_2O) oder elementarem Stickstoff. Diese Stoffwechselendprodukte entweichen dann als Gase in die Atmosphäre.
Diese Reduktion von Nitrat-Ionen bezeichnet man als *Denitrifikation.*

Organische Stickstoffverbindungen. *Pflanzen* nehmen Stickstoff vor allem in Form von Nitrat-Ionen auf. Nach einer enzymatischen Reduktion werden die Stickstoff-Atome in Form von Amino-Gruppen (NH_2-Gruppe) in organische Säure-Moleküle eingebaut. Pflanzen können aber auch direkt aus dem Boden aufgenommene Ammonium-Ionen für die Aminosäuresynthese nutzen. Aminosäure-Moleküle sind vor allem Bausteine für den Aufbau von **Eiweißstoffen** in der Zelle. Sie spielen auch eine wichtige Rolle für die Synthese der Erbsubstanz.

Tierische Organismen sind darauf angewiesen, ihren Stickstoffbedarf mit organischen Stickstoffverbindungen zu decken: Sie nehmen Stickstoff in Form von Eiweißstoffen über die Nahrung auf. Sie zerlegen die Eiweißstoffe in einzelne Aminosäure-Moleküle und bauen daraus dann körpereigenes Eiweiß auf.
Im Stoffwechsel werden Stickstoff-Verbindungen in vielfältiger Weise umgebaut und abgebaut. Bei Säugetieren steht am Ende dieser Reaktionsfolge **Harnstoff,** der über den Urin ausgeschieden wird. Im Boden wird der Harnstoff durch Mikroorganismen zu Ammoniak und Kohlenstoffdioxid zersetzt:

$$(H_2N)_2C{=}O + H_2O \xrightarrow{\text{Bakterien}} 2\,NH_3 + CO_2$$

Auch die Verwesung von pflanzlichem und tierischem Material führt letztlich zur Bildung von Ammoniak.

Transport des Stickstoffs. Das Stickstoffvorkommen in den Reservoiren und die jährlichen Austauschraten sind zahlenmäßig nicht genau bekannt. Schätzwerte vermitteln aber eine Vorstellung der Größenordnung der fixierten und transportierten Stickstoffmengen.
Der Stickstoffkreislauf umfasst die Atmosphäre, die Hydrosphäre und die Biosphäre. Dabei werden mit der Atmosphäre vor allem gasförmige Stickstoffverbindungen ausgetauscht. Zwischen Organismen, Boden und Wasser erfolgt der Stickstoff-Transport dagegen in Form von Ammonium-Ionen, Nitrit-Ionen und Nitrat-Ionen. Diese Ionen werden von Pflanzen aufgenommen oder in das Grundwasser ausgewaschen und gelangen dann in die Fließgewässer. Über die Flüsse werden so pro Jahr etwa zehn Millionen Tonnen Stickstoff in Form von Nitrat-Ionen vom Land ins Meer transportiert.

Auch im Meer wird der Luftstickstoff auf bakterieller Basis als Ammoniak fixiert, und auch hier laufen die Reaktionen der Nitrifikation und der Denitrifikation ab. Pflanzliche Organismen nehmen anorganische Stickstoff-Verbindungen auf und bauen die Stickstoff-Atome in organische Moleküle ein. In Verwesungsprozessen werden wieder anorganische Stickstoff-Verbindungen freigesetzt, die schließlich über Nitrifikation den Nitrat-Vorrat des Bodens oder des Gewässers ergänzen und letztlich durch Denitrifikation als Gase wieder in die Atmosphäre gelangen.

Bedeutung des Stickstoffs. Stickstoff ist ein lebenswichtiges chemisches Element, da er zum Aufbau der Eiweißstoffe und der Erbsubstanz benötigt wird. Für das Wachstum der Pflanzen ist Stickstoff ein begrenzender Faktor, da er als Nitrat auf natürlichem Weg durch die Nitrifikation nicht so schnell nachgeliefert werden kann, wie es für die landwirtschaftliche Produktion gewünscht ist.

Der Stickstoffkreislauf beschreibt den kontinuierlichen Austausch von Stickstoff zwischen Atmosphäre, Hydrosphäre und Biosphäre. Der Kreislauf ist durch die Oxidation und Reduktion des Stickstoffs gekennzeichnet. Nitrat-Ionen nehmen dabei eine zentrale Stellung ein: Sie sind Stickstofflieferanten der Pflanzen, für die Biosynthese von Aminosäuren und Proteinen.

1. Welche Stickstoff-Verbindungen nehmen Pflanzen, Tiere und Menschen auf, um ihren Stickstoffbedarf zu decken?
2. Formulieren Sie je eine Reaktionsgleichung zu folgenden Schritten des Kreislaufs:
   a) Bildung von Ammonium-Ionen,
   b) Bildung von Stickstoffoxiden,
   c) Bildung von Salpetersäure.
3. Im Stickstoffkreislauf treten folgende Teilchen auf: N_2, NH_3, NH_4^+, NO_2^-, NO_3^-, NO, N_2O, NO_2. Bestimmen Sie jeweils die Oxidationsstufe des Stickstoffatoms und benennen Sie die Teilchen.
4. **a)** Das folgende Schema beschreibt die Bildung von Ammoniak im Stoffwechsel der Knöllchenbakterien.

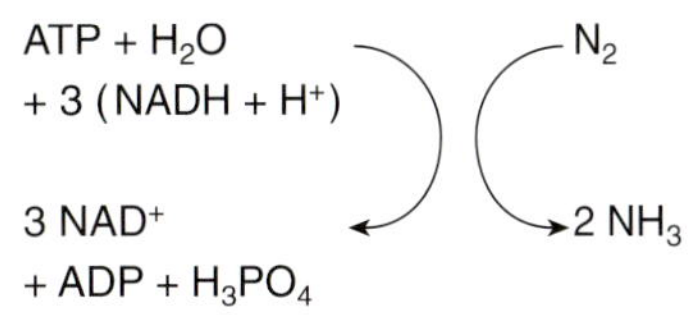

Als Energielieferant dient dabei ATP, als Reduktionsmittel NADH + H^+. Die Reaktion wird durch das Enzym Nitrogenase katalysiert. Formulieren Sie die Bildung von Ammoniak als Redoxreaktion.
b) Die Aktivität dieses Enzymsystems der Knöllchenbakterien testet man im Reagenzglas durch Zufuhr von Ethin, das zu Ethen umgewandelt wird. Erklären Sie die Verwendung von Ethin in diesem Test.

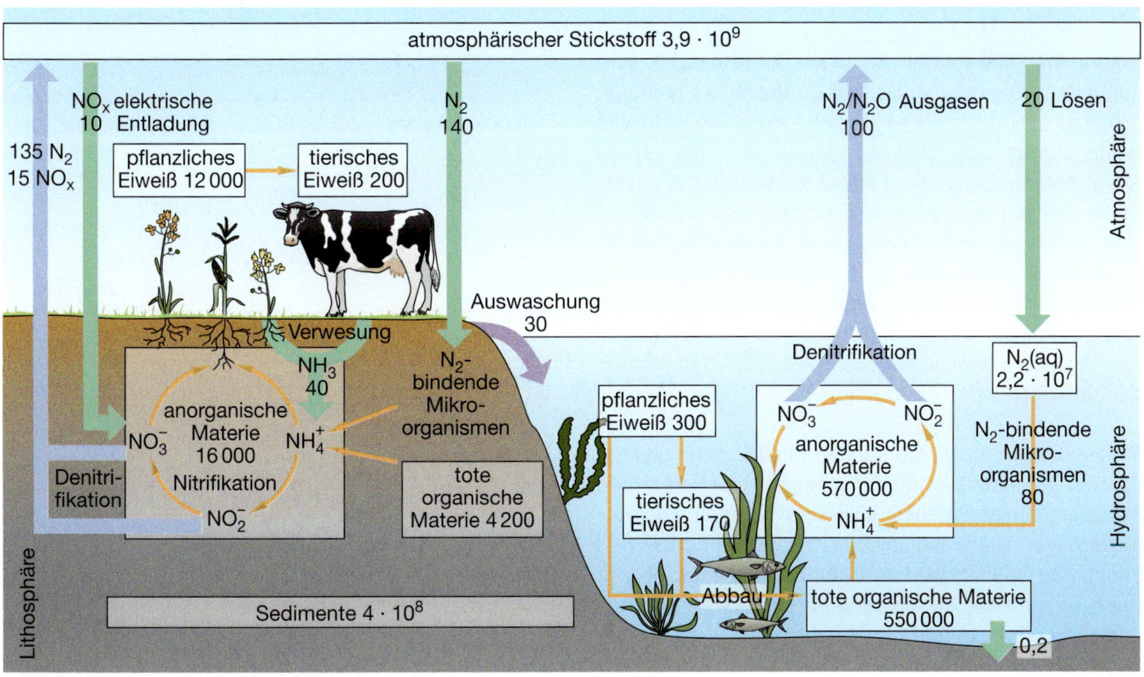

Stickstoffkreislauf in 10^6 Tonnen pro Jahr

3.8 Düngemittel – Nährstoffe für Pflanzen

Für ein optimales Wachstum brauchen Pflanzen neben Sonnenlicht, Kohlenstoffdioxid, Sauerstoff und Wasser auch mineralische Nährstoffe wie Nitrat-Ionen und Ammonium-Ionen. Im natürlichen Stickstoffkreislauf kommen diese Stoffe vor. Ihre Konzentrationen sind zwar gering, aber sie sind für den Stoffwechsel von Pflanzen und Mikroorganismen sowie für das Klimageschehen von großer Bedeutung. Durch Eingriffe des Menschen werden die Konzentrationen dieser Stoffe verändert. Dies wirkt sich sowohl positiv als auch negativ aus.

Pflanzen-Nährstoffe. In der organischen Substanz des Bodens und in den Bodenmineralien sind mineralische Nährstoffe gebunden. Im Bodenwasser liegen sie in gelöster Form vor. Pflanzen nehmen die Nährstoffe über ihre Wurzeln auf. Besonders wichtig sind Nitrat-Ionen, Ammonium-Ionen, Phosphat-Ionen, Kalium-Ionen und Calcium-Ionen. Die Aufnahme von Ionen durch die Pflanzen verringert den Nährstoffgehalt im Boden. Dadurch wird das Pflanzenwachstum begrenzt. Ein solcher Nährstoffmangel lässt sich durch Düngemittel ausgleichen.

Organische Düngemittel. Bis in die Mitte des 19. Jahrhunderts wurde mit organischen Düngemitteln gedüngt: Schlamm aus Flüssen und Teichen, Streu aus Wald und Heide, Stroh und Stallmist, Kompost, Gülle sowie Gründüngung durch Unterpflügen bestimmter Pflanzen. Diese Düngemittel müssen zunächst von Mikroorganismen mineralisiert werden. Dabei werden organische Phosphor-Verbindungen und organisch gebundener Stickstoff in anorganische Verbindungen überführt. Die Geschwindigkeit der Mineralisierung hängt von der Anzahl an Mikroorganismen sowie von der Temperatur, dem pH-Wert und der Feuchtigkeit des Bodens ab.

Mineraldünger. Im 19. Jahrhundert begann dann die Produktion von mineralischen Düngemitteln aus natürlichen Salzablagerungen. Neben Kalk und Salpeter ($NaNO_3$) wurden vor allem Kaliumsalze, Magnesiumsalze und Phosphate genutzt. Die Entwicklung der Ammoniak-Synthese ermöglichte die vollsynthetische Herstellung mineralischer Stickstoffdünger. Unabhängig vom Herstellungsprozess nennt man anorganische Düngemittel *Mineraldünger*. Man unterscheidet zwischen Stickstoffdünger, Phosphatdünger, Kalidünger und Mehrnährstoffdünger. Ohne Mineraldünger könnte heute nur die Hälfte der Welt-Getreide-Produktion erzeugt werden. Damit wären wir nicht in der Lage, die Weltbevölkerung zu ernähren. Allein in China wurde der Einsatz von Mineraldüngern in den letzten 40 Jahren von einer Million Tonnen auf über 35 Millionen Tonnen pro Jahr gesteigert.

Probleme. Die intensive Landwirtschaft macht es notwendig, dass Stickstoffdünger in Form von *Nitrat* ausgebracht wird. Übersteigt jedoch der Eintrag den Bedarf der Vegetation und das Rückhaltevermögen des Bodens, so werden Nitrat-Ionen aus dem Boden ausgewaschen und gelangen ins Grundwasser. Wasserwerke in Regionen mit intensivem Landbau haben deshalb häufig Schwierigkeiten, den Nitrat-Grenzwert der Trinkwasserverordnung ($50\ mg \cdot l^{-1}$) einzuhalten. Eine mögliche Lösung ist das Mischen mit nitratarmem Wasser aus anderen Brunnen. Maßnahmen bei Überschreitung des Grenzwertes müssen mit dem Gesundheitsamt abgestimmt werden. Im Notfall kann Mineralwasser für die Zubereitung von Babynahrung verteilt werden.
Eine übermäßige Stickstoffdüngung wirkt sich auch auf die Atmosphäre aus, denn durch Bodenbakterien wird dann vermehrt Distickstoffoxid (Lachgas) gebildet. Dieses Gas verstärkt den Treibhauseffekt. Zusätzlich ist es am Abbau von stratosphärischem Ozon und damit an der Zerstörung der Ozonschicht beteiligt:

$$N_2O + O_3 \longrightarrow 2\ NO + O_2$$

$$NO + O_3 \longrightarrow NO_2 + O_2$$

Mineraldünger	Salze	Namen
Stickstoffdünger (N-Dünger)	$(NH_4)_2SO_4$ NH_4NO_3	Ammoniumsulfat Ammoniumnitrat
Phosphatdünger (P-Dünger)	$Ca(H_2PO_4)_2$ $(NH_4)_2HPO_4$	Calcium-dihydrogenphosphat Ammonium-hydrogenphosphat
Kalidünger (K-Dünger)	KCl K_2SO_4	Kaliumchlorid Kaliumsulfat
Volldünger (NPK-Dünger)	NH_4NO_3 $(NH_4)_2HPO_4$ $CaHPO_4$ $Ca(H_2PO_4)_2$ KCl $CaSO_4$	Ammoniumnitrat Ammonium-hydrogenphosphat Calcium-hydrogenphosphat Calcium-dihydrogenphosphat Kaliumchlorid Calciumsulfat

Inhaltsstoffe verschiedener Mineraldünger

In Regionen mit intensiver Viehwirtschaft fällt häufig mehr Gülle an, als für die Düngung sinnvoll eingesetzt werden kann. Eine übermäßige Gülledüngung hätte gravierende Folgen: Überdüngung des Bodens mit Nitrat und Phosphat, Belastung des Grundwassers mit Nitrat, Ammoniak-Belastung der Luft. So darf Gülle auch nach den Gülleverordnungen der Länder nur unmittelbar vor und während der Wachstumsperiode ausgebracht werden. Dabei müssen auch die festgelegten flächenbezogenen Maximalwerte beachtet werden.

Düngen mit Augenmaß. Düngt man zu wenig oder unausgewogen, so erntet man nur geringe Mengen. Ein Überschuss an Düngemitteln dagegen mindert die Qualität und beeinträchtigt das Grundwasser.
Damit dem Boden gerade die für das optimale Pflanzenwachstum benötigte Menge Dünger zugeführt werden kann, muss zunächst geklärt werden, welche Nährstoffvorräte der Boden noch enthält. Dabei ist auch der Nährstoffgehalt von Stallmist und untergepflügten Ernterückständen zu beachten. Ebenso muss der spezifische Bedarf der jeweiligen Pflanzenart berücksichtigt werden. Institutionen wie die Landwirtschaftlichen Untersuchungs- und Forschungsanstalten der einzelnen Bundesländer stehen den Landwirten beratend zur Seite, indem sie Bodenanalysen vornehmen und fruchtartenspezifische Düngeempfehlungen berechnen.

Durch Düngen liefert der Mensch die Nährstoffe nach, die Pflanzen während ihres Wachstums dem Boden entzogen haben. Eine unsachgemäße Düngung beeinträchtigt die Ernte und schädigt die Umwelt.

1. Welche Nährstoffe nimmt die Pflanze über die Wurzel auf?
2. Informieren Sie sich über die genaue Zusammensetzung und die Herkunft der in der Tabelle aufgeführten Dünger.
3. a) Werden im Herbst die Erntereste untergepflügt und ist der Boden warm und feucht, so steigt der Nitratgehalt im Boden. Erklären Sie diese Tatsache.
   b) Warum muss trotzdem im Frühjahr Dünger ausgebracht werden?
4. Welche Folgeschäden entstehen durch einen erhöhten Stickstoffeintrag?
5. Nennen Sie organische und anorganische Stickstoff-Verbindungen.
6. Recherchieren Sie, weshalb für den Nitratgehalt von Trinkwasser ein Grenzwert festgelegt wurde.

Fleischproduktion – ökonomische und ökologische Folgen

EXKURS

Aus der Masttierhaltung in den Industrienationen und aus der Futtermittelproduktion in den Entwicklungs- und Schwellenländern resultieren zwei Probleme: In den Industrieländern fällt eine große Menge von Gülle an. In die Getreide produzierenden Länder muss Mineraldünger importiert werden. Es ergibt sich also insgesamt eine globale Verschiebung durch den Stickstoffentzug aus dem Boden in den Entwicklungsländern einerseits und durch die Überproduktion von stickstoffhaltigem organischen Abfall in den Industrienationen andererseits.

Der Transport von großen Mengen Düngemittel in die Getreide produzierenden Länder und von großen Mengen Futtermitteln in die Fleisch produzierenden Länder ist ökologisch nicht sinnvoll. Auch muss für die Produktion von Fleisch so viel Getreide als Futtermittel eingesetzt werden, dass deren Menge wesentlich mehr Menschen ernähren könnte, als von der produzierten Fleischmenge satt werden.

Ökonomisch gesehen wird durch diese Produktionsaufteilung die Abhängigkeit der Getreide produzierenden Länder verstärkt: Sie müssen teure Düngemittel importieren; Abnahme und Preis des Getreides bestimmen aber die Fleisch produzierenden Länder. Da die Ackerflächen für die Produktion der zu exportierenden Futtermittel benötigt werden, schrumpft die Fläche, die für die Versorgung der eigenen Bevölkerung zur Verfügung steht. Hunger und Unterernährung können die Folgen dieser Entwicklung sein.

1. Schlagen Sie in einem Biologiebuch nach, wie viel Kilogramm Getreide für den Aufbau von einem Kilogramm Fleisch benötigt werden.
2. Informieren Sie sich im Internet über Düngemittelexporte und Düngemittelimporte in Zusammenhang mit Getreideproduktion und Masttierhaltung.

3.9 Phosphorkreislauf

In der Lithosphäre gibt es große Phosphat-Lagerstätten, die im Wesentlichen aus Calciumphosphat ($Ca_3(PO_4)_2$) bestehen. Aus ihnen wird einerseits das Calciumphosphat durch den Menschen für die Düngemittelproduktion abgebaut, andererseits werden Phosphat-Ionen durch Verwitterung herausgelöst und als Hydrogenphosphat-Ionen (HPO_4^{2-}) und Dihydrogenphosphat-Ionen ($H_2PO_4^-$) in der Hydrosphäre in Flüssen zum Meer transportiert. Phosphat-Ionen bilden mit Calcium-Ionen, Aluminium-Ionen und Eisen-Ionen schwerlösliche Phosphate, die ausfallen und so im Laufe von Jahrmillionen neue Sedimente bilden:

$$Fe^{3+}(aq) + HPO_4^{2-}(aq) \rightleftharpoons FePO_4(s) + H^+(aq)$$

In der Biosphäre spielen organische Phosphor-Verbindungen eine wichtige Rolle: Phosphor ist als Phosphorsäureester in der Erbsubstanz, in den Phospholipiden der Zellmembran und im Energieträger ATP enthalten. Anorganische Phosphor-Verbindungen wie Calciumphosphate sind am Aufbau der Knochen und Zähne von Wirbeltieren beteiligt. Die Atmosphäre ist nicht in den Phosphorkreislauf einbezogen, denn im Kreislauf treten keine gasförmigen Phosphor-Verbindungen auf.

Biologischer Phosphorkreislauf. Pflanzen nehmen Hydrogenphosphat-Ionen und Dihydrogenphosphat-Ionen über die Wurzeln aus dem Boden oder dem Wasser auf. Die schwerlöslichen Phosphate, in denen der größte Anteil des Phosphors gebunden ist, können von ihnen dagegen nicht erschlossen werden. Phosphat ist daher der Nährstoff, der den Pflanzen am wenigsten zur Verfügung steht; er ist somit ein *Minimumfaktor.*
Tiere und Menschen decken ihren Phosphor-Bedarf über den Verzehr von pflanzlichen und tierischen Produkten. Nach dem Absterben der Organismen werden die organischen Phosphor-Verbindungen durch Mikroorganismen mineralisiert. Damit steht der Phosphor erneut für das Wachstum von Pflanzen zur Verfügung. Ein Teil der Phosphate wird im Boden als schwer lösliches Phosphat abgelagert und ist damit dem biologischen Kreislauf für längere Zeit entzogen. In Gewässern verbleibt das gelöste Phosphat im Sommer im Tiefenwasser, da zu dieser Jahreszeit die Temperaturschichtung sehr stabil ist. Erst im Herbst verteilt sich das Phosphat gleichmäßig.
Der Phosphattransport vom Land ins Meer wird nur in sehr geringem Maße ausgeglichen. Fisch fressende Vögel bringen durch ihren Kot, den Guano, etwa 3 % des Phosphors jährlich wieder ans Land zurück.

Im Kreislauf des Phosphor treten neben Hydrogenphosphat-Ionen und Dihydrogenphosphat-Ionen biologisch wichtige organische Verbindungen wie ATP auf. Phosphate werden als schwer lösliche Salze sedimentiert. Phosphor ist ein Minimumfaktor für das Pflanzenwachstum.

1. Stellen Sie Namen und Formeln der Ionen, die sich von der Phosphorsäure ableiten, tabellarisch zusammen.
2. Welche Phosphor-Verbindungen kommen im menschlichen Körper vor? Zu welcher Stoffklasse gehören sie?
3. Welche chemische Eigenschaft der Phosphat-Ionen macht Phosphor zum Minimumfaktor für Pflanzen?
4. Im Sommer und im Winter sind die Temperaturschichten in einem See stabil. Im Herbst und im Frühjahr kommt es dagegen zu einer Zirkulation. Erklären Sie diese Beobachtung.

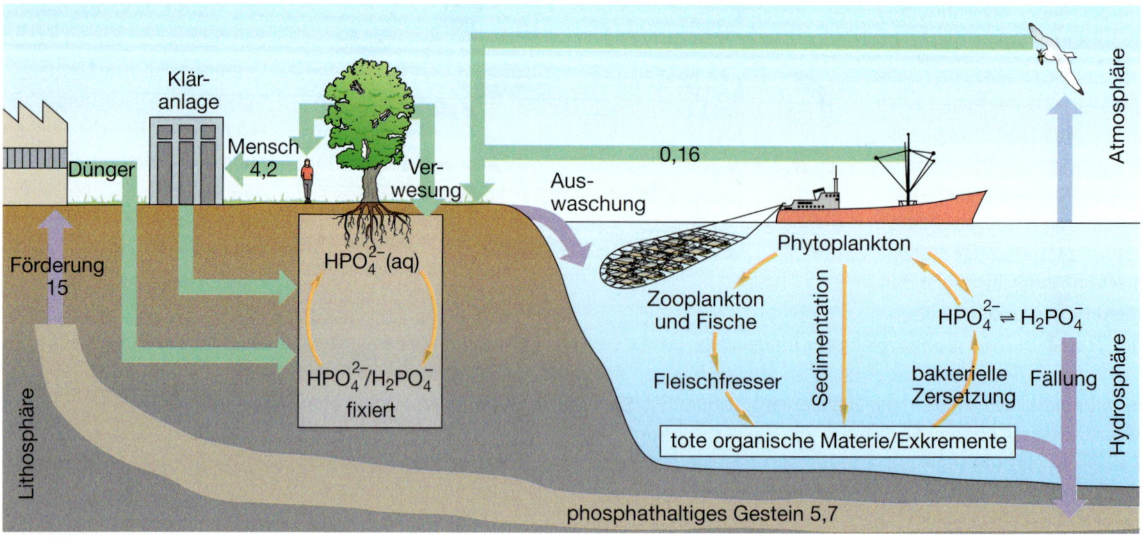

Phosphorkreislauf in 10^9 Tonnen pro Jahr

ATP – Energiepool der Zelle

EXKURS

Der wichtigste Energiespeicher im Stoffwechsel der Zelle ist **A**denosin**tri**phosphat (ATP). Es ist ein Ester der Triphosphorsäure:

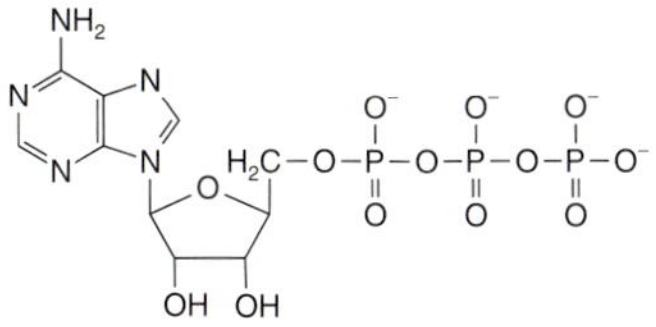

Die Bildung von ATP durch die Reaktion von Adenosindiphosphat (ADP) mit Dihydrogenphosphat-Ionen erfordert die Zufuhr von Energie. Die Rückreaktion verläuft entsprechend unter Energieabgabe.

$$ADP^{3-} + H_2PO_4^- \underset{\text{Energieabgabe}}{\overset{\text{Energieaufnahme}}{\rightleftharpoons}} ATP^{4-} + H_2O$$

Die für den Aufbau von ATP benötigte Energie wird überwiegend durch den oxidativen Abbau von Glucose bereitgestellt. Viele Stoffwechselvorgänge, die ohne Energiezufuhr nicht ablaufen könnten, sind mit der Hydrolyse von ATP gekoppelt. Ein Beispiel ist die Proteinbiosynthese.
Die durchschnittliche tägliche Nahrungsmenge eines Menschen liefert beim Abbau so viel Energie, dass der Körper

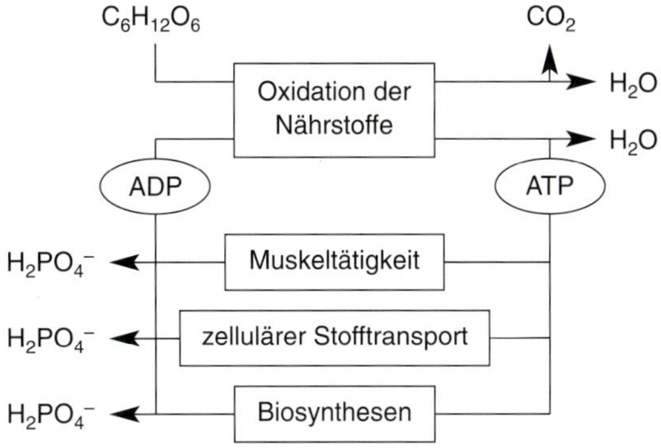

ATP als Energiespeicher der Zelle

75 kg ATP aufbauen könnte. Der menschliche Organismus besitzt aber nie mehr als 35 g ATP. Daraus folgt, dass ATP-Moleküle täglich etwa 2100-mal aus ADP aufgebaut und wieder zu ADP abgebaut werden.

1. Welche Reaktion ist im Stoffwechsel mit der ATP-Synthese gekoppelt? Geben Sie die Reaktionsgleichung an.
2. Erläutern Sie die Funktion von ATP im Organismus.

Blick in die Geschichte – Überfluss und Hunger

EXKURS

»Land und Wald stand in genügender Menge zur Verfügung. Dies führte vor allem während der Zeit der Gotik (etwa 1250 bis 1500) zu einem heute weitgehend unbekannten Wirtschaftswunder ... Die Gesellenvereinigung setzte einen arbeitsfreien Tag in der Woche durch („blauer Montag"), der Fleischverbrauch pro Kopf der Bevölkerung war, selbst an heutigen Verhältnissen gemessen, außerordentlich hoch. In Holstein etwa konnte ein freier Arbeiter des 15. Jahrhunderts an einem Tag $^1/_2$ Scheffel Roggen, $^3/_4$ Scheffel Hafer oder 1 Scheffel Rüben, in drei bis vier Tagen ein schlachtbares Lamm, in spätestens sechs bis sieben Tagen ein Schaf, in 22 Tagen eine fette Kuh verdienen.«

»Die sozialen Erschütterungen . . . etwa ab 1500, die in Pest, in den Bauernkriegen, den Hussitenkriegen und im 30jährigen Krieg gipfelten, sind weitgehend die Folge wirtschaftlicher Not. Auf den Feldern wurde . . . nur doppelt so viel geerntet, wie die Aussaat betrug. Der Wald war nahezu verbraucht, die Ansprüche jedes einzelnen Menschen schienen sich jedoch nicht zurückschrauben zu lassen. Hinzu kam die nun erreichte hohe Populationsdichte, die die Ausbreitung von Krankheiten förderte. Das Resultat dieser Krise ist allgemein bekannt: Die Bevölkerungszahl sank um $^1/_3$, viele Siedlungen wurden aufgegeben (Wüstungen), Städte, Dörfer und Adel verarmten.«
Remmer, H.: Ökologie. Berlin: Springer, 1978.

1. Die beiden beschriebenen Perioden lassen sich auch klimahistorisch begründen. Recherchieren Sie mit Hilfe der Begriffe *Kleine Eiszeit* und *Mittelalterliche Warmzeit* die Klimaunterschiede in den beiden Perioden.

PRAKTIKUM Untersuchungen von Kohlenstoff-Verbindungen

V1: Nachweis von Kohlenstoffdioxid in Gartenerde

Materialien: Gasbrenner, einfach durchbohrter Stopfen, gewinkeltes Glasrohr (3 × 15 cm);
Gartenerde, Kalkwasser.

Durchführung:

1. Füllen Sie ein Reagenzglas zu dreiviertel mit Gartenerde und befestigen Sie es an einem Stativ.
2. Drehen Sie das gewinkelte Glasrohr mit dem kurzen Stück vorsichtig durch den durchbohrten Stopfen. Verschließen Sie damit das Reagenzglas.
3. Ein zweites Reagenzglas wird bis zur Hälfte mit Kalkwasser gefüllt und so am Stativ befestigt, dass der lange Teil des Winkelrohres in das Kalkwasser eintaucht.
4. Erhitzen Sie die Erde im Reagenzglas mit dem Gasbrenner.

Aufgaben:

a) Beschreiben Sie Ihre Beobachtungen. Formulieren Sie die Reaktionsgleichung für die Reaktion mit Kalkwasser.
b) Aus welchen Bestandteilen des Bodens kann Kohlenstoffdioxid freigesetzt werden?
c) In welchen Verbindungen der Bodenprobe ist ebenfalls das Element Kohlenstoff enthalten?
d) Planen Sie ein Experiment zum Nachweis von Kohlenstoff in den unter c) genannten Verbindungen.

V2: Brennen von Kalk

Materialien: schwer schmelzbares Reaktionsrohr (25 cm), Waschflasche, Gasbrenner, Gummihandgebläse;
Kalk, Kalkwasser.

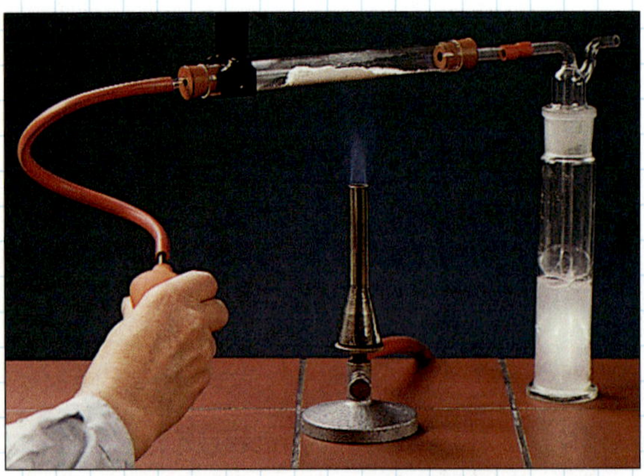

Durchführung:

1. Füllen Sie 2 Spatelspitzen Kalk in das Reaktionsrohr und verteilen Sie den Kalk über eine Länge von etwa 10 cm.
2. Befestigen Sie das Reaktionsrohr an einem Stativ und verschließen Sie die Enden des Reaktionsrohrs mit je einem durchbohrten Stopfen mit Glasrohr.
3. Geben Sie Kalkwasser in die Waschflasche und schließen Sie sie an der rechten Seite des Reaktionsrohres an. Die andere Seite des Reaktionsrohres wird mit dem Handgebläse verbunden.
4. Erhitzen Sie den Kalk mit entleuchteter Flamme und blasen Sie gleichmäßig Luft durch das Reaktionsrohr.

Aufgaben:

a) Beschreiben Sie Ihre Beobachtungen.
b) Formulieren Sie die Reaktionsgleichungen für das Kalkbrennen und für die Reaktion mit Kalkwasser.

V3: Kalkgehalt einer Bodenprobe

Materialien: Becherglas (100 ml), Becherglas (400 ml), Glasstab, Waage;
Bodenprobe (luftgetrocknet), Salzsäure (10 %; Xi).

Durchführung:

1. Messen Sie mit dem kleinen Becherglas etwa 50 cm^3 der Bodenprobe ab, wiegen Sie diese Probe und geben Sie sie in das große Becherglas.
2. Stellen Sie ein mit Salzsäure gefülltes Reagenzglas sowie den Glasstab in das Becherglas und wiegen Sie das Becherglas mit seinem gesamten Inhalt.
3. Gießen Sie die Salzsäure über die Bodenprobe. Rühren Sie solange mit dem Glasstab, bis sich kein Kohlenstoffdioxid mehr entwickelt.
4. Blasen Sie einige Male in das Becherglas, um das gebildete Kohlenstoffdioxid zu vertreiben und wiegen Sie erneut das Becherglas mit dem gesamten Inhalt.

Aufgaben:

a) Formulieren Sie die Reaktionsgleichung.
b) Berechnen Sie aus der Masse des entstandenen Kohlenstoffdioxids die Masse des Kalks in der Bodenprobe. Geben Sie den Massenanteil in Prozent an und charakterisieren Sie den Kalkgehalt des Bodens mit Hilfe folgender Tabelle.

sehr viel	viel	genügend	mäßig	arm
über 3	3,0–1,5	1,5–0,5	0,5–0,25	0,25–0,1

Kalkgehalt im Boden; Angaben in Prozent

Untersuchung von Stickstoff-Verbindungen

V1: Kaliumnitrat als Oxidationsmittel

Materialien: Gasbrenner, Holzspan;
Kaliumnitrat (O), Aktivkohle.

Durchführung:

1. Geben Sie in ein Reagenzglas etwa 2 cm hoch Kaliumnitrat.
2. Erhitzen Sie das Kaliumnitrat langsam, bis eine Gasentwicklung einsetzt.
3. Halten Sie einen glimmenden Holzspan in das Reagenzglas ohne die Schmelze zu berühren. Falls keine Reaktion eintritt, erhitzen Sie weiter, bis ein deutlicher Effekt auftritt.
4. Werfen Sie zwei bis drei Körner Aktivkohle in die Schmelze.

Hinweis: Das bei der Reaktion entstandene Kaliumnitrit ist ein Gefahrstoff (T, O, N).

Aufgaben:

a) Beschreiben Sie Ihre Beobachtungen.
b) Formulieren Sie eine Reaktionsgleichung für die Bildung von Kaliumnitrit (KNO_2).
c) Vergleichen Sie diese Reaktion mit der Denitrifikation durch Bodenbakterien.

V2: Nachweis von Nitrat-Ionen in Nahrungsmitteln

Materialien: Waage, Reibschale mit Pistill, Trichter, Filtrierpapier, gereinigter Sand, Nitrat-Teststäbchen;
Aktivkohle, Nahrungsmittelproben: Salat, Spinat, Kartoffeln.

Durchführung:

1. Schneiden Sie 10 g Salat in kleine Stücke. Geben Sie die Salatstücke, etwas Sand und 3 ml Wasser in die Reibschale.
2. Zerreiben Sie den Salat mit dem Pistill. Wenn notwendig geben Sie noch etwas Wasser nach.
3. Filtrieren Sie den Salatextrakt in ein Reagenzglas. Versetzen Sie das Filtrat mit Aktivkohle und filtrieren Sie erneut.
4. Untersuchen Sie das Filtrat mit Nitrat-Teststäbchen.
5. Verfahren Sie ebenso mit Spinat und Kartoffeln.

Aufgaben:

a) Tabellieren Sie die verschiedenen Nitrat-Messwerte.
b) Vergleichen Sie Ihre Messwerte mit Werten, die Sie im Internet recherchiert haben.

V3: Nachweis von Stickstoff in Eiweißstoffen

Materialien: Gasbrenner, Tropfpipette;
Natriumhydroxid (C), Indikatorpapier, filtrierte Eiklarlösung (1 Eiklar in 200 ml Wasser), Proben von Fleisch, Käse und Haar.

Durchführung:

1. Geben Sie 3 ml Eiklarlösung in ein Reagenzglas und fügen Sie ein Natriumhydroxid-Plätzchen hinzu.
2. Erhitzen Sie das Gemisch.
3. Halten Sie ein angefeuchtetes Indikatorpapier über die Öffnung des Reagenzglases.
4. Wiederholen Sie den Versuch jeweils mit einer Fleischprobe, mit einer Käseprobe sowie mit einer Haarsträhne.

Aufgaben:

a) Beschreiben Sie Ihre Beobachtungen und erklären Sie die Farbänderung des Indikatorpapiers.
b) Wie nennt man die Bausteine von Eiweißstoffen?

V4: Enzymatischer Abbau von Harnstoff

Materialien: Thermometer, Tropfpipette, Wasserbad;
Urease, Harnstofflösung (10 %), Bromthymolblau.

Durchführung:

1. Erwärmen Sie 3 ml Harnstofflösung auf etwa 30 °C.
2. Fügen Sie eine Spatelspitze Urease und 3 Tropfen Bromthymolblau hinzu.

Aufgaben:

a) Notieren Sie Ihre Beobachtungen.
b) Erklären Sie den Farbumschlag von Bromthymolblau.
c) Formulieren Sie die Reaktionsgleichung für den Abbau von Harnstoff.
d) Recherchieren Sie, wo Harnstoff und Urease in der Natur vorkommen.

Boden

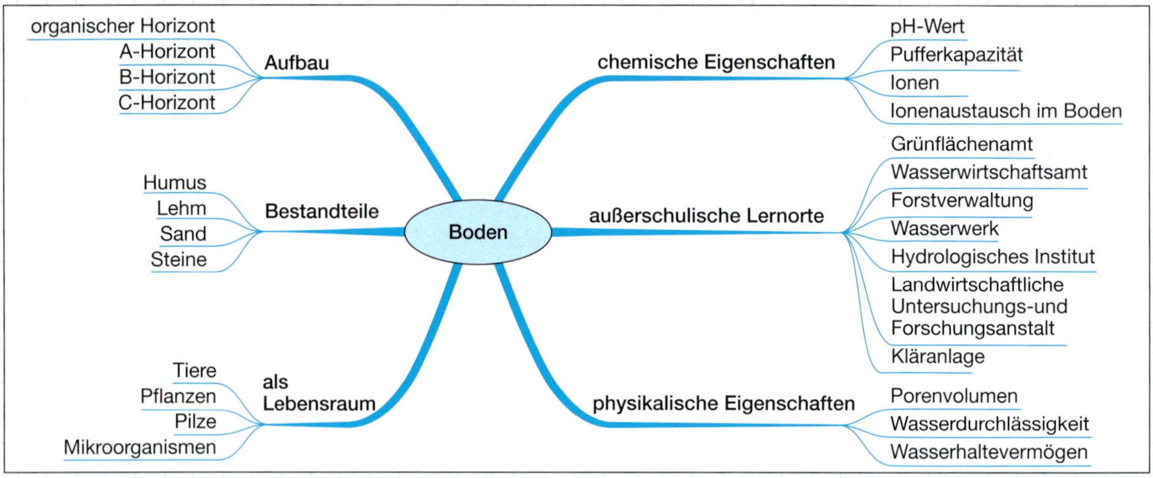

Die Qualität eines Bodens hängt in erster Linie von dem Gehalt an Mineralien und an organischen Stoffen, sowie von dem pH-Wert und dem Volumen der Poren im Boden ab. Eine wichtige Rolle spielt auch die biochemische und die mechanische Aktivität der Bodenorganismen. Um die Qualität des Bodens zu untersuchen, verwendet man daher sowohl physikalisch-chemische Meßmethoden als auch biologische Indikatoren.

V1: Gewinnung von Bodenproben

Materialien: Spaten, Maurerkelle, mehrere Plastiktüten, Sieb (Maschenweite 2 mm).

Durchführung:

1. Stechen Sie mit dem Spaten den Boden etwa einen Meter tief möglichst gerade ab.
2. Nehmen Sie aus jedem Horizont eine Bodenprobe von etwa 500 g.
3. Breiten Sie die Proben auf einzelnen Kunststoffunterlagen zum Trocknen aus.
4. Sieben Sie die getrockneten Böden.

O: Organischer Horizont

A_h: humusangereicherter mineralischer Horizont

B: mineralischer Horizont (ohne Humusbestandteile)

C: lockeres oder festes Ausgangsgestein

V2: pH-Wert und Pufferkapazität von Böden

Materialien: 15 Bechergläser (100 ml), Messzylinder (25 ml), Glasstab, pH-Meter;
getrocknete und gesiebte Bodenproben, Calciumchlorid-Lösung (0,005 mol · l^{-1}), Kaliumchlorid-Lösung (1 mol · l^{-1}), Salzsäure (0,1 mol · l^{-1}), Natronlauge (0,1 mol · l^{-1}).

Durchführung:

1. Geben Sie je 10 g von jeder Probe in fünf Bechergläser.
2. Fügen Sie jeweils zum ersten Becherglas 25 ml destilliertes Wasser, zum zweiten 25 ml Calciumchlorid-Lösung, zum dritten 25 ml Kaliumchlorid-Lösung, zum vierten 25 ml Natronlauge und zum fünften 25 ml Salzsäure hinzu und rühren Sie gut um.
3. Lassen Sie die Proben 24 Stunden abgedeckt stehen.
4. Rühren Sie dann nochmals gut durch. Messen Sie anschließend den pH-Wert der Suspensionen.

Aufgaben:

a) Vergleichen Sie Ihre Ergebnisse mit den pH-Wert-Angaben der Tabelle und erklären Sie die Unterschiede.

Horizonte	Wasser	$CaCl_2$-Lösung	KCl-Lösung
O	3,5	2,8	2,6
A_h	3,6	3,0	2,7
B	4,4	4,0	3,8

b) Weshalb werden die Bodenproben mit den Salzlösungen aufgeschlämmt?

c) Vergleichen Sie den pH-Wert der Salzsäure-Suspension und der Natronlauge-Suspension mit den Ausgangs-pH-Werten der beiden Lösungen. Begründen Sie die Veränderungen.

V3: Austauschfunktion des Bodens

Materialien: 3 Rohre aus Glas oder Kunststoff (Durchmesser etwa 3 cm, Länge etwa 20 cm), Messzylinder (10 ml), 3 durchbohrte Stopfen mit Glasrohr, Bechergläser (250 ml), Watte;
luftgetrocknete Bodenproben (A- bis C-Horizont), Kupfersulfat-Lösung (0,1 mol · l^{-1}), Ammoniak-Lösung (0,1 mol · l^{-1}).

Durchführung:

1. Setzen Sie auf ein Ende eines Rohres einen Gummistopfen mit Glasrohr.
2. Befestigen Sie das Rohr senkrecht mit dem Gummistopfen nach unten an einem Stativ. Stopfen Sie etwas Watte in das Rohr und füllen Sie eine Bodenprobe etwa 7 cm hoch ein.
3. Gießen Sie 10 ml Kupfersulfat-Lösung auf die Bodenprobe im Glasrohr.
4. Spülen Sie mit so viel Wasser nach, dass Sie 5 ml mit einem Reagenzglas auffangen können.
5. Versetzen Sie das aufgefangene Wasser mit 10 Tropfen Ammoniak-Lösung.
6. Verfahren Sie in gleicher Weise mit den übrigen Bodenproben.
7. Geben Sie zum Vergleich zu der gleichen Menge Kupfersulfat-Lösung 10 Tropfen Ammoniak-Lösung.

Aufgabe: Vergleichen Sie die aufgefangenen Lösungen miteinander und mit der ammoniakalischen Kupfersulfatlösung. Erklären Sie die Unterschiede in der Färbung.

Arbeitsaufträge:

1. Woher stammt die Belastung des Abwassers mit Nitraten und Phosphaten? Wie werden diesen Ionen aus dem Abwasser entfernt? Informieren Sie sich über die lokalen Besonderheiten in der nächstgelegenen Kläranlage.
2. Was versteht man unter einer Versauerung des Bodens? Informieren Sie sich über Ursachen und Folgen. Welche Rolle spielen die geologischen Gegebenheiten? Welche Gegenmaßnahmen sind möglich?
3. Informieren Sie sich über chemische Grundlagen der Bodenkunde: Was sind, chemisch gesehen, Humus, Sand, Ton und Lehm?
4. Untersuchen Sie die Humusschicht auf Kleinstlebewesen.
5. Einige in historischer Zeit landwirtschaftlich genutzte Flächen, wie etwa in Nordafrika, sind heute nicht mehr nutzbar. Informieren Sie sich über die Hintergründe.

V4: Nitratgehalt und Phosphatgehalt von Böden

Materialien: Glasstab, Vollpipetten (5 ml, 10 ml), Trichter, Filter, Stopfen, Messzylinder (100 ml), Waage;
luftgetrocknete Böden, Kaliumchlorid-Lösung (0,1 mol · l^{-1}), Nitrattest-Stäbchen, Phosphat-Reagenz (C) (zuvor vorbereitet aus 8 g Ammoniummolybdat, in 250 ml Wasser gelöst und mit 130 ml rauchender Salzsäure vermischt), Zinn(II)-chlorid (Xn), Trinatriumphosphat.

Durchführung:

Nitratbestimmung

1. Geben Sie zu 100 g einer Bodenprobe 100 ml Kaliumchloridlösung und rühren Sie um. Lassen Sie das Gemisch 10 Minuten lang stehen. Anschließend wird filtriert.
2. Messen Sie den Nitratgehalt des Filtrats mit Teststäbchen.

Phosphatbestimmung

3. Geben Sie 3 g einer Bodenprobe in ein Reagenzglas und fügen Sie 5 ml Phosphat-Reagenz und 15 ml Wasser hinzu. Verschließen Sie das Reagenzglas mit einem Stopfen und schütteln Sie die Probe eine Minute lang kräftig. Filtrieren Sie die Aufschwemmung in ein Reagenzglas.
4. Versetzen Sie 5 ml des Bodenextraktes mit einer Spatelspitze Zinnchlorid. Notieren Sie die Farbe der Lösung.
5. Vergleichsproben:
a) Geben Sie zu 1 ml Phosphat-Reagenz 3 ml Wasser und eine Spatelspitze Zinnchlorid und schütteln Sie.
b) Geben Sie in 1 ml Phosphat-Reagenz 3 ml Wasser und eine Spatelspitze Trinatriumphosphat und anschließend eine Spatelspitze Zinnchlorid. Schütteln Sie die Probe.

Aufgaben:

a) Welche Bedeutung haben die Vergleichsproben?
b) Diskutieren Sie den Unterschied zwischen den Bodenhorizonten und von verschiedenen Probenahmestellen.

Arbeitsaufträge:

1. Fertigen Sie eine Skizze über die Fließgewässer Ihrer Umgebung an und stellen so den Abfluss des Oberflächenwassers in ein großes Fließgewässer fest. Wie beeinflussen Eingriffe in das Gewässersystem die Bodenqualität?
2. Recherchieren Sie die Grundlagen der Bodenbildung und der Bodenzerstörung. Suchen Sie Beispiele für Eingriffe des Menschen.

TRAINING

Stoffkreisläufe

A1 Definieren Sie die Begriffe Atmosphäre, Hydrosphäre, Lithosphäre, Biosphäre und Geosphäre.

A2 Nehmen Sie zu folgender Äußerung Stellung: „Ohne Lebewesen wäre der Stoffumsatz im Kreislauf des Kohlenstoffs erheblich minimiert."

A3 Beschreiben Sie den anorganischen Phosphatkreislauf mit Reaktionsgleichungen.

A4 In Kanada wird schon seit Jahrzehnten der Gehalt an Kohlenstoffdioxid in der Atmosphäre gemessen.

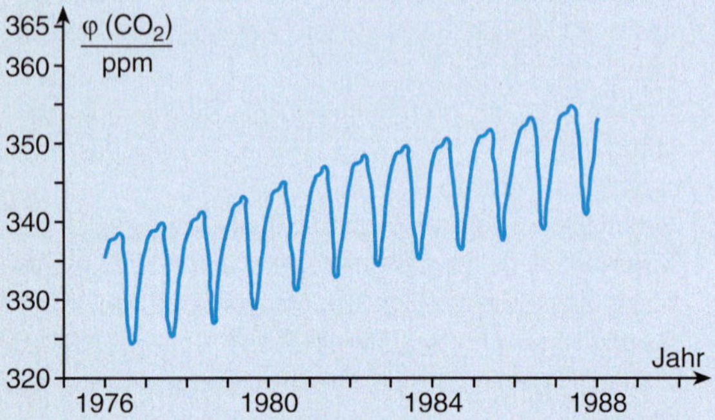

a) Durch welche Reaktionen gelangt Kohlenstoff aus anderen Sphären in Form von Kohlenstoffdioxid in die Atmosphäre?
b) Welche der aufgeführten Reaktionen unterliegen in mittleren geografischen Breiten jahreszeitlichen Schwankungen? In welcher Jahreszeit ist der Kohlenstoffdioxid-Gehalt der Atmosphäre am größten?
c) Welche der in **a)** genannten Reaktionen unterliegen anthropogenen Einflüssen?
d) Welche Maßnahmen werden ergriffen, um anthropogen bedingte Kohlenstoffdioxid-Emissionen einzudämmen? Bewerten Sie den aktuellen Stand der Maßnahmen.

A5 Bei der Verwitterung von Carbonat-Gestein spielt Kohlenstoffdioxid aus der Luft eine Rolle. Erklären Sie diesen Zusammenhang und formulieren Sie dazu eine Reaktionsgleichung.

A6 Der Golfstrom transportiert im Nordatlantik große Mengen Kohlenstoffdioxid in die Tiefsee.
a) Erklären Sie den Mechanismus dieses Vorgangs.
b) In einigen Modellen künftiger Klimaentwicklung befürchtet man, dass eine weitere Erhöhung der Lufttemperatur die nordatlantische Kohlenstoffdioxid-Senke verschließt. Auf welche Weise könnte eine Temperaturerhöhung in die Funktion dieser Senke eingreifen?

A7 Vergleichen Sie die zusammenfassenden Reaktionsgleichungen für die Atmung und Photosynthese unter folgender Fragestellung miteinander.
a) Welche der auftretenden Moleküle bilden den Sauerstoffkreislauf?
b) Warum notiert man das Wasser auf beiden Seiten der Reaktionsgleichung?

A8 Ordnen Sie folgende Reaktionsgleichungen einzelnen Prozessen im Stickstoffkreislauf zu:
$2\ NH_4^+ + 3\ O_2 \longrightarrow 2\ NO_2^- + 2\ H_2O + 4\ H^+$
$2\ NO_2^- + O_2 \longrightarrow 2\ NO_3^-$
$4\ NO_3^- + 4\ H^+ \longrightarrow 2\ N_2 + 5\ O_2 + 2\ H_2O$

A9 Erstellen Sie eine Übersicht, auf welchen Wegen Tiere und Menschen Stickstoff für ihren Stoffwechsel letztlich aus dem Stickstoffspeicher der Atmosphäre beziehen.

Atmosphäre

A10 a) Woraus kann man schließen, dass es in der Uratmosphäre keinen freien Sauerstoff gab?
b) Erläutern Sie, weshalb sich in der Troposphäre und der Stratosphäre zusammen annähernd 99,9 % der Masse der gesamten Atmosphäre befindet.

A11 a) Wegen des höheren Druckes in der Troposphäre sollte man annehmen, dass hier die Bedingungen für chemische Reaktionen günstiger sind als in der Stratosphäre. Dennoch gelangen manche Schadstoffe bis in die Stratosphäre und reagieren erst dort. Begründen Sie diese Beobachtung.
b) Wasser als wesentlicher Bestandteil der Troposphäre kommt in der Stratosphäre praktisch nicht vor. Weshalb gelangen Wasser-Moleküle nicht in die Stratosphäre?

A12 Die Ozonschicht in der Stratosphäre schützt die Organismen auf der Erde vor der schädlichen UV-Strahlung.
a) Was versteht man unter UV-Strahlung? Inwiefern ist diese Strahlung schädlich?
b) Durch welche Vorgänge absorbiert die Ozonschicht UV-Strahlung? Geben Sie die Reaktionsgleichungen an.
c) Der Ozonteildruck beträgt in der Ozonschicht in 20 km Höhe 0,015 Pa. Der Gesamtdruck in dieser Höhe liegt bei $5 \cdot 10^3$ Pa. Berechnen Sie die Volumenkonzentration von Ozon in der Ozonschicht in ppm.

A13 a) Stellen sie in einem Diagramm dar, wie sich die Temperatur in der Atmosphäre in Abhängigkeit von der Höhe ändert.
b) Welche Effekte verursachen den Temperaturverlauf?

Treibhauseffekt

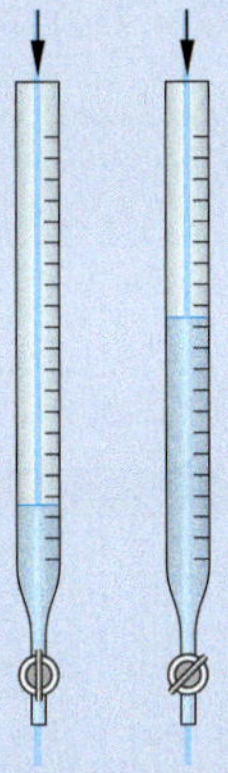

A14 Lässt man in eine Bürette mit geöffnetem Hahn von oben Wasser mit gleichbleibender Geschwindigkeit laufen, kann man folgende Beobachtungen machen: Ist die Zulaufgeschwindigkeit klein, so fließt das gesamte Wasser sofort unten aus der Bürette. Ist die Zulaufgeschwindigkeit groß, so beobachtet man einen Rückstau, und die Bürette läuft schließlich über. Bei einer mittleren Zulaufgeschwindigkeit gibt es in der Bürette einen *gleichbleibenden Rückstau* des Wassers; der Ablauf entspricht genau dem Zulauf. Wird der Auslauf mit dem Hahn etwas reduziert, so stellt sich der Rückstau auf einem etwas höheren Niveau neu ein. Ein solches System mittlerer Zulaufgeschwindigkeit kann als Modell für den Treibhauseffekt betrachtet werden.

a) Wie kommt es zu dem gleichbleibenden Rückstau?
b) Wovon hängt die Höhe des Wasserstandes ab?
c) Bilden Sie mit folgenden Begriffen sinnvolle Begriffspaare, die die Analogie zwischen dem Wasserstand in der Bürette und dem Treibhauseffekt verdeutlichen:
Wasserzulauf, Wasserablauf, Wasserstand, Bürette, Stellung des Hahns // Abstrahlung der Erde, Atmosphäre, Menge an Treibhausgasen, mittlere Temperatur der Atmosphäre, Sonneneinstrahlung.

A15 Wenn sich der Gehalt an Ozon in der Stratosphäre um 1 % verringert, nimmt die Intensität der UV-B-Strahlung um 2 % zu. Diese Strahlung schädigt das Phytoplankton. Plankton bewirkt aber etwa die Hälfte der weltweiten Sauerstoffproduktion. Beschreiben Sie die Auswirkungen, die die Schädigung des Planktons auf den Treibhauseffekt ausüben würde.

A16 Die Tabelle gibt an, wie viel Milliliter Kohlenstoffdioxid sich in Abhängigkeit von der Temperatur in einem Liter Wasser lösen.

Temperatur in °C	0	5	10	15	20	25
CO_2-Anteil in ml · l^{-1}	1720	1450	1200	1040	880	763

a) Ermitteln Sie mithilfe dieser Daten Meeresbereiche, die als gute CO_2-Senken fungieren.
b) Unabhängig von der Temperatur des Meerwassers sind Gebiete mit hohem Planktonvorkommen große CO_2-Senken. Erklären Sie diesen Befund, indem Sie die zu Grunde liegenden Gleichgewichte beschreiben.

c) Welche Argumente sprechen für die allgemein anerkannte Hypothese, dass der in den letzten Jahrzehnten beobachtete Temperaturanstieg auf den steigenden Kohlenstoffdioxid-Gehalt der Atmosphäre zurückzuführen ist?
d) Welche Argumente sprechen für die Auffassung einiger Wissenschaftler, dass der Kohlenstoffdioxid-Gehalt infolge des Temperaturanstiegs zugenommen hat?

Düngung

A17 Stellen Sie auf der Grundlage des Diagramms einen Zusammenhang zwischen Pflügen, Säen, Düngen, Ernten, Pflanzenwachstum und Auswaschung einerseits und Nährstoffgehalt des Bodens andererseits her.

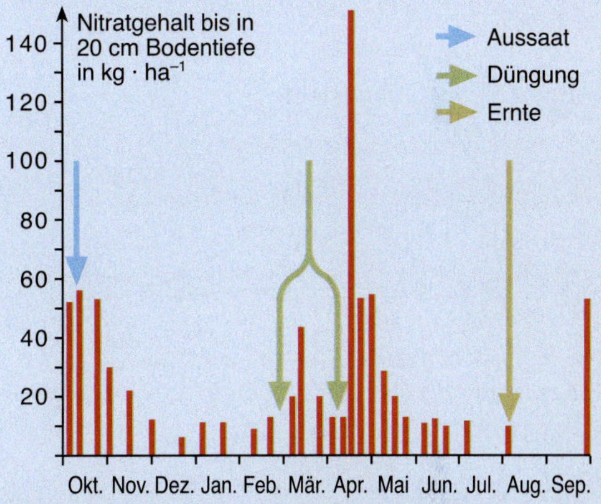

A18 Der Phosphatgehalt im Superphosphat entspricht 18 % P_2O_5. Das Phosphat liegt in dem Düngemittel als Calciumdihydrogenphosphat vor. Bei einem Ackerbaubetrieb wird auf dem Ackerland ein jährlicher Phosphatbedarf von 88 kg P_2O_5/ha festgestellt.
a) Wie viel Kilogramm Superphosphat müssen ausgebracht werden, damit der Phosphatbedarf gedeckt ist?
b) Wie viel Calciumdihydrogenphosphat ist in dem Superphosphat mit einem Phosphatgehalt von 18 % P_2O_5 enthalten?
c) Erklären Sie, warum bei der Berechnung des Bedarfs an Mineraldünger zwischen einem landwirtschaftlichen Betrieb mit und ohne Viehhaltung unterschieden wird.

A19 Noch vor einhundert Jahren haben praktisch alle landwirtschaftlichen Betriebe gleichermaßen Ackerbau und Viehhaltung betrieben. Seit dieser Zeit hat eine starke Spezialisierung stattgefunden: Es gibt einerseits reine Ackerbau-Betriebe und andererseits reine Viehhaltung. Welche Probleme sind aus Sicht des Stoffkreislaufs mit dieser Spezialisierung verbunden?

Stoffkreisläufe in Natur und Umwelt

1. Der Sauerstoffkreislauf

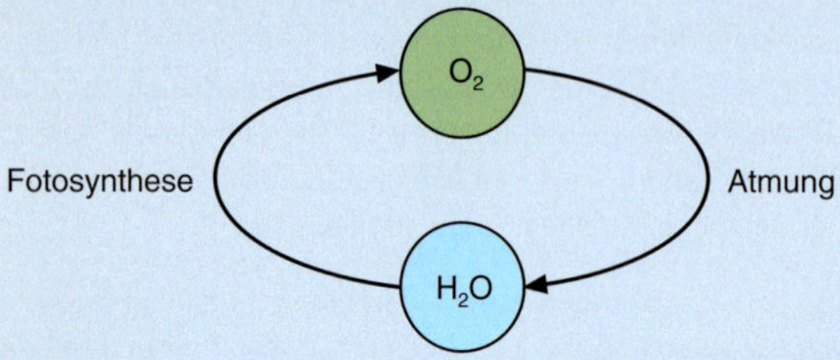

Fotosynthese:

$6\ CO_2 + 12\ H_2O \xrightarrow{\text{Licht}} C_6H_{12}O_6 + 6\ O_2 + 6\ H_2O$; endotherm
Glucose

Atmung:

$C_6H_{12}O_6 + 6\ H_2O + 6\ O_2 \longrightarrow 6\ CO_2 + 12\ H_2O$; exotherm
Glucose

2. Der Kohlenstoffkreislauf

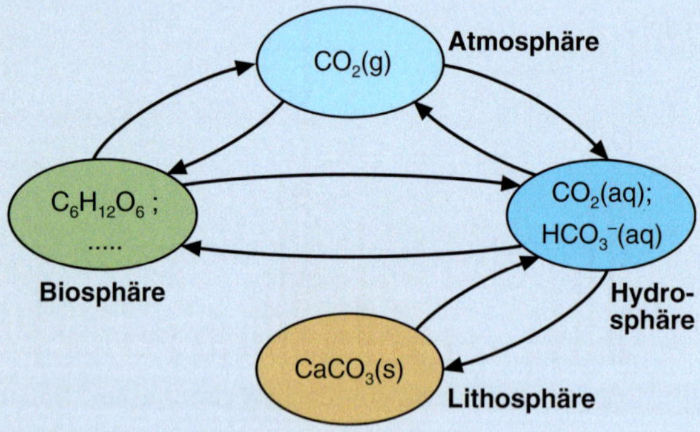

Kohlenstoffdioxid-Quellen:
emittieren Kohlenstoffdioxid in die Atmosphäre
Kohlenstoffdioxid-Senken:
nehmen Kohlenstoffdioxid aus der Atmosphäre auf

3. Atmosphäre

urzeitliche Atmosphäre:
reduzierend; Hauptbestandteile: H_2, CO_2, N_2, NH_3, CH_4.
heutige Atmosphäre:
oxidierend; Hauptbestandteile: N_2, O_2, H_2O (g), Ar.

Temperaturschichtung:

Schicht	Höhe	Temperatur
Troposphäre	bis 10 km	von 15 °C ansteigend
Stratosphäre	10 km bis 90 km	−60 °C bis 0 °C
Ionosphäre	Über 90 km	+20 °C bis −50 °C

Die Vorgänge in der Troposphäre und Stratosphäre bestimmen Klima und Wetter.

4. Der Treibhauseffekt

Wasserdampf und die Spurengase Kohlenstoffdioxid, Methan und Distickstoffoxid lassen kurzwellige Strahlung der Sonne nahezu ungehindert passieren, absorbieren aber die langwellige Wärmestrahlung der Sonne.

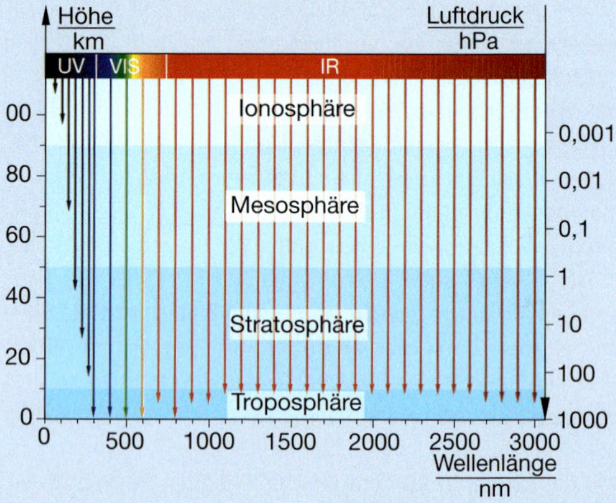

Ohne diese Gase läge die mittlere Jahrestemperatur der Atmosphäre bei −18 °C. Die tatsächliche mittlere Jahrestemperatur von +15 °C ergibt sich dadurch, dass auch die langwellige Rückstrahlung der Erde durch die Spurengase absorbiert und zum Teil zur Erde zurückgestrahlt wird. Man bezeichnet diesen Temperatureffekt von 33 K als *natürlichen Treibhauseffekt.*

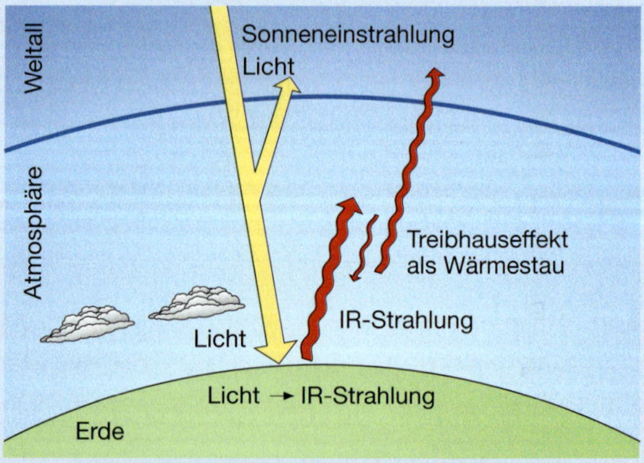

Die Verstärkung des Treibhauseffektes durch Gase, die durch menschliche Aktivitäten in die Atmosphäre gelangen beschreibt man als *anthropogenen Treibhauseffekt.*

Messdaten aus Eisbohrkernen belegen den Zusammenhang zwischen Kohlenstoffdioxidgehalt und Temperatur der Atmosphäre: Beide Messgrößen waren mehr oder weniger großen, gleichgerichteten Schwankungen unterworfen.

5. Kalk – Kreisprozess in Natur und Technik

Der **natürliche Kalkkreislauf** beruht auf folgendem Gleichgewicht:

$$CaCO_3(s) + CO_2(aq) + H_2O(l) \rightleftharpoons Ca^{2+}(aq) + 2\ HCO_3^-(aq)$$

Calciumcarbonat ist schwer wasserlöslich. Unter dem Einfluss von kohlendioxidhaltigem Wasser auf kalkhaltiges Gestein löst sich Calciumcarbonat unter Bildung von löslichem Calciumhydrogencarbonat.

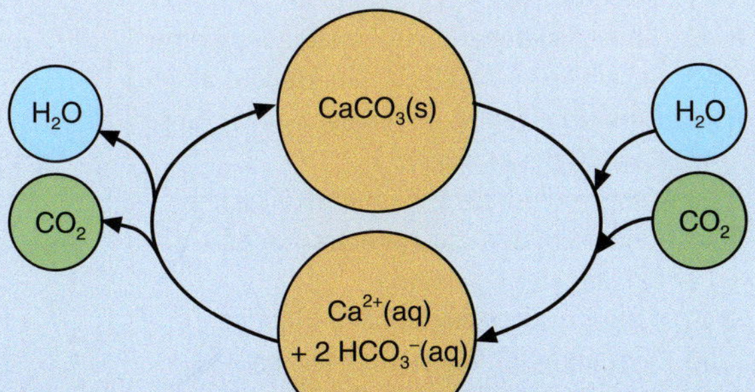

Der **technische Kalkkreislauf** beschreibt das Brennen und Löschen von Kalk sowie das Abbinden von Kalkmörtel:

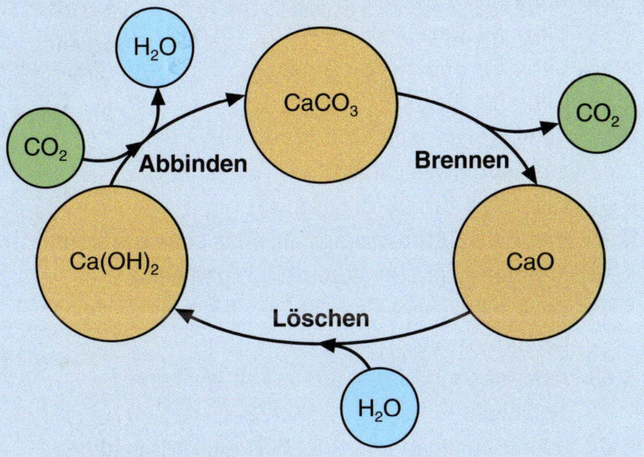

6. Der Phosphorkreislauf

Beim Phosphorkreislauf unterscheidet man zwischen einem *anorganischen* und einem *biologischen* Phosphorkreislauf. Im anorganischen Kreislauf bilden schwer lösliche Phosphate große Reservoire aus denen durch Reaktion mit Wasser Hydrogenphosphat-Ionen und Dihydrogenphosphat-Ionen gebildet werden, die in der Hydrosphäre beweglich sind. Diese Ionen können von Lebewesen aufgenommen werden, die mit Phosphor organische Phosphorsäure-Ester bilden: Erbsubstanz, Phospholipide der Zellmembran und ATP sind die wichtigsten Beispiele.
Für Pflanzen ist Phosphat ein Minimumfaktor. Tiere und Menschen decken ihren Phosphor-Bedarf über den Verzehr von pflanzlichen und tierischen Produkten.

7. Der Stickstoffkreislauf

Der Stickstoffkreislauf beschreibt den Austausch von Stickstoff zwischen Atmosphäre, Hydrosphäre und Biosphäre. Ammoniak und Nitrat-Ionen sind Stoffwechselprodukte von Mikroorganismen. Ebenso können Kleinstlebewesen Nitrat-Ionen wieder zu Stickstoff umwandeln. Bei diesen Umwandlungen wird der Stickstoff *oxidiert* oder *reduziert*.
Pflanzen nehmen Nitrat-Ionen auf und bauen Stickstoff-Atome in Aminosäuren und Proteinen ein. Tierische Lebewesen decken ihren Stickstoffbedarf über die Aufnahme von organischen Stickstoffverbindungen.

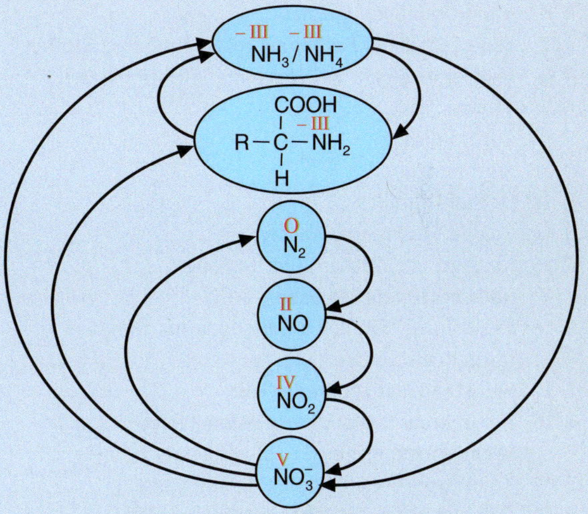

8. Düngemittel – Nährstoffe für Pflanzen

Kalium-Ionen, Calcium-Ionen, Magnesium-Ionen, Ammonium-Ionen, Phosphat-Ionen und Nitrat-Ionen sind Pflanzennährstoffe. Die Pflanze nimmt diese Nährstoffe in Wasser gelöst über die Wurzeln auf.
Durch Landwirtschaft wird dem Boden mehr an Nährstoffen entzogen, als auf natürliche Weise nachgeliefert werden kann. Deshalb muss der Mensch düngen, um die gleiche Ackerfläche ständig nutzen und gleichbleibende Erträge erzielen zu können.

Als **Dünger** stehen *organische Dünger*, wie Stallmist, Kompost, Gülle, Stroh und Gründüngung sowie *Mineraldünger* zur Verfügung.
Eine ausgewogene Düngung setzt voraus:

- Bodenanalyse über den Nährstoffgehalt,
- Nährstoffbedarf des zukünftigen Pflanzgutes,
- Eintrag an organischem Dünger.

Mögliche Probleme bei Überdüngung:

- Grundwasserbelastung durch Nitrat-Ionen,
- Emission von Distickstoffmonooxid,
- Luftbelastung durch Ammoniak.

Gefahrenhinweise und Sicherheitsratschläge für gefährliche Stoffe

Gefahrenhinweise (R-Sätze)

Diese Hinweise geben in einer ausführlicheren Weise als die Gefahrensymbole Auskunft über die Art der Gefahr.

R 1 In trockenem Zustand explosionsgefährlich
R 2 Durch Schlag, Reibung, Feuer oder andere Zündquellen explosionsgefährlich
R 3 Durch Schlag, Reibung, Feuer oder andere Zündquellen besonders explosionsgefährlich
R 4 Bildet hochempfindliche explosionsgefährliche Metallverbindungen
R 5 Beim Erwärmen explosionsfähig
R 6 Mit und ohne Luft explosionsfähig
R 7 Kann Brand verursachen
R 8 Feuergefahr bei Berührung mit brennbaren Stoffen
R 9 Explosionsgefahr bei Mischung mit brennbaren Stoffen
R 10 Entzündlich
R 11 Leichtentzündlich
R 12 Hochentzündlich
R 14 Reagiert heftig mit Wasser
R 15 Reagiert mit Wasser unter Bildung hoch entzündlicher Gase
R 16 Explosionsgefährlich in Mischung mit brandfördernden Stoffen
R 17 Selbstentzündlich an der Luft
R 18 Bei Gebrauch Bildung explosionsfähiger/leicht entzündlicher Dampf-Luftgemische möglich
R 19 Kann explosionsfähige Peroxide bilden
R 20 Gesundheitsschädlich beim Einatmen
R 21 Gesundheitsschädlich bei Berührung mit der Haut
R 22 Gesundheitsschädlich beim Verschlucken
R 23 Giftig beim Einatmen
R 24 Giftig bei Berührung mit der Haut
R 25 Giftig beim Verschlucken
R 26 Sehr giftig beim Einatmen
R 27 Sehr giftig bei Berührung mit der Haut
R 28 Sehr giftig beim Verschlucken
R 29 Entwickelt bei Berührung mit Wasser giftige Gase
R 30 Kann bei Gebrauch leicht entzündlich werden
R 31 Entwickelt bei Berührung mit Säure giftige Gase
R 32 Entwickelt bei Berührung mit Säure sehr giftige Gase
R 33 Gefahr kumulativer Wirkung
R 34 Verursacht Verätzungen
R 35 Verursacht schwere Verätzungen
R 36 Reizt die Augen
R 37 Reizt die Atmungsorgane
R 38 Reizt die Haut
R 39 Ernste Gefahr irreversiblen Schadens
R 40 Irreversibler Schaden möglich
R 41 Gefahr ernster Augenschäden
R 42 Sensibilisierung durch Einatmen möglich
R 43 Sensibilisierung durch Hautkontakt möglich
R 44 Explosionsgefahr bei Erhitzen unter Einschluss
R 45 Kann Krebs erzeugen
R 46 Kann vererbbare Schäden verursachen
R 48 Gefahr ernster Gesundheitsschäden bei längerer Exposition
R 49 Kann Krebs erzeugen beim Einatmen
R 50 Sehr giftig für Wasserorganismen
R 51 Giftig für Wasserorganismen
R 52 Schädlich für Wasserorganismen
R 53 Kann in Gewässern längerfristig schädliche Wirkungen haben
R 54 Giftig für Pflanzen
R 55 Giftig für Tiere
R 56 Giftig für Bodenorganismen
R 57 Giftig für Bienen
R 58 Kann längerfristig schädliche Wirkungen auf die Umwelt haben
R 59 Gefährlich für die Ozonschicht
R 60 Kann die Fortpflanzungsfähigkeit beeinträchtigen
R 61 Kann das Kind im Mutterleib schädigen
R 62 Kann möglicherweise die Fortpflanzungsfähigkeit beeinträchtigen
R 63 Kann das Kind im Mutterleib möglicherweise schädigen
R 64 Kann Säuglinge über die Muttermilch schädigen
R 65 Gesundheitsschädlich: Kann beim Verschlucken Lungenschäden verursachen
R 66 Wiederholter Kontakt kann zu spröder oder rissiger Haut führen
R 67 Dämpfe können Schläfrigkeit oder Benommenheit verursachen
R 68 Irreversibler Schaden möglich

Sicherheitsratschläge (S-Sätze)

Hier werden Empfehlungen gegeben, wie Gesundheitsgefahren beim Umgang mit gefährlichen Stoffen abgewehrt werden können.

S 1 Unter Verschluss aufbewahren
S 2 Darf nicht in die Hände von Kindern gelangen
S 3 Kühl aufbewahren
S 4 Von Wohnplätzen fernhalten
S 5 Unter ... aufbewahren (geeignete Flüssigkeit vom Hersteller anzugeben)
S 6 Unter ... aufbewahren (inertes Gas vom Hersteller anzugeben)
S 7 Behälter dicht geschlossen halten
S 8 Behälter trocken halten
S 9 Behälter an einem gut gelüfteten Ort aufbewahren
S 12 Behälter nicht gasdicht verschließen
S 13 Von Nahrungsmitteln, Getränken und Futtermitteln fernhalten
S 14 Von ... fernhalten (inkompatible Substanzen sind vom Hersteller anzugeben)
S 15 Vor Hitze schützen
S 16 Von Zündquellen fernhalten – Nicht rauchen
S 17 Von brennbaren Stoffen fernhalten
S 18 Behälter mit Vorsicht öffnen und handhaben
S 20 Bei der Arbeit nicht essen und trinken
S 21 Bei der Arbeit nicht rauchen
S 22 Staub nicht einatmen
S 23 Gas/Rauch/Dampf/Aerosol nicht einatmen (geeignete Bezeichnung(en) vom Hersteller anzugeben)
S 24 Berührung mit der Haut vermeiden
S 25 Berührung mit den Augen vermeiden
S 26 Bei Berührung mit den Augen sofort gründlich mit Wasser abspülen und Arzt konsultieren
S 27 Beschmutzte, getränkte Kleidung sofort ausziehen
S 28 Bei Berührung mit der Haut sofort abwaschen mit viel ... (vom Hersteller anzugeben)
S 29 Nicht in die Kanalisation gelangen lassen
S 30 Niemals Wasser hinzugießen
S 33 Maßnahmen gegen elektrostatische Aufladung treffen
S 35 Abfälle und Behälter müssen in gesicherter Weise beseitigt werden
S 36 Bei der Arbeit geeignete Schutzkleidung tragen
S 37 Geeignete Schutzhandschuhe tragen
S 38 Bei unzureichender Belüftung Atemschutzgerät anlegen
S 39 Schutzbrille/Gesichtsschutz tragen
S 40 Fußboden und verunreinigte Gegenstände mit ... reinigen (Material vom Hersteller anzugeben)
S 41 Explosions- und Brandgase nicht einatmen
S 42 Bei Räuchern/Versprühen geeignetes Atemschutzgerät anlegen (geeignete Bezeichnung(en) vom Hersteller anzugeben)
S 43 Zum Löschen ... (vom Hersteller anzugeben) verwenden (wenn Wasser die Gefahr erhöht, anfügen: „Kein Wasser verwenden“)
S 45 Bei Unfall oder Unwohlsein sofort Arzt hinzuziehen (wenn möglich dieses Etikett vorzeigen)
S 46 Bei Verschlucken sofort ärztlichen Rat einholen und Verpackung oder Etikett vorzeigen
S 47 Nicht bei Temperaturen über ... °C aufbewahren (vom Hersteller anzugeben)
S 48 Feucht halten mit ... (geeignetes Mittel vom Hersteller anzugeben)
S 49 Nur im Originalbehälter aufbewahren
S 50 Nicht mischen mit ... (vom Hersteller anzugeben)
S 51 Nur in gut gelüfteten Bereichen verwenden
S 52 Nicht großflächig für Wohn- und Aufenthaltsräume verwenden
S 53 Exposition vermeiden – vor Gebrauch besondere Anweisungen einholen
S 56 Diesen Stoff und seinen Behälter der Problemfallentsorgung zuführen
S 57 Zur Vermeidung einer Kontamination der Umwelt geeigneten Behälter verwenden
S 59 Information zur Wiederverwendung beim Hersteller/Lieferanten erfragen
S 60 Dieser Stoff und sein Behälter sind als gefährlicher Abfall zu entsorgen
S 61 Freisetzung in die Umwelt vermeiden. Besondere Anweisungen einholen / Sicherheitsdatenblatt zu Rate ziehen
S 62 Bei Verschlucken kein Erbrechen herbeiführen. Sofort ärztlichen Rat einholen und Verpackung oder dieses Etikett vorzeigen
S 63 Bei Unfall durch Einatmen: Verunfallten an die frische Luft bringen und ruhig stellen
S 64 Bei Verschlucken Mund mit Wasser ausspülen (nur wenn Verunfallter bei Bewusstsein ist)

Stoffliste

Stoff	Gefahrensymbole, Sicherheitssymbole, Entsorgungssymbole	Ratschläge R/S-Sätze
Aceton	F, Xi, B3	R: 11–36–66–67 S: 9–16–26
Aktivkohle		
Ammoniak-Lösung, $w \geq 25$ %	C, N, B1	R: 34–50 S: 26–36/37/39–45–61
Ammoniak-Lösung, 10 % $\leq w < 25$ %	C, B1	R: 34 S: 26–36/37/39–45–61
Ammoniak-Lösung, 5 % $\leq w < 10$ %	Xi, B1	R: 36/37/38 S: 26–36/37/39–45–61
Benzoesäure	Xn, B3	R: 22–36 S: 24
Butan-1-ol	Xn, B3	R: 10–22–37/38–41–67 S: 7/9–13–26–37/39–46
Butan-2-ol	Xi, B3	R: 10–36/37–67 S: 7/9–13–24/25–26–46
Butansäure (Buttersäure)	C, B3	R: 34 S: 26–36–45
Bromthymolblau		
Calciumchlorid-Lösung, $w < 20$ %		
Calciumhydroxid-Lösung (gesättigt)		
Cobaltnitrat-Lösung, $w < 2$ %	Xn, B2	R: 22–36/37/38–40–43 S: 26–36/37
Essigsäureethylester (Ethylacetat)	F, Xi, B3	R: 11–36–66–67 S: 16–26–33
Ethanol	F, B3	R: 11 S: 7–16
Ethansäure (Essigsäure), 25 % $\leq w < 90$ %	C, B3	R: 34 S: 23–26–45
Fehling-Lösung I	B2	
Fehling-Lösung II	C, B1	R: 34 S: 26–36/37/39–45
Harnstoff (Kohlensäurediamid)		
Heptan	F, Xn, N, B3	R: 11–38–50/53–65–67 S: 9–16–29–33–60–61–62
Kaliumchlorid-Lösung	O	
Kaliumiodid-Lösung		
Kaliumnatriumtartrat		
Kaliumnitrat	O	R: 8 S: 16–41
Kaliumnitrat-Lösung		
Kaliumnitrit	T, O, N	R: 8–25–50 S: 45–61
Kaliumsulfat		
Kaliumpermanganat	O, Xn, N, B2	R: 8–22–50/53 S: 60–61
Kalk		
Kalkwasser		
Kieselgel		
Kohlenstoffdioxid		S: 3–7
Kupfer(II)-chlorid-Lösung (konz.)	Xn, B2	R: 22 S: 22
Kupfer(II)-sulfat-Lösung		R: 22–36/38–50/53 S: 22–60–61
Magnesium	F	R: 11–15–17 S: 7/8–43
Mangan(II)-sulfat-Lösung	B2	
Methanol	T, F, B3	R: 11–23/24/25–39/23/24/25 S: 7–16–36/37–45
Methansäure (Ameisensäure), 10 % $\leq w < 90$ %	C, B3	R: 34 S: 23–26–45
2-Methylpropan-1-ol	Xi, B3	R: 10–37/38–41–67 S: 7/9–13–26–37/39–46
2-Methylpropan-2-ol (tert-Butanol), $w > 25$ %	F, Xn, B3	R: 11–20 S: 9–16
Natriumchlorid (Kochsalz)		
Natriumhydroxid	C, B1	R: 35 S: 26–37/39–45
Natriumsulfit-Lösung, $w < 20$ %	B1	
Natriumthiosulfat		
Natronlauge, 2 % $\leq w < 5$ %	C, B1	R:34 S: 26–37/39–45
Natronlauge, 0,5 % $\leq w < 2$ %	Xi, B1	R: 36/38 S: 26
Nitrat-Teststäbchen		
Oxalsäure, $w < 5$ %	B3	
Pentan-1-ol	Xn, B3	R: 10–20 S: 24/25
Phenolphthalein-Lösung (alkohl.)	F	R: 11 S: 7–16
Phosphat-Reagenz		
Propionaldehyd (Propanal)	F, Xi, B3	R: 11–36/37/38 S: 9–16–29

Stoff	Gefahrensymbole, Sicherheitssymbole, Entsorgungssymbole	Ratschläge R/S-Sätze
Propan-1-ol	F, Xi, B3	R: 11–41–67 S: 7–16–24–26–39
Propionsäure, $w \geq 25$ %	C, B3	R: 34 S: 23–36–45
Natriumhydroxid	C, B1	R: 35 S: 26–37/39–45
Salicylsäure	Xn, B1	R: 22–36/38 S: 22
Salzsäure, $w \geq 25$ %	C, B1	R: 34–37 S: 26–45
Salzsäure, 10 % $\leq w <$ 25 %	Xi, B1	R: 36/37/38 S: 28
SCHIFF-Reagenz		
Schwefelsäure, $w \geq 15$ %	C, B1	R: 35 S: 26–30–45
Schwefelsäure, 5 % $\leq w <$ 15 %	Xi, B1	R: 36/38 S: 26

Stoff	Gefahrensymbole, Sicherheitssymbole, Entsorgungssymbole	Ratschläge R/S-Sätze
Silbernitrat-Lösung, $w = 1$ %		
Stärke-Lösung		
Titriplex III (Ethylendinitrilotetraessigsäure)	B3	
Trinatriumphosphat		
Universalindikator		
Urease		
Wasserstoffperoxid-Lösung, 5 % $\leq w <$ 20 %	Xi	R: 36/38 S: 3–28–36/39–45
Zinn(II)-chlorid	Xn, B2	R: 22–36/37/38 S: 26

Eigenschaften von Gasen

Name	Dichte bei 20 °C (1013 hPa) in $\frac{g}{l}$	Schmelztemperatur (1013 hPa)	Siedetemperatur (1013 hPa)	Löslichkeit bei 25 °C in 1 l Wasser in l
Wasserstoff (H_2)	0,084	−259	−253	0,019
Stickstoff (N_2)	1,17	−210	−196	0,015
Sauerstoff (O_2)	1,33	−219	−183	0,028
Fluor (F_2)	1,58	−220	−188	–
Chlor (Cl_2)	2,95	−101	−35	2,2
Helium (He)	0,17	−270	−269	0,09
Neon (Ne)	0,84	−249	−246	0,016
Argon (Ar)	1,66	−189	−186	0,032
Krypton (Kr)	3,48	−57	−152	0,071
Luft	1,20	–	–	0,0063* 0,012**
Ammoniak (NH_3)	0,71	−78	−33	680
Chlorwasserstoff (HCl)	1,52	−114	−85	466
Schwefelwasserstoff (H_2S)	1,42	−83	−62	2,41
Schwefeldioxid (SO_2)	2,67	−73	−10	35
Kohlenstoffmonooxid (CO)	1,17	−205	−190	0,023
Kohlenstoffdioxid (CO_2)	1,83	−78 (sublimiert)		0,80
Methan (CH_4)	0,67	−182	−162	0,032
Ethan (C_2H_6)	1,25	−183	−89	0,043
Propan (C_3H_8)	1,84	−188	−42	0,06
Butan (C_4H_{10})	2,47	−138	−1	0,14
Ethen (C_2H_4)	1,17	−169	−104	0,13
Ethin (C_2H_2)	1,06	−81	−84	0,95

* von Sauerstoff aus der Luft
** von Stickstoff aus der Luft

Gewinde und Farbkennzeichnung von Stahlflaschen für Gase

Gas	Gewinde	alte Farbkennzeichnung	neue Farbkennzeichnung („N") Flaschenschulter	Flaschenmantel
Sauerstoff	rechts	blau	weiß	blau oder grau
Stickstoff	rechts	dunkelgrün	schwarz	grau, schwarz oder dunkelgrün
Druckluft	rechts	grau	leuchtend grün	grau
Argon	rechts	grau	dunkelgrün	grau oder dunkelgrün
Helium	rechts	grau	braun	grau
Kohlenstoffdioxid	rechts	grau	grau	grau
Wasserstoff	links	rot	rot	rot
Acetylen	Spezialgewinde	gelb	kastanienbraun	kastanienbraun, schwarz oder gelb

Reagenzlösungen

Chlorwasser (Xn): Destilliertes Wasser durch Einleiten von Chlor sättigen; in brauner Flasche aufbewahren.

Bromwasser (T, Xi): 10 Tropfen Brom in 250 ml destilliertem Wasser lösen.

Iodwasser: Einige Blättchen Iod in destilliertem Wasser kurz aufkochen.

Iod/Kaliumiodid-Lösung: 2 g Kaliumiodid in wenig Wasser vollständig lösen und 1 g Iod zugeben. Nach dem Lösen auf 300 ml auffüllen und in brauner Flasche aufbewahren.

FEHLING-Lösung I: 7 g Kupfersulfat ($CuSO_4 \cdot 5\ H_2O$) in 100 ml Wasser lösen.

FEHLING-Lösung II (C): 35 g Kaliumnatriumtartrat (Seignette-Salz) und 10 g Natriumhydroxid in 100 ml Wasser lösen.

Kalkwasser: 1 g Calciumoxid in 500 ml destilliertem Wasser schütteln und filtrieren (0,02 $\frac{mol}{l}$).

Silbernitrat-Lösung: 17 g Silbernitrat auf 1 Liter auffüllen (0,1 $\frac{mol}{l}$).

Bariumchlorid-Lösung (Xn): 24,4 g Bariumchlorid ($BaCl_2 \cdot 2\ H_2O$) auf 1 Liter auffüllen (0,1 $\frac{mol}{l}$).

Bleiacetat-Lösung (T): 9,5 g Bleiacetat ($Pb(CH_3COO)_2 \cdot 3\ H_2O$) auf 250 ml auffüllen (0,1 $\frac{mol}{l}$).

Indikatorlösungen:
Bromthymolblau: 0,1 g in 100 ml 20%igem Ethanol.
Methylrot (F): 0,2 g in 100 ml 90%igem Ethanol.
Phenolphthalein (F): 0,1 g in 100 ml 70%igem Ethanol.
Universalindikator für pH 2–10 (F): 300 mg Dimethylgelb, 200 mg Methylrot, 400 mg Bromthymolblau, 500 mg Thymolblau und 100 mg Phenolphthalein in 500 ml 90%igem Ethanol.
Farbstufen: pH ≤ 2: rot; pH 4: orange; pH 6: gelb; pH 8: grün; pH 10: blau

BAEYER-Reagenz: 10%ige Sodalösung mit einer verdünnten Kaliumpermanganat-Lösung versetzen, bis die Lösung kräftig violett gefärbt ist.

TOLLENS-Reagenz (ammoniakalische Silbernitrat-Lösung): Silbernitrat-Lösung (0,1 mol · l^{-1}) mit etwa einem Zehntel des Volumens verdünnter Natronlauge versetzen. Anschließend unter Schütteln Ammoniak-Lösung (25 %) zutropfen, bis sich der Silberoxid-Niederschlag gerade wieder löst. Die Reagenz-Lösung wird jeweils frisch zubereitet. Sie darf nicht aufbewahrt werden, da sich Silberazid bilden könnte (Explosionsgefahr). Reste der Reagenz-Lösung ansäuern und über den Behälter B2 entsorgen.

SCHIFF-Reagenz (fuchsinschweflige Säure): 0,25 g Fuchsin in 1 Liter Wasser lösen (Rotfärbung); unter ständigem Rühren schweflige Säure (oder angesäuerte Lösung von $Na_2S_2O_5$) zutropfen, bis Entfärbung eintritt.

Saure und alkalische Lösungen

Lösung	gelöster Stoff	*	verdünnt Massenanteil	verdünnt Dichte bei 20 °C	konzentriert Massenanteil	konzentriert Dichte bei 20 °C
Salzsäure	HCl (g)	2	7 %	1,033	36 %	1,179
Schwefelsäure	H_2SO_4 (l)	1	9 %	1,059	98 %	1,836
Salpetersäure	HNO_3 (l)	2	12 %	1,066	68 %	1,391
Phosphorsäure	H_3PO_4 (s)	1	10 %	1,05	85 %	1,71
Essigsäure	CH_3COOH (l)	2	12 %	1,015	99 %	1,052
Natronlauge	NaOH (s)	2	8 %	1,087	30 %	1,328
Kalilauge	KOH (s)	2	11 %	1,100	27 %	1,256
Kalkwasser	$Ca(OH)_2$ (s)		0,16 %**	1,001**	** Angaben für gesättigte Lösungen	
Barytwasser	$Ba(OH)_2$ (s)		3,4 %**	1,04**		
Ammoniak-Lösung	NH_3 (g)	2	3 %	0,981	25%	0,907

* Stoffmengenkonzentration in $\frac{mol}{l}$

Größen und ihre Einheiten

Größe		Einheit		
Name	Zeichen	Name	Zeichen	Beziehungen
Masse	m	Kilogramm	kg	1 kg = 1000 g 1 g = 1000 mg
Volumen	V	Kubikmeter	m^3	1 m^3 = 1000 dm^3 1 dm^3 = 1 l
		Liter	l	1 l = 1000 ml 1 ml = 1 cm^3
Dichte	ϱ	$\frac{\text{Kilogramm}}{\text{Kubikmeter}}$	$\frac{kg}{m^3}$	$1\ \frac{g}{cm^3} = 1000\ \frac{kg}{m^3}$
		$\frac{\text{Gramm}}{\text{Liter}}$	$\frac{g}{l}$	$1\ \frac{g}{l} = 0{,}001\ \frac{g}{m^3}$
Druck	p	Pascal	Pa	$1\ Pa = 1\ \frac{N}{m2}$ 100 Pa = 1 hPa
		Bar	bar	1 bar = 100 000 Pa 1 mbar = 100 Pa
Energie	E	Joule	J	$1\ J = 1\ N \cdot m = 1\ \frac{kg \cdot m^2}{s^2}$
Elektrizitätsmenge	Q	Coulomb	C	$1\ C = 1\ A \cdot s$
Anzahl	N			
Stoffmenge	n	Mol	mol	1 mol enthält $6{,}022 \cdot 10^{23}$ Teilchen
molare Masse	M	$\frac{\text{Gramm}}{\text{Mol}}$	$\frac{g}{mol}$	
Stoffmengenkonzentration	c	$\frac{\text{Mol}}{\text{Liter}}$	$\frac{m}{l}$	
Temperatur	ϑ	Grad Celsius	°C	
	T	Kelvin	K	0 °C = 273,15 K

Umrechnungsfaktoren

Energie	J	cal	eV
1 J	1	0,2390	$6{,}242 \cdot 10^{18}$
1 cal	4,184	1	$2{,}612 \cdot 10^{19}$
1 eV	$1{,}602 \cdot 10^{-19}$	$3{,}829 \cdot 10^{-20}$	1

$1\ J = 1\ N \cdot m = 1\ W \cdot s = 1\ V \cdot A \cdot s$

Druck	Pa	atm	mm Hg	bar
1 Pa	1	$9{,}869 \cdot 10^{-6}$	$7{,}501 \cdot 10^{-3}$	10^{-5}
1 atm	$1{,}013 \cdot 10^5$	1	760,0	1,013
1 mm Hg (Torr)	133,3	$1{,}316 \cdot 10^{-3}$	1	$1{,}333 \cdot 10^{-3}$
1 bar	10^5	0,9869	750,1	1

100 Pa = 1 hPa; 1 mbar = 1 hPa; 1 mm Hg = 1 Torr; $1\ Pa = 1\ \frac{N}{m2}$

Konstanten

Atomare Masseneinheit	u	$1{,}660 \cdot 10^{-27}$ kg
AVOGADRO-Konstante	N_A	$6{,}022 \cdot 10^{23}\ \frac{1}{mol}$
Molares Volumen eines idealen Gases (bei 1013 hPa und 20 °C)	V_m	$24{,}056\ \frac{l}{mol}$
Ladung eines Elektrons	e	$1{,}602 \cdot 10^{-19}$ C
Masse eines Elektrons	m_e	$9{,}109 \cdot 10^{-31}$ kg
Masse eines Protons	m_p	$1{,}673 \cdot 10^{-27}$ kg
Masse eines Neutrons	m_n	$1{,}675 \cdot 10^{-27}$ kg
FARADAY-Konstante	F	$96\,485\ \frac{C}{mol}$

Gehaltsangaben für Mischungen und Lösungen (nach DIN 1310)

Masse einer Stoffportion: m_i	Massenkonzentration: $\beta_i = \frac{m_i}{V}$
Volumen einer Stoffportion: V_i	Volumenkonzentration: $\sigma_i = \frac{V_i}{V}$
Stoffmenge einer Stoffportion: n_i	Stoffmengenkonzentration: $c_i = \frac{n_i}{V}$
Teilchenzahl einer Stoffportion: N_i	Teilchenkonzentration: $C_i = \frac{N_i}{V}$
	(V: Gesamtvolumen **nach** dem Mischen)

Massenanteil (früher: Gewichtsprozent): $w_i = \frac{m_i}{m}$

Gesamtmasse $m = m_1 + m_2 + \ldots$

Volumenanteil (früher: Volumenprozent): $\varphi_i = \frac{V_i}{V_0}$

Gesamtvolumen $V_0 = V_1 + V_2 + \ldots$ (**vor** dem Mischen)

Stoffmengenanteil: $x_i = \frac{n_i}{n}$

Gesamtstoffmenge $n = n_1 + n_2 + \ldots$

Teilchenzahlanteil: $X_i = \frac{N_i}{N}$

Gesamtteilchenanzahl $N = N_1 + N_2 + \ldots$

Das Wort Gehalt wird als Oberbegriff bei der qualitativen Beschreibung verwendet. *Beispiel:* Der Wassergehalt einer Probe.

Dezimale Teile/Vielfache

Potenz	Vorsilbe	Symbol	Potenz	Vorsilbe	Symbol
10^{-1}	Dezi	d	10	Deka	da
10^{-2}	Zenti	c	10^2	Hekto	h
10^{-3}	Milli	m	10^3	Kilo	k
10^{-6}	Mikro	μ	10^6	Mega	M
10^{-9}	Nano	n	10^9	Giga	G
10^{-12}	Piko	p	10^{12}	Tera	T
10^{-15}	Femto	f			
10^{-18}	Atto	a			

Griechisches Alphabet

Buchstabe klein	Buchstabe groß	Name	Buchstabe klein	Buchstabe groß	Name
α	Α	alpha	ν	Ν	nü
β	Β	beta	ξ	Ξ	xi
γ	Γ	gamma	ο	Ο	omikron
δ	Δ	delta	π	Π	pi
ε	Ε	epsilon	ϱ	Ρ	rho
ζ	Ζ	zeta	σ	Σ	sigma
η	Η	eta	τ	Τ	tau
ϑ	Θ	theta	φ	Φ	phi
ι	Ι	jota	υ	ϒ	ypsilon
κ	Κ	kappa	χ	Χ	chi
λ	Λ	lambda	ψ	Ψ	psi
μ	Μ	mü	ω	Ω	omega

Griechische Zahlwörter

1/2	hemi		
1	mono	11	undeca
2	di	12	dodeca
3	tri	13	trideca
4	tetra	14	tetradeca
5	penta	15	pentadeca
6	hexa	16	hexadeca
7	hepta	17	heptadeca
8	octa	18	octadeca
9	nona	19	enneadeca
10	deca	20	eicosa

Glossar

Absorption: Aufnahme von Strahlungsenergie durch Teilchen. Dabei werden die Elektronen auf ein höheres Energieniveau angehoben oder es werden Rotationen oder Schwingungen der Teilchen angeregt.

Absorptionsspektrum: grafische Darstellung der Energieaufnahme eines Stoffes in Form von elektromagnetischer Strahlung in Abhängigkeit von der Wellenlänge, bzw. Frequenz der Strahlung.

Aktivierungsenergie: Mindestenergie, die Teilchen haben müssen, um miteinander zu reagieren. Typische Werte für Aktivierungsenergien liegen zwischen 50 und 100 $kJ \cdot mol^{-1}$.

Aldehyde: organische Verbindungen mit einer CHO-Gruppe.

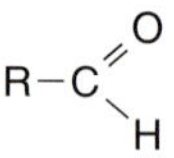

Alkane: gesättigte Kohlenwasserstoffe. Allgemeine Formel: C_nH_{2n+2}.

Alkansäuren: organische Verbindungen, deren Moleküle an einem Alkyl-Rest eine COOH-Gruppe (Carboxyl-Gruppe) besitzen; Oxidationsprodukt der Aldehyde.

Alkene: ungesättigte Kohlenwasserstoffe mit einer C=C-Zweifachbindung. Allgemeine Formel: C_nH_{2n}.

Alkohole: organische Verbindungen, deren Moleküle eine oder mehrere Hydroxyl-Gruppen (OH-Gruppen) besitzen. Ist die OH-Gruppe an einen Alkyl-Rest gebunden, liegt ein Alkanol vor.

Analyse: Ermittlung der Zusammensetzung eines Stoffes oder eines Stoffgemisches; ursprünglich Zerlegung einer Verbindung in die Elemente. → Synthese

anthropogen: durch den Menschen verursacht.

Atombindung:
→ Elektronenpaarbindung

Ausbeute: Menge des erhaltenen Produkts relativ zu einem vollständigen Umsatz.

Bindungsenergie: Energie, die zur Spaltung einer Elektronenpaarbindung nötig ist; wird meist als molare Bindungsenthalpie in $kJ \cdot mol^{-1}$ angegeben.

Biosphäre: Gesamtheit der mit lebenden Organismen besiedelten Bereiche der Geosphäre (bis in etwa 5 km Höhe in der Atmospäre, bis etwa 10 km Meerestiefe, in der Lithosphäre bis ungefähr 3 km Tiefe).

Biotechnologie: technische Verfahren, bei denen mit Hilfe von Mikroorganismen oder Zellkulturen Produkte hergestellt, oder Schadstoffe im Umweltbereich abgebaut werden.
Diese Verfahren finden vor allem in der Pharma-, Lebensmittel- und Kosmetikindustrie Verwendung.

Carbonsäuren: organische Säuren mit einer oder mehrerer COOH-Gruppen.

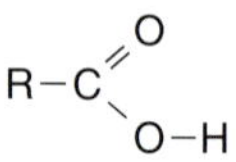

Carbonsäureester: Ester, der bei der Reaktion einer Carbonsäure mit einem Alkohol entsteht. → Ester

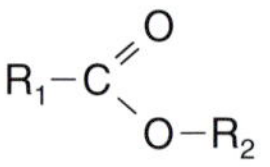

Carbonyl-Gruppe: funktionelle Gruppe der Aldehyde und Ketone: Sie entsteht z.B. durch die Oxidation der Hydroxylgruppe eines Alkohols.

Carboxyl-Gruppe: COOH-Gruppe; funktionelle Gruppe der Carbonsäuren.

Chromatographie: Trennverfahren, bei dem ein Gemisch mittels der mobilen Phase (Gas, Flüssigkeit) über eine stationäre Phase (Papier, beschichtete Platte, Säule) geführt wird.

Dehydrierung: Abspaltung von Wasserstoff (H_2) aus organischen Verbindungen unter Ausbildung einer C=C-Zweifachbindung.

Denitrifikation: mikrobielle Reduktion von Nitrat-Ionen zu elementarem Stickstoff.

Destillation: Trennen eines Flüssigkeitsgemischs durch Verdampfen und anschließendes Kondensieren; die Trennung erfolgt aufgrund unterschiedlicher Siedetemperaturen.

Dipol: Molekül mit polaren Elektronenpaarbindungen, bei dem die Ladung nicht symmetrisch verteilt ist.

Düngemittel: Stoffe, die Nutzpflanzen zugeführt werden, um ihr Wachstum zu fördern oder ihren Ertrag zu erhöhen; Einteilung in Organische Düngemittel (Schlamm, Streu, Stroh, Kompost, Mist, Gülle) und Mineraldünger (Stickstoffdünger, Phosphatdünger, Kalidünger).

Elektronegativität (EN): Maß für die Fähigkeit eines Atoms, in einem Molekül die Bindungselektronen anzuziehen. Bei großem EN-Unterschied bilden sich Ionenverbindungen.

Elektronen: nahezu masselose Träger negativer Ladung der Atomhülle. Ein ungeladenes Atom enthält gleich viele Protonen und Elektronen. Elektronen werden bei manchen Kernreaktionen als β-Strahlung freigesetzt.

Elektronenkonfiguration: Verteilung der Elektronen auf die Orbitale eines Atoms.

Elektronenpaarbindung: Verknüpfung von Atomen durch gemeinsame Elektronenpaare. Der räumliche Bau von Molekülen kann durch das Elektronenpaarabstoßungs-Modell beschrieben werden. → Oktettregel

Elementarreaktion: Reaktion, bei der sich die Produkte in einem Schritt aus den Edukten bilden.

Emission: von Anlagen oder Produkten an die Umwelt abgegebene Luftverunreinigungen, Geräusche, Strahlen, Wärme oder Erschütterungen. *Beispiele:* Autoabgase, Abwärme von Kühltürmen

Emissionsspektrum: Darstellung der elektromagnetischen Strahlung, die Atome oder Moleküle bei Anregung aussenden, in Abhängigkeit von der Wellenlänge, bzw. der Frequenz der Strahlung.

endotherme Reaktion: Reaktion mit positiver Reaktionsenthalpie. Die Reaktion verbraucht Wärme ($\Delta H > 0$).

Enzyme: komplexe Eiweißverbindungen, die als Biokatalysatoren jeweils eine bestimmte Reaktion im Stoffwechsel beschleunigen (Wirkungsspezifität). Aufgrund der

Raumstruktur im Bereich des aktiven Zentrums kann durch ein Enzym nur eine Art von Substratmolekülen umgesetzt werden (Schlüssel-Schloss-Prinzip; Substratspezifität).

Ester: organische Verbindungen, die bei der Reaktion eines Alkohols mit einer anorganischen oder organischen Säure unter Abspaltung von Wasser entstehen.

Estergleichgewicht:
→ Gleichgewichtsreaktion

Esterspaltung: Hydrolyse von Estermolekülen, die durch Alkalien oder Säuren eingeleitet wird.

Ether: organische Verbindungen, deren Moleküle durch die Reaktion zweier Alkohol-Moleküle unter Abspaltung eines Wasser-Moleküls entstehen; zwei Kohlenwasserstoff-Reste sind über ein Sauerstoff-Atom verknüpft (R_1-O-R_2).

exotherme Reaktion: Reaktion mit negativer Reaktionsenthalpie. Bei der Reaktion wird Wärme freigesetzt ($\Delta H < 0$).

Extraktion: Gewinnung einer Substanz aus einem Gemisch durch Herauslösen oder durch Ausschütteln mit einem zweiten Lösungsmittel.

FEHLING-Reaktion: Redox-Reaktion mit alkalischer Kupfer(II)-tartrat-Lösung. Mit Aldehyden und anderen Reduktionsmitteln bildet sich rotes Kupfer(I)-oxid.

Fotometrie: Bestimmung der Konzentrationen gelöster Stoffe durch Messung der Lichtintensität nach Durchstrahlung der Probelösung.

Fotosynthese: Spaltung von Wasser in pflanzlichen Zellen mithilfe von Lichtenergie mit anschließender Reduktion von Kohlenstoffdioxid. Ein wichtiges Produkt ist dabei Glucose:
$$6\ CO_2 + 12\ H_2O \longrightarrow C_6H_{12}O_6 + 6\ O_2 + 6\ H_2O$$

Funktionelle Gruppe: Molekülteil, der das Reaktionsverhalten einer organischen Verbindung bestimmt.
→ Stoffklasse

Gärung, alkoholische: Umwandlung von Glucose in Ethanol und Kohlenstoffdioxid durch Hefepilze:
$$C_6H_{12}O_6 \longrightarrow 2\ C_2H_5OH + 2\ CO_2$$

Gas-Chromatografie:
→ Chromatographie

Geosphäre: Gesamtheit der Erdoberfläche; umfasst die Atmosphäre, die Biosphäre, die Lithosphäre und die Hydrosphäre.

Gleichgewichtsreaktion: chemische Reaktion, bei der sich nach ausreichender Zeit ein dynamischer Gleichgewichtszustand einstellt: Hinreaktion und Rückreaktion laufen mit gleicher Geschwindigkeit ab.

homologe Reihe: Reihe von organischen Verbindungen, deren aufeinanderfolgende Glieder sich jeweils durch eine CH_2-Gruppe unterscheiden.

Hydrolyse: Spaltung einer polaren Elektronenpaarbindung durch Reaktion mit Wasser:
$$A-B + H-OH \longrightarrow AH + BOH$$
→ Verseifung

hydrophil: Wasser liebend. Hydrophile Stoffe sind wasserlöslich.

hydrophob: Wasser abstoßend. Hydrophobe Stoffe haben fettähnliche Eigenschaften.

Hydrosphäre: Teil der Geosphäre, der durch wässerige Systeme gebildet wird: atmosphärisches Wasser, Oberflächenwasser (Meere, Seen, Flüsse ...), Bodenwasser und Grundwasser, Niederschlagswasser.

Hydroxyl-Gruppe: OH-Gruppe; funktionelle Gruppe der Alkanole (Alkohole).

Ionen: positiv oder negativ geladene Atome oder Atomgruppen.
Beispiele: Na^+, Mg^{2+}, Cl^-, OH^-, SO_4^{2-}

Isomerie: Moleküle mit gleicher Summenformel, aber unterschiedlicher Struktur.

IUPAC-Nomenklatur: internationale Regeln zur Benennung von chemischen Verbindungen.

Kalottenmodell: Molekülmodell, in dem Atome durch sich teilweise durchdringende Kugeln dargestellt werden.

Katalysator: Stoff, der die Geschwindigkeit chemischer Reaktionen erhöht. Er liegt nach der Reaktion wieder im ursprünglichen Zustand vor.

Ketone: Carbonyl-Verbindungen mit der Molekülformel R_1-CO-R_2.

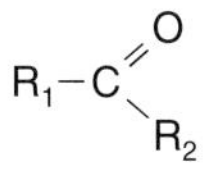

Kohlenwasserstoffe:
Kohlenstoff/Wasserstoff-Verbindungen; man unterscheidet: *gesättigte* Kohlenwasserstoffe mit C/C-Einfachbindungen und *ungesättigte* Kohlenwasserstoffe mit einer oder mehreren C/C-Mehrfachbindungen.

Kolorimetrie: Bestimmung der Konzentrationen gelöster Stoffe durch Farbvergleich mit Farbskalen oder Lösungen bekannter Konzentrationen.

Kondensationsreaktion: Verknüpfung zweier funktioneller Gruppen unter Abspaltung eines kleinen, meist anorganischen Moleküls (z.B. Wasser).

Kugel-Stab-Modell: Molekülmodell, in dem die Zentren der Atome durch farbige Kugeln und die Elektronenpaarbindungen durch Stäbchen dargestellt werden.

LEWIS-Formel: Strukturformel, in der *bindende* und *freie* (nicht bindende) Elektronenpaare angegeben werden.

Lithosphäre: Gesteinshülle der Erde; umfasst die Erdkruste und Teile des Erdmantels bis zu einer Tiefe von etwa 100 km.

Minimumfaktor: das Pflanzenwachstum wird durch den Nährstoff begrenzt, der in Bezug auf den Bedarf einer Pflanze in der geringsten Menge vorhanden ist.

Modell: eine zu einem bestimmten Zweck entwickelte vereinfachte Darstellung. Modelle dienen häufig der Veranschaulichung besonders kleiner, besonders großer oder besonders komplizierter Gegenstände oder Sachverhalte.

Mol: Einheit der Stoffmenge. Ein Mol entspricht $6{,}0221 \cdot 10^{23}$ Teilchen bzw. Formeleinheiten eines Stoffs.

Molekülformel: Formel, die Art und Anzahl der Atome eines Moleküls angibt. Früher auch Summenformel genannt.

Nitrifikation: mikrobielle Oxidation von Ammoniak zu Nitrat-Ionen.

Nomenklatur:
→ IUPAC-Nomenklatur

Oxidation: früher die Umsetzung eines Stoffes mit Sauerstoff. Heute versteht man darunter die Abgabe von Elektronen bzw. die Erhöhung der Oxidationszahl.

Oxidationsmittel: ein Stoff, der einen anderen Stoff oxidiert, ihm Elektronen entzieht;
Gegenteil: **Reduktionsmittel.**

Oxidationszahl: fiktive Ladung eines Atoms in einer Verbindung. Für die Ermittlung werden die Bindungselektronen jeweils den elektronegativeren Atomen zugeordnet.

Ozonschicht: Bereich in der Atmosphäre zwischen 10 km und 35 km. Der Ozon-Anteil beträgt etwa 10^{-3} %. Die Ozonschicht absorbiert UV-B-Strahlung und UV-C-Strahlung der Sonne.

Pflanzennährstoffe: neben Wasser und Kohlenstoffdioxid benötigen Pflanzen als Nährstoffe Salze mit folgenden Ionen: Kalium, Natrium, Calcium, Magnesium sowie Ammonium bzw. Nitrat und Sulfat und Phosphat.

Prinzip von LE CHATELIER: bei geänderten äußeren Bedingungen weicht eine Gleichgewichtsreaktion so aus, dass der äußere Zwang vermindert wird.

polare Elektronenpaarbindung: durch unterschiedliche Elektronegativität der Bindungspartner verursachte ungleichmäßige Ladungsverteilung entlang der Bindungsachse.

Reaktionsgeschwindigkeit: pro Zeiteinheit umgesetzte Stoffmenge von Edukten (Konzentrationsänderung pro Zeiteinheit). Die Reaktionsgeschwindigkeit ist abhängig von den Konzentrationen, der Temperatur, dem Zerteilungsgrad der Stoffe sowie vom Wirken eines Katalysators.

Reaktionsmechanismus: modellhafte Darstellung einer Reaktion in verschiedenen Teilschritten.

Redoxreaktion: gleichzeitige Oxidation und Reduktion bei einer chemischen Umsetzung (Elektronenübertragungsreaktion).

Reduktion: früher die Abgabe von Sauerstoff. Heute versteht man darunter die Aufnahme von Elektronen bzw. die Erniedrigung der Oxidationszahl.

Reduktionsmittel: ein Stoff, der einen anderen Stoff reduziert.

Regelung: in Produktionsanlagen der chemischen Industrie werden wichtige Größen wie Temperatur, Druck oder Konzentration gemessen und an einen Computer gemeldet. Abweichungen von den Sollwerten führen zu einer Nachregelung.

Silberspiegelprobe:
→ TOLLENS-Probe.

Stöchiometrie: quantitative Beschreibung von Stoffen und Reaktionen durch Formeln und Reaktionsgleichungen.

Stoffklassen: Reihe von (chemisch ähnlichen) Stoffen mit gleicher funktioneller Gruppe (Alkohole, Aldehyde, Ether, . . .).

Stoffkreislauf: Folge von chemischen Reaktionen, bei der am Ende der Ausgangsstoff wieder gebildet wird; in vielen Stoffkreisläufen erfolgt mit dem Wechsel der Bindungspartner ein Wechsel des Aggregatzustandes.

Summenformel:
→ Molekülformel

Synthese: Bildung einer Verbindung aus einfach aufgebauten Ausgangsstoffen – ursprünglich Bildung einer Verbindung aus den Elementen.

TOLLENS-Probe: ammoniakalische Silbernitrat-Lösung (TOLLENS-Reagenz) wird durch Aldehyde und andere Reduktionsmittel zu elementarem Silber reduziert.

Treibhauseffekt (anthropogen): weltweite Temperaturerhöhung, verursacht durch die Zunahme von Kohlenstoffdioxid und anderen Gasen in der Atmosphäre.

Treibhauseffekt (natürlich): Erwärmung der Erdatmosphäre aufgrund der Absorption der von der Erdoberfläche abgestrahlten Wärme durch den Kohlenstoffdioxid- und Wasserdampf-Anteil der Luft.

Uratmosphäre: im Gegensatz zu unserer heutigen Atmosphäre mit einem hohen Anteil an Sauerstoff war die Uratmosphäre reduzierend: Sie bestand im Wesentlichen aus Wasserstoff, Ammoniak, Methan und Wasserdampf. Erst nach der Entstehung der ersten Lebensformen vor zwei bis drei Milliarden Jahren entwickelte sich unsere sauerstoffhaltige Atmosphäre.

VAN-DER-WAALS-Bindung: schwache Anziehung, die zwischen allen Teilchen wirkt, besonders zwischen Teilchen mit großer Polarisierbarkeit und/oder mit stark polaren Bindungen.

Veresterung: Reaktion von Säuren mit Alkoholen. Es bildet sich eine Esterbindung aus. → Ester

Verhältnisformel: Formel, die das Zahlenverhältnis der Atome in einer Verbindung wiedergibt, insbesondere für gitterartig aufgebaute Verbindungen verwendet.
Beispiele: CaF_2, SiO_2, Al_2O_3

Verseifung:
→ Esterspaltung

Wasserstoffbrückenbindung: starke zwischenmolekulare Bindung zwischen polaren Molekülen, die einerseits polar gebundene H-Atome und andererseits Atome mit hoher Elektronegativität und freien Elektronenpaaren (O-, N-, F-Atome) besitzen.

Weichmacher: Additive in Kunststoffen. Sie machen ursprünglich spröde Kunststoffe elastisch.

Stichwortverzeichnis

Bildquellen

Titelbild: digitalvision; 16.2: Agrargenossenschaft Calbe; 17.1 a: G. Nötzold / Zoo Leipzig; 17.2: Hans Reinhard / Okapia, Frankfurt; 17.3: B. & H. Kunz / Okapia, Frankfurt; 19.1: Deutsches Museum, München; 19.2: Gail Mooney / Corbis, Düsseldorf; 20.2: Rosenfeld / Mauritius, Mittenwald; 24.1: J. Bauer / Mauritius, Mittenwald; 26.1: Hans Reinhard / Okapia, Frankfurt; 26.2: Silvestris, Kastl; 26.3: Herzog / Mauritius, Mittenwald; 26.4: dpa / picture-alliance, Frankfurt; 26.5: Owen Franken / Corbis, Düsseldorf; 27.3: Berg / Mauritius, Mittenwald; 27.4: JIRI / Mauritius, Mittenwald; 28.2: Symrise, Holzminden; 29.1: Bakelite AG, Iserlohn; 29.2: IFA Bilderteam, Ottobrunn; 29.3: K. Fröhlich, Sarstedt; 29.4: Eva Lindenburger / Silvestris, Kastl; 34.2: Rougemont Maurice / Corbis, Düsseldorf; 36.1 a: Edelfelt / AKG images, Berlin; 36.1 b: Manfred P. Kage / Okapia, Frankfurt; 36.2 a: A. u. H.-F. Michler / Okapia, Frankfurt; 36.2 b: David Scharf / P. Arnold, Inc. / Okapia, Frankfurt; 38.1: Schulte-Coerne, Gelsenkirchen; 38.2 b: Simper, Wennigsen; 38.2 c: atelier krebs, Hannover; 38.2 d: atelier krebs, Hannover; 38.2 f: atelier krebs, Hannover; 41.1: Owen Franken / Corbis, Düsseldorf; 44.1 a: Josef Beck / Silvestris, Kastl; 44.1 b: AKG images, Berlin; 44.3: dpa / picture-alliance, Frankfurt; 45.1: NAS / Will & Deni McIntyre / Okapia, Frankfurt; 50.1: Bayer Business Service, Leverkusen; 54.2: Schulte-Coerne, Gelsenkirchen; 56.1: Schulte-Coerne, Gelsenkirchen; 57.1: Merck KGaA, Darmstadt; 57.2: Merck KGaA, Darmstadt; 57.3: Shimadzu Deutschland GmbH, Duisburg; 61.2: RVR-Fotoarchiv; 65.2: Degussa AG, Frankfurt; 74.1: dpa / picture-alliance, Frankfurt; 75.3: Images.com / Corbis, Düsseldorf; 76.1: BASF AG, Ludwigshafen; 84.1: NASA; 95.1 Atta-Höhle, Attendorn; 96.1: Lichtbildarchiv Dr. Keil, Neckargemünd; 98.1: picture-alliance, Frankfurt; 101.2: Bayerische Staatsbibliothek, München; 104.2: Dr. Bleich / Xeniel-Dia, Neuhausen
Es ist uns leider nicht bei allen Abbildungen möglich, den Inhaber der Rechte ausfindig zu machen. Berechtigte Ansprüche werden selbstverständlich im Rahmen der üblichen Vereinbarungen abgegolten.